电力系统自动化

杨剑锋　李　红　闵永智　编著

ZHEJIANG UNIVERSITY PRESS
浙江大学出版社

内容提要

本书较全面地介绍了电力系统自动化的特点、理论、相关技术及其应用领域。全书从介绍电力系统自动化的特点、内容体系和发展趋势开始,依次介绍了发电机自动并列方法及数字式并列装置,发电机自动励磁控制系统的作用、分类及动态特性,电力系统频率及有功功率的自动调节,电力系统电压调整和无功功率控制技术,最后介绍了电力系统调度自动化的相关内容、变电站和配电网自动化的相关技术,并对电力系统自动化的未来趋势——智能电网加以简介。

本书可作为普通高等学校电气工程、自动化以及能源工程等专业的本科教材,也可作为有关工程技术人员的参考用书及培训教材。

图书在版编目(CIP)数据

电力系统自动化 / 杨剑锋等编著. —杭州:浙江
大学出版社,2018.4(2025.1 重印)
ISBN 978-7-308-17595-1

Ⅰ.①电… Ⅱ.①杨… Ⅲ.①电力系统自动化—高等
学校—教材 Ⅳ.①TM76

中国版本图书馆 CIP 数据核字(2017)第 271417 号

电力系统自动化

杨剑锋 李 红 闵永智 编著

责任编辑	王 波
责任校对	刘 郡
封面设计	刘依群
出版发行	浙江大学出版社
	(杭州市天目山路 148 号 邮政编码 310007)
	(网址:http://www.zjupress.com)
排 版	杭州青翊图文设计有限公司
印 刷	广东虎彩云印刷有限公司绍兴分公司
开 本	787mm×1092mm 1/16
印 张	13.5
字 数	328 千
版 印 次	2018 年 4 月第 1 版 2025 年 1 月第 5 次印刷
书 号	ISBN 978-7-308-17595-1
定 价	32.00 元

前　言

现代社会对电能供应的"安全、可靠、经济、优质"等各项指标的要求越来越高,相应地,电力系统也不断地向自动化提出更高的要求。电力系统自动化是自动化的一种具体形式,指应用各种具有自动检测、决策和控制功能的装置,对电力系统各元件、局部系统或全系统进行就地或远方的自动监视、协调、调节和控制,保证电力系统安全经济运行和具有合格的电能质量。

作为电气工程及其自动化专业的专业课教材,本书内容安排力求使学生对电力系统自动化及其相关问题有一个比较全面的了解。电力系统自动化作为一门综合性技术,内容涉及电力系统运行理论、自动控制理论、电力系统远动技术等诸多方面的知识。希望读者在使用过程中,本着"缺什么补什么"的原则,及时补充其他课程的相关知识。

本书为配合"电力系统自动化"课程(32~48 学时)而写,从八个方面对电力系统自动化进行了论述与探讨。第 1 章概述了电力系统自动化的重要性、任务及其组成,并指出电力系统自动化技术的未来发展趋势;第 2 章论述了发电机的自动并列方法、原理及数字式并列装置;第 3 章论述了同步发电机的励磁自动控制系统的作用、分类和动态特性;第 4 章论述了电力系统调频的几种方法,以及低频减载等有功功率的自动调节等相关内容;第 5 章论述了电力系统电压调整的几种方法和无功功率控制技术;第 6 章探讨了电力系统调度自动化的基本理论、远动通信技术及电力系统状态估计;第 7 章探讨了变电站自动化和配电网自动化的相关内容;第 8 章概述了智能电网涉及的主要领域及接入电力系统的基本要求。部分章节附有习题,便于学生复习、巩固所学理论知识。

本书由杨剑锋主编,负责编写本书第 1、2、4、5 章,并校核了全书;李红负责第 3、6、7 章的编写;闵永智编写第 8 章,审阅了全书并提出了不少宝贵意见。研究生陈佳兴、江辉、姚华实、石戈戈、周天奇、张建鹏做了部分绘图工作。

由于电力系统自动化技术发展迅速,编者虽曾查阅了大量同类教材和相关文献,并尝试增添部分新的发电厂自动化控制技术,然而,限于手头资料和作者水平,仍未对该课程的内容体系做大的改动,略有遗憾。在此向参考过的以及未能列出的文献资料的作者们表示由衷的感谢,并希望专家和读者对书中的缺点、错误批评指正。

编　者

2017 年 8 月

目　录

第1章　绪　论 ……………………………………………………… 1
　1.1　电力系统自动化的重要性及其发展历程 ……………… 1
　1.2　电力系统自动化的内容 ………………………………… 3
　1.3　电力系统自动化的发展趋势与展望 …………………… 5

第2章　同步发电机的自动并列 ………………………………… 8
　2.1　概　述 …………………………………………………… 8
　2.2　准同期并列条件分析及整定 ………………………… 11
　2.3　准同期并列的基本原理 ……………………………… 18
　2.4　自动并列装置的工作原理 …………………………… 24
　2.5　数字式并列装置 ……………………………………… 32
　习　题 …………………………………………………… 38

第3章　同步发电机的励磁自动控制系统 …………………… 40
　3.1　励磁控制系统的任务和要求 ………………………… 40
　3.2　励磁系统的分类与原理 ……………………………… 47
　3.3　励磁系统中转子磁场的建立和灭磁 ………………… 52
　3.4　励磁控制系统调节特性和并联机组间的无功分配 … 56
　3.5　励磁系统稳定器 ……………………………………… 72
　3.6　励磁自动控制系统对电力系统稳定的影响 ………… 78
　习　题 …………………………………………………… 85

第4章　电力系统频率及有功功率的自动调节 ……………… 87
　4.1　电力系统的频率特性 ………………………………… 87
　4.2　调频与调频方程式 …………………………………… 96
　4.3　电力系统的经济调度与自动调频 …………………… 104
　4.4　电力系统低频减载 …………………………………… 111
　习　题 …………………………………………………… 119

第 5 章　电力系统电压和无功功率控制技术 ·· 121

　5.1　电压控制的意义 ··· 121

　5.2　无功功率平衡与系统电压的关系 ······························· 122

　5.3　电压管理及电压控制措施 ··· 130

　5.4　电力系统电压和无功的综合控制 ································ 141

　5.5　无功功率电源的最优控制 ··· 144

　习　题 ··· 146

第 6 章　电力系统调度自动化 ·· 147

　6.1　调度的主要任务及结构体系 ······································ 147

　6.2　调度自动化系统的功能组成 ······································ 151

　6.3　调度自动化信息的传输 ·· 154

　6.4　电力系统状态估计 ·· 160

　6.5　电力系统安全分析与安全控制 ··································· 168

　6.6　调度自动化系统的性能指标 ······································ 173

　习　题 ··· 175

第 7 章　变电站和配电网自动化 ··· 177

　7.1　变电站综合自动化 ·· 177

　7.2　配电网及其馈线自动化 ·· 185

　7.3　远程自动抄表计费系统 ·· 193

　7.4　负荷控制技术 ·· 196

　7.5　配电网综合自动化 ·· 199

　习　题 ··· 203

第 8 章　智能电网简介 ··· 204

　8.1　智能电网与电力系统自动化 ······································ 204

　8.2　新能源接入智能电网的要求 ······································ 207

参考文献 ·· 209

第1章 绪 论

电力系统是指由进行电能生产、变换、输送、分配和消费的各种设备,按照一定的技术和经济要求组成的有机统一整体。如图 1-1 所示的典型电力系统由发电、输电、变电、配电及用电五大部分构成。为了确保电力系统安全、优质、稳定、经济地运行,必须提高其自动化水平。电力自动化系统除包括继电保护与自动装置外,电力通信、调度自动化及自动调控设备等二次系统的种种装备都是必备的。

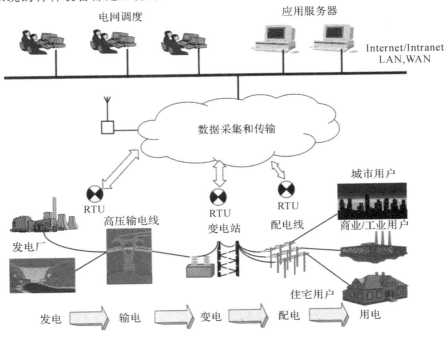

图 1-1　典型电力系统示意图

1.1 电力系统自动化的重要性及其发展历程

1.1.1 电力系统自动化的重要性

电力系统自动化是自动化的一种具体形式,它是指应用各种具有自动检测、决策和控制功能的装置并通过信号系统和数据传输系统,对电力系统各元件、局部系统或全系统进行就地或远程的自动监视、协调、调节和控制,以保证电力系统安全、优质、稳定、经济地运行。

电力系统是个庞大和复杂的系统,控制与管理一个现代大型电力系统,使之安全、优质、稳定和经济地运行,将是十分困难的。

首先,被控对象复杂而庞大。电力系统各类设备众多,有成千上万台发电、输电、配电设备;被控制的设备分散,分布在辽阔的地理区域之内,纵横跨越一个或几个省;被控制的设备间联系紧密,通过不同电压等级的电力线路连接成网状系统。由于整个电力系统在电磁上是互相耦合和连接的,所以在电力系统中任何一点发生的故障,都有可能在瞬间影响和波及全系统,甚至引起连锁反应,导致事故扩大,严重时甚至会使系统发生大面积停电事故。因此,在电力系统中要求进行快速控制,而对这种结构如此复杂而又十分庞大的被控对象进行快速控制,是十分困难的。

其次,控制参数很多。这些参数包括电力系统频率、节点电压和为保证电力系统经济运行的各种参数。为了保证电能质量,要求在任何时刻都应保证电力系统中电源发出的总功率等于该时刻用电设备在其额定电压和额定频率下所消耗的总功率。而在电力系统中,很多用户的用电需求却是随机的,需要用电时就合闸用电,而且用电量往往是变化的;不需要用电时就拉闸断电。这就需要控制电力系统内成百上千台发电机组和无功补偿设备发出的有功和无功功率等于随时都在变化着的用电设备所消耗的有功和无功功率。显然,监视和控制成千上万个运行参数也是一项十分困难的任务。

最后,干扰严重。从自动控制角度而言,电力系统故障是电力系统自动控制系统的一类扰动信号。电力系统故障的发生是随机的,而且故障的发生和切除是同时存在的,也就是说,扰动的同时伴随着被控制对象结构的变化。这就增加了控制的复杂性。电力系统故障有时会使电力系统失去稳定,造成灾难性后果。因此,如何控制才能提高电力系统的抗干扰能力,使系统发生故障时不致失去稳定,在失去稳定后又如何控制才能使系统恢复稳定,已成为当前电力系统控制研究的重大课题之一。

上述分析说明,为保证电力系统安全、优质、稳定、经济地运行,单靠发电厂、变电站和调度中心运行值班人员进行人工监视和操作是根本无法实现的,必须依靠自动装置和设备才能实现。实际上,电力系统规模的不断扩大与电力系统采用自动监控技术、远动技术是密不可分的。可以毫不夸张地说,电力系统自动化是电力系统安全、优质、稳定、经济地运行的保证之一。没有电力系统自动化,现代电力系统是无法正常运行的。

1.1.2　电力系统自动化的发展历程

1. 单一功能自动化阶段

在电力工业发展初期,发电厂都建在用户附近,电厂规模很小,电力系统也是简单而孤立的。运行人员在发电机、开关设备等电力元件的附近直接监视设备状态并进行手工操作,例如人工操作开关、调节发电机的出力和电压等。这种工作方式的效果与运行人员的素质和精神状态有关,往往不能及时而正确地进行调节和控制。特别是在发生事故时,往往来不及对事故的发生和发展做出反应而使事故扩大。

随着工农业生产和人民生活用电的增长,电力系统内的发电设备及其出力不断增加,供电范围也不断扩大。在这种情况下,在设备现场人工就地监视和操作就不能满足电力系统运行的需要了。为了保证电力系统安全运行和向用户供应合格电能,出现了单一功能的自动装置。这些装置有故障自动切除装置(即继电保护装置,自动切除出现故障的发电机、变压器和输电线路等设备)、自动操作和调节装置(如断路器自动操作、发电机自动调压和自动调速装置等)和远距离信息自动传输装置(即远动装置)。

电力系统单一功能自动化阶段的特点是:①电力系统继电保护、电力系统远动和电力系统自动化三者各自自成体系,分别完成各自的功能;②对单个电力设备和单一过程用分立的自动装置来完成自动化的某项单一功能;③电力系统中各发电厂和变电站之间的自动装置没有什么联系;④电力系统的统一运行主要靠电力系统调度中心的调度员根据遥信、遥测传来的信息,加上自己的知识和经验通过电话或遥控和遥调来指挥。

2. 综合自动化阶段

随着电力系统装机容量和供电地域的不断扩大,电力系统的结构和运行方式越来越复杂而多变,同时对电能质量、供电可靠性和运行经济性的要求也越来越高。在这种情况下,原有的技术装备已经不能使调度人员在很短的时间里掌握复杂多变的电力系统运行状态,并做出及时而正确的决策。远动和通信技术的发展使得电力系统的实时信息可以直接进入调度中心供调度人员直接掌握系统的运行状态,帮助他们及时地对电力系统运行实时调度指挥,并及时发现和处理事故。但是,在复杂的情况下,当大量信息出现在调度人员面前时,常使得调度人员不知所措,以致延误事故处理,甚至做出错误的决定,导致事故扩大。无人值班发电厂和变电站的增加也加重了调度中心的任务。电力系统的发展向电力系统调度提出了更高的要求。20 世纪 60 年代人们开始研究电力系统自动监视和控制问题。

大容量、高速度的大型计算机和微型计算机及其网络系统在电力系统中的应用,充分显示了计算机存储信息量大、综合能力强、决策迅速等优点。日益提高的计算机性能价格比为计算机在电力系统自动化方面的普及应用创造了条件,也为电力系统综合自动化提供了物质保证。现在,世界上已出现了把电力系统实时运行的能量管理系统(energy management system,EMS)和配电网调度控制中使用的调度自动化系统(dispatch automation system,DAS),以及在电力工业各有关部门中用于管理和规划的管理信息系统结合起来的综合自动化系统,把不同层次的电力系统调度自动化功能和日常生产的计划管理功能在信息共享和功能互补上很好地结合了起来,使电力系统运行的安全性、经济性提高到了一个新的水平。

综合自动化的特点是用一套自动化系统或装置来完成以往用两套或多套分立的自动化系统或装置所完成的工作。由于综合自动化不仅可以充分利用计算机监控系统的软、硬件设备资源,而且可以实现分立装置所不能实现的功能,达到分立装置所不能达到的技术性能,所以随着科学技术的进步,尤其是现代控制理论和计算机数字监控技术在电力系统自动化中的广泛应用,电力系统中出现了不少称为"综合自动化"的系统,如发电机组综合自动控制系统、变电站综合自动化系统等。

1.2 电力系统自动化的内容

电力系统自动化一般有两方面的内容:一是电力系统运营自动化系统;二是电力系统自动装置。

1.2.1　发电厂自动化

发电厂自动化系统主要包括动力机械自动控制系统、自动发电控制(automatic genera-tion control,AGC)系统和自动电压控制(automatic voltage control,AVC)系统。火电厂需要控制锅炉、汽轮机等热力设备,大容量火力发电机组自动控制系统主要有计算机监视和数据系统、机炉协调主控系统和锅炉自动控制系统。水电厂需要控制的则是水轮机、调速器以及水轮发电机励磁控制系统等。一般而言,水电厂的自动化程度比火电厂要高。

1.2.2　变电站综合自动化

变电站的自动控制系统是在原来常规变电二次系统的基础上发展起来的。随着微机监控技术在电力系统和发电厂自动化系统中的不断发展,微机监控监测技术也开始引入变电站,目前已实现了变电站的远方监视控制,远动和继电保护已实现了微机化。目前,各地正大力开展无人值班变电站设计改造工作。无人值班变电站将会把变电站综合自动化程度推向一个更高的阶段,其功能包括变电站的远动、继电保护、远方开关操作、测量及故障、事故顺序记录和运行参数自动打印等功能。

1.2.3　配电自动化

配电是电力系统直接面向用户的功能,是电力系统的重要组成部分。配电网是电力生产和供应中的最后一个环节,与千家万户直接密切联系。它是由配电变电所、柱上变压器、配电线路、各种断路器、开关以及各种保护装置和无功补偿装置所组成。配电系统最大的特点是供电设备分散,与用户直接相关。接线方式虽然大多数为干线式,但可以分段串联,运行方式变换灵活。它的主要任务如下:

(1)保证配电网重要用户的供电,控制负荷,使供电、用电平衡,提高负荷的利用率。

(2)随时掌握配电网的运行状态,及时调整配电网设备的运行,使有功功率分布合理。

(3)及时调整无功功率补偿设备的运行,保证负荷供电电压的质量。

(4)降低配电线路的功率损耗,提高配电网运行的经济性。

(5)发生事故时,迅速获取信息,及时处理事故,保证用户的供电并尽量缩短对用户的停电时间。

我国配电自动化采用三种基本功能模式:就地控制的馈线自动化,集中监控模式的配电自动化,以及集中监控模式的配电自动化与配电管理相结合的模式。

1.2.4　电力系统调度自动化

电力系统调度的任务可概括为:控制整个电力系统的运行方式,使电力系统在正常状态下能满足安全、优质和经济地向用户供电的要求;在缺电状态下做好负荷管理;在事故状态下迅速消除故障的影响和恢复正常供电。电力系统调度自动化的任务是综合利用电子计算机、远动和远程通信技术,实现电力系统调度管理自动化,有效地帮助电力系统调度人员完成调度任务。

20世纪60年代以来国际上出现了多起大面积停电事故。北美1965年以来电力系统主要的重大停电事故有:①1965年11月9日美国东北部大停电事故;②1977年7月13日的美国纽约大停电事故;③1982 年 12 月 22 日西部沿海大停电事故;④1996 年 7 月 2—3 日西部沿海大停电事故;⑤1996 年 8 月 10 日西部沿海大停电事故;⑥1998 年 6 月 25 日安大略湖地区和美国中北部地区大停电事故;⑦1999 年夏天美国东北部停电及电网扰动事件;⑧2003 年 8 月 14 日北美大停电事故。

上述事故相同或相似因素主要有:①线路对树枝闪络;②错估了发电机的动态无功出力;③运行人员无法了解全网信息;④无法确定系统是否安全运行;⑤缺乏系统保护装置的协调;⑥低效率的通信和沟通;⑦缺乏"安全网络";⑧运行人员的培训不充分。

因此,电力系统调度自动化系统的功能逐渐从以经济调度为主转向以安全控制为主。同时,随着计算机软、硬件能力的增强,开发了功能更强的应用软件包,如状态估计、在线潮流计算、安全分析、事故模拟等,使调度自动化系统由初期的安全监视功能上升到了能实现安全分析和辅助决策功能。

1.2.5 电力系统自动装置

发电厂、变电所电气主接线设备运行的控制与操作的自动装置,是直接为电力系统安全、经济运行和保证电能质量服务的基础自动化设备。

电气设备的操作分为正常操作和反事故操作两种类型。例如按运行计划将发电机并网运行的操作称为正常操作。电网突然发生事故,为防止事故扩大的紧急操作称为反事故操作。防止电力系统的系统性事故采取相应对策的自动操作装置称为电力系统安全自动控制装置。电气设备操作的自动化是电力系统自动化的基础。

电力系统自动装置一般指的是常规自动装置,主要包括:备用电源和备用设备自动投入装置,自动重合闸装置,同步发电机强行励磁和自动调节励磁装置,自动按频率减负荷装置,同步发电机自动并列装置,水轮发电机低频自启动、自动解列、自动调频装置。

以上这些自动装置,对保证电力系统的安全运行、防止事故扩大、提高供电可靠性具有重要作用。

1.2.6 电力系统安全装置

发电厂、变电所等电力系统运行操作的安全装置,是为了保障电力系统运行人员的人身安全的监护装置。由于电力操作是一项具有一定危险性的工作,每年都有许多惨痛的教训,因此安全装置成为人们长期力图攻克的目标,其功能是保障操作人员的人身和生命安全。这类自动装置还在发展中,本教材不再展开讨论。

1.3 电力系统自动化的发展趋势与展望

1.3.1 电力系统自动化的发展趋势

现代社会对电能供应的"安全、可靠、经济、优质"等各项指标的要求越来越高,相应地,电力系统也不断地向自动化提出更高的要求。电力系统自动化技术不断地由低到高、由局部到整体发展。当今电力系统的自动控制技术正趋向于:

（1）在控制策略上日益向最优化、智能化、协调化、区域化发展。

（2）在设计分析上日益要求面对多机系统模型来处理问题。

（3）在理论工具上越来越多地借助于现代控制理论。

（4）在控制手段上日益增多了微机、电力电子器件和远程通信的应用。

（5）在研究人员的构成上日益需要多学科联合攻关、交叉研究。

整个电力系统自动化的发展则趋向于：

（1）由开环监测向闭环控制发展，例如从系统功率总加到 AGC（自动发电控制）。

（2）由高电压等级向低电压扩展，例如从能量管理系统到配电管理系统（distribution management system，DMS）。

（3）由单个元件向部分区域及全系统发展，例如监控与数据采集系统（supervisory control and data acquisition，SCADA）的发展和区域稳定控制的发展。

（4）由单一功能向多功能、一体化发展，例如变电站综合自动化的发展。

（5）装置性能向数字化、快速化、灵活化发展，例如继电保护技术的演变。

（6）追求的目标向最优化、协调化、智能化发展，例如励磁控制、潮流控制。

近 30 年来，随着计算机技术、通信技术、控制技术的发展，现代电力系统已成为一个计算机（computer）、控制（control）、通信（communication）和电力装备及电力电子（power system equipment and power electronics）的统一体，简称为"CCCP"。其内涵不断深入，外延不断扩展。电力系统自动化处理的信息量越来越大，考虑的因素越来越多，直接可观可测的范围越来越广，能够闭环控制的对象越来越丰富。

1.3.2 具有变革性重要影响的技术

在电力系统的工程实际中，如果能靠二次设备解决问题，则往往比靠增加或改善一次设备更快、更省。专家预言，21 世纪初电力系统主要元件如发电机、变压器等将无大的改观，而电力系统控制技术将有突飞猛进的发展。

下面对未来电力系统自动化领域中具有变革性重要影响的两项新技术进行介绍。

1. 电力系统的智能控制

电力系统的控制研究与应用在过去的 50 多年中大体上可分为三个阶段：基于传递函数模型的单输入、单输出控制阶段；基于状态空间模型的线性最优控制、非线性控制及多机系统协调控制阶段；基于专家系统、神经网络、模糊模型等的智能控制阶段。电力系统控制面临的主要技术困难有：

（1）电力系统是一个具有强非线性的、变参数（包含多种随机和不确定因素的、多种运行方式和故障方式并存）的动态大系统。

（2）具有多目标寻优和在多种运行方式及故障方式下的鲁棒性要求。

（3）不仅需要本地不同控制器间协调，也需要异地不同控制器间协调控制。

智能控制是当今控制理论发展的新的阶段，主要用来解决那些用传统方法难以解决的复杂系统的控制问题，特别适于那些具有模型不确定性、强非线性，要求高度适应性和鲁棒性的复杂系统。

智能控制的主要设计手段包括专家系统、人工神经网络、模糊集、自学习控制等，其在电力系统工程应用方面具有非常广阔的前景。

2. 柔性交流输电系统

所谓"柔性交流输电系统"技术,又称"灵活交流输电系统"(flexible alternating current transmission system,FACTS)技术,就是在输电系统的重要部位,采用具有单独或综合功能的电力电子装置,对输电系统的主要参数(如电压、相位差、电抗等)进行调整控制,使输电更加可靠,具有更大的可控性和更高的效率。这是一种将电力电子技术、微机处理技术、控制技术等综合应用于输电系统,以提高系统可靠性、可控性、运行性能和电能质量,并可获取大量节电效益的新型综合技术,世界各国电力部门对这项具有革命性变革作用的新技术都十分重视。它可以概括为输电系统建设(充分利用现有线路、减少输电走廊占地、节省输电网建设投资)和运行(安全性、经济性、灵活性)的需要,克服直流输电存在网络结构方面(不便于中间落点等问题)严重缺陷的需要,电力电子技术和元器件的发展支持,已有 FACTS 技术产品的研制和运行经验的积累四个方面。其中前两个是发展 FACTS 的需求动力,后两个是支撑条件。

随着高科技产业和信息化的发展,电力用户对供电质量和可靠性越来越敏感,甚至电器设备的正常运行使用寿命也与之越来越息息相关。可以说,信息时代对电能质量提出了越来越高的要求。

DFACTS 是指应用于配电系统中的灵活交流输电技术,是 Hingorani 于 1988 年针对配电网中供电质量提出的。其主要内容是:对供电质量的各种问题采用综合的解决办法,在配电网和大量商业用户的供电端使用新型电力电子控制器。

DFACTS 在电力系统中的一个应用范例是清华大学与澳门大学的学者合作于 1997 年提出的综合电能质量控制器(DS-Unicon)的概念,即快速补偿供电电压中的突降或突升、波动和闪变、谐波电流和电压、各相电压的不平衡以及故障时的短期电压中断。在这种装置中,主要有两个重要部分:并联交流单元和蓄电池单元。其具有一定的调峰能力,利用蓄电池的储能和释能,对用电负荷进行短期的电能调节。

1.3.3　电力系统自动化的展望

电力系统自动化的深度和广度都会在 21 世纪有更加飞速的发展。电力系统智能控制将迅速由研究走向实用,利用计算机技术实时地进行自学习,以帮助运行人员快速正确地做出决策。近年来,专家系统和神经网络算法已在一些电力公司得到应用,多种不同方法的混合使用也是正在进行的研究课题之一。由于我国电网的特点,FACTS 和 DFACTS 技术将在我国有异乎寻常的需求和发展。

随着计算机技术、控制技术及信息技术的发展,电力系统自动化面临着空前的变革。多媒体技术、智能控制将迅速进入电力系统自动化领域,而智能电网概念的提出,不仅对电力系统监测和自动化提出了更高的要求,也将推动电力系统自动化向更高水平发展。

第 2 章　同步发电机的自动并列

电力系统中的负荷是随机变化的,为了保证电能质量,满足安全、经济运行的要求,需经常将发电机投入和退出运行。把一台待投入系统的空载发电机经过必要的调节,在满足并列运行的条件下经断路器操作与系统并列运行,这样的操作过程称为并列操作。

由于电网运行的需要,同步发电机经常进行并列操作。在电力系统运行中,并列操作是较为频繁的。随着电力系统容量的不断增大,同步发电机的单机容量也越来越大,不恰当的并列操作将导致严重后果。因此研究和分析同步发电机并列操作的规律,提高其自动化水平,对于系统的可靠运行具有很大的现实意义。

2.1　概　述

2.1.1　电力系统并列操作的作用

并列运行的同步发电机,其转子以相同的电角速度旋转,每个发电机转子的相对电角速度都在允许的极限值以内,称之为同步运行。一般来说,发电机在没有并入电力系统前,与系统中的其他发电机是不同步的。

随着负荷的变动,电力系统中发电机运行的台数也经常改变。因此,同步发电机的并列操作是电厂的一项重要操作。另外,当系统发生某些事故时,也常要求将备用发电机组迅速投入电网运行。在某些情况下,还要求将已解列为两部分运行的系统进行联合运行,同样也必须满足并列运行条件才能进行断路器操作。这种操作也是并列操作,其并列操作的基本原理与发电机并列相同,但调节比较复杂,且实现的具体方式有一定的差别。图 2-1(a)表示发电机 G 通过断路器 QF 与系统进行并列操作,图 2-1(b)表示系统的两个部分 S1 和 S2 通过断路器 QF3 实现并列操作。

在发电机并列瞬间,往往伴随有冲击电流和冲击功率,这些冲击将使系统电压瞬间下降。如果并列操作不当,冲击电流过大,还可能引起机组大轴发生机械损伤,或者引起机组绕组电气损伤。

为了避免因并列操作不当而影响电力系统的安全运行,同步发电机组并列时应遵循如下原则:①并列断路器合闸时,冲击电流应尽可能小,其瞬时最大值一般不超过 1～2 倍的额定电流。②发电机组并入电网后,应能迅速进入同步运行状态,其暂态过程要短,以减小对电力系统的扰动。

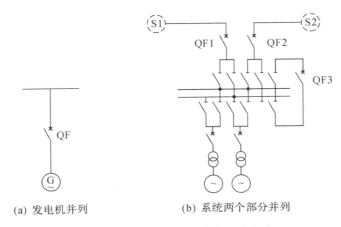

(a) 发电机并列　　　　　　(b) 系统两个部分并列

图 2-1　电力系统并列操作的基本方式

2.1.2　电厂的同步点

在发电厂内,凡可以进行并列操作的断路器,都称之为电厂的同步点。通常发电机的出口断路器都是同步点,发电机-变压器组用高压侧断路器作为同步点,双绕组变压器用低压侧断路器作为同步点。母线联络断路器也是同步点,它对于同一母线上的所有发电单元都是后备同步点。三绕组变压器的三侧都有同步点,这是为了减少并列运行时可能出现的母线倒闸操作,保证迅速可靠地恢复供电。110kV 以上线路,当设有旁路母线时,在线路主断路器因故退出工作的情况下,也可以利用旁路母线断路器进行并列操作,而母线分段断路器一般不作为同步点,因为低压侧母线解列时,高压侧是连接的,没有设同步点的必要。图2-2所示的发电厂主接线图中,凡带"﹡"的断路器均为同步点。

同步点的设置要考虑系统、发电厂、变电站在各种运行方式下操作的灵活方便,也应具体考虑并列操作过程中调节的可行性。

2.1.3　同步发电机并列操作的方法

在电力系统中,并列操作的方法主要有准同期并列和自同期并列两种。

1. 准同期并列

先给待并发电机加励磁,使发电机建立起电压,调整发电机的电压和频率,在接近同步条件时,合上并列断路器,将发电机并入电力系统。若整个过程是人工完成的,称手动准同期并列;若是自动进行的,称自动准同期并列。

准同期并列的优点:并列时产生的冲击电流较小,不会使系统电压降低,并列后容易拉入同步,因而在系统中被广泛使用。

准同期并列的缺点:

(1)并列操作时间较长。这是因为电压和频率的调整,相位相同瞬间的捕捉较麻烦。在系统事故情况下,系统频率和电压急剧变化,同期困难更大。

(2)操作要求高,可能产生非同期并列情况。如果操作人员技术不够熟练,掌握的合闸时间不够准确,则有可能造成非同期并列情况。

(3)操作系统复杂,要求严格。要求同期的二次接线必须准确无误,同期装置或仪表必

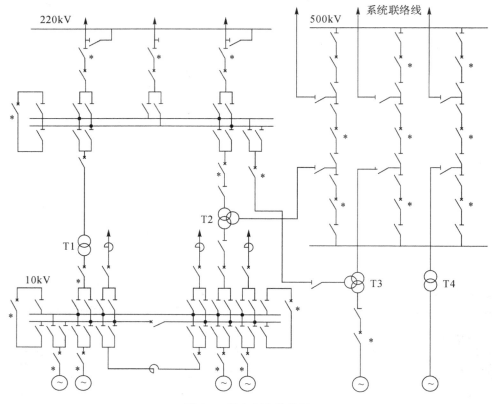

图 2-2　发电厂主接线图

须满足运行的要求。

2. 自同期并列

自同期并列操作是待并发电机并列时,转子先不加励磁,调整待并发电机的转速,当转速接近同步转速时,首先合上发电机断路器,并立即(或经一定的时间)合上励磁开关,给转子加励磁电流,在发电机电势逐渐增长的过程中由系统将发电机拉入同步运行。

自同期并列的优点:

由于待并发电机在投入系统时未励磁,故这种方式从根本上消除非同期并列的可能性。同时,并列操作简单,不存在调节和校正电压、相角的问题,只需调节发电机的转速。此外,自同期并列方式还可大大缩短并列所需的时间。自同期并列方式的这些优点,为电力系统发生事故而出现低频率、低电压时启动备用机组创造了条件,对于防止系统瓦解和事故扩大,以及较快地恢复系统正常工作,发挥着重要的作用。

自同期并列的缺点:

采用自同期并列方式投入发电机时,由于未加励磁,发电机相当于异步发电机,因此将伴随着短时间的电流冲击,发电机将从电网中吸收大量的无功功率,并使系统电压下降。冲击电流会引起电动力,可能对定子绕组绝缘和定子绕组端部产生不良影响;冲击电磁力矩也将使发电机组大轴产生扭矩,并引起振动。

由于同期并列操作是经常进行的,为了避免由于多次使用自同期产生的累积效应而造成发电机绝缘缺陷,应对自同期使用做一定的限制。因此,GB/T14285—2006《继电保护和安全自动装置技术规程》规定:"在正常运行情况下,同步发电机的并列应采用准同期方式;在故障情况下,水轮发电机可以采用自同期方式。"

另外必须指出,发电机母线电压瞬时下降对其他用电设备的正常工作将产生影响,为此也需受到限制,所以自同期并列方式现已很少采用。本章只对准同期并列方式加以介绍,不再讨论自同期并列方式。

2.1.4　机组型同期和线路型同期

图 2-1(a)中发电机通过断路器 QF 与系统实现准同期并列,同期对象是发电机,属机组型同期。在机组型同期中,作为自动准同期装置,当频差超出设置的频差时,装置应发出增速或减速脉冲,使发电机频率尽快跟踪系统频率,使频率差尽快进入设置频率范围内;当频率过小时,自动准同期装置自动发出增速脉冲,打破这种近似同频不同相的局面,缩短同期并列的时间。当压差超出设置压差范围时,装置应发出升压或降压脉冲,使发电机电压尽快跟踪系统电压,使压差尽快进入设置压差范围内。若压差、频差均在设置范围内,则装置自动发出合闸脉冲命令,在相角差为零时刻并列断路器主触头正好闭合,完成自动准同期并列。

图 2-1(b)表示系统的两个部分,发电厂与系统或两个系统间一般通过线路联系,所以这种情况下的同期称线路型同期。在线路型同期中,自动准同期装置不发出增速或减速、升压或降压脉冲,只能等待频差、压差满足要求,在满足要求情况下实现自动准同期并列。因此,线路型同期实质上是等待同期,处于被动状态,满足同期条件就在相角差为零时刻实现两系统间并列,不满足频差、压差条件则只能处于等待状态。等待同期也称"捕捉同期"。机组型同期时是不会出现等待同期状态的。

2.2　准同期并列条件分析及整定

2.2.1　准同期并列的条件

电力系统运行中,任一母线电压瞬时值可表示为

$$u(t)=U_m\sin(\omega t+\varphi) \tag{2-1}$$

式中:U_m 为电压幅值,ω 为电压角频率,φ 为电压初相角。

式(2-1)反映了电网运行中该母线电压的幅值、频率和相角。这三个重要参数常被指定为运行母线电压的状态量。电网电压也常用相量 $\dot{U}$ 来表示。

如图 2-3(a)所示,设待并发电机组 G 已经加上了励磁电流,其端电压为 $\dot{U}_G$,QF 为并列断路器,QF 的另一侧为电网电压 $\dot{U}_x$。并列断路器合闸前,QF 两侧电压状态量 u_G 与 u_x 一般不相等,需要对待并发电机组进行适当的调整,使它符合并列条件,然后才能发出 QF 的合闸信号。

由于 QF 两侧电压的状态量不等,QF 主触头间具有电压差 $\dot{U}_s$,其值可由图 2-3(b)所示

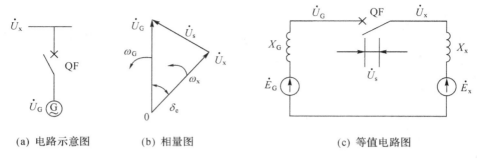

（a）电路示意图　　　（b）相量图　　　　　（c）等值电路图

图 2-3　准同期并列

的电压相量求得。

设发电机电压的角频率为 ω_G，电网电压 $\dot{U}_x$ 的角频率为 ω_x，它们间的相量差 $(\dot{U}_G-\dot{U}_x)$ 为 $\dot{U}_s$。计算并列时冲击电流的等值电路如图 2-3（c）所示。当电网参数一定时，冲击电流决定于合闸瞬间的 $\dot{U}_s$ 值。要求 QF 合闸瞬间 $\dot{U}_s$ 的值尽可能小，应使其冲击电流最大值不超过允许值。最理想情况 $\dot{U}_s$ 的值为零，这时 QF 合闸的冲击电流也就等于零；并且希望并列后能顺利地进入同步运行状态，对电网无任何扰动。

综上所述，发电机并列的理想条件为并列断路器两侧电源电压的三个状态量全部相等，即图 2-3（b）中两个相量 $\dot{U}_G$、$\dot{U}_x$ 完全重合并且保持同步旋转。所以并列的理想条件可表达为

$$\left.\begin{array}{ll} \omega_G=\omega_x \text{ 或 } f_G=f_x & \text{（即频率相等）}\\ U_G=U_x & \text{（即电压幅值相等）}\\ \delta_e=0 & \text{（即相角差为零）} \end{array}\right\} \tag{2-2}$$

这时，并列合闸的冲击电流等于零，并且并列后发电机 G 与电网立即进入同步运行，不发生任何扰动现象。可以设想，如果待并发电机的调速器和调压器按式（2-2）进行调节，实现理想的并列操作，则可极大地简化并列过程。

但是，实际运行中待并发电机组的调节系统很难实现式（2-2）的理想条件调节，因此三个条件很难同时满足。其实在实际操作中也没有这样苛求的必要。因为并列合闸时只要求冲击电流较小、不危及电气设备，合闸后发电机组能迅速拉入同步运行，对待并发电机和电网运行的影响较小，不致引起任何不良后果。

因此，在实际并列操作中，并列的实际条件允许偏离式（2-2），其偏离的允许范围则需经过分析确定。下面分析如果同步发电机组并列时偏离式（2-2）的理想条件所引起的后果。

2.2.2　准同期各个条件对准同期并列的影响

1. 电压幅值差

设发电机并列时的电压相量如图 2-4（a）所示，即并列时发电机频率 f_G 等于电网频率 f_x，相角差 δ_e 等于零，电压幅值不等（$U_G\neq U_x$）。则冲击电流的有效值 I''_h 为

$$I''_h=\frac{U_G-U_x}{X''_d+X_x} \tag{2-3}$$

式中：U_G、U_x 分别为发电机电压、电网电压有效值，X''_d 为发电机直轴次暂态电抗，X_x 为电力系统等值电抗。

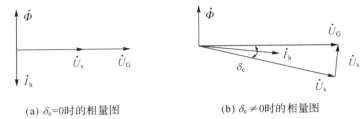

(a) $\delta_e=0$时的相量图　　　(b) $\delta_e \neq 0$时的相量图

图 2-4　准同期并列条件分析

从图 2-4(a)可见，当 δ_e 很小时，可认为 $\dot{I}_h$ 与 $\dot{U}_G$ 夹角为 $90°$，所以由电压幅值差产生的冲击电流主要为无功电流分量。冲击电流最大瞬时值 $i''_{h.max}$ 的计算式为

$$i''_{h.max}=1.8\sqrt{2}\,I''_h \approx 2.55\,I''_h \tag{2-4}$$

冲击电流的电动力对发电机绕组产生影响，由于定子绕组端部的机械强度最弱，所以须特别注意对它所造成的危害。由于并列操作为正常运行操作，冲击电流最大瞬时值限制在 $1 \sim 2$ 倍额定电流以下为宜。为了保证机组的安全，我国曾规定压差并列冲击电流不允许超过机端短路电流的 $1/20 \sim 1/10$。据此，得到准同期并列的一个条件为：电压差 U_s 不能超过额定电压的 $5\% \sim 10\%$。现在一些巨型发电机组更规定在 0.1% 以下，即要求尽量避免无功冲击电流。

2. 合闸相角差

设并列合闸时，断路器两侧电压相量如图 2-4(b)所示，即

(1)$U_G=U_x$，电压幅值相等。

(2)$f_G=f_x$，频率相等。

(3)$\delta_e \neq 0$，合闸瞬间存在相角差。

这时发电机为空载情况，电动势即为端电压并与电网电压相等，冲击电流的有效值为

$$I''_h=\frac{U_x}{X''_q+X_x}\left(2\sin\frac{\delta_e}{2}\right) \tag{2-5}$$

式中：U_x 为电网电压有效值，X''_q 为发电机交轴次暂态电抗，X_x 为电力系统等值电抗。

从图 2-4(b)可见，当 δ_e 很小时，可认为 $2\sin\dfrac{\delta_e}{2} \approx \sin\delta_e$，可认为 $\dot{I}_h$ 与 $\dot{U}_G$ 夹角为 $0°$，所以由合闸相角差产生的冲击电流主要为有功冲击电流。冲击电流最大瞬时值的计算式为

$$i''_{h.max}=1.8\sqrt{2}\,I''_h \approx 2.55\,\frac{U_x}{X''_q+X_x}\sin\delta_e \tag{2-6}$$

当相角差较小时，这种冲击电流主要为有功电流分量，说明合闸后发电机与电网间立刻交换有功功率，使机组联轴受到突然冲击，这对机组和电网运行都是不利的。为了保证机组安全运行，一般将有功冲击电流限制在较小数值以内。

对于小机组而言，允许合闸相角差 $\delta_e \leqslant 10°$；

对于大机组而言，允许合闸相角差 δ_e 为 $2° \sim 4°$；

对于现代巨型机组而言，其安全裕度较小，δ_e 只允许为 $2°$。

3. 频率不相等

设待并发电机的电压相量如图 2-5(a)所示，且有 $U_G=U_x$，电压幅值相等；$f_G \neq f_x$ 或 $\omega_G \neq \omega_x$，频率不相等。

这时断路器 QF 两侧间电压差 u_s 为脉动电压，对 u_s 的描述为

$$u_s=U_{mG}\sin(\omega_G t+\varphi_1)-U_{mx}\sin(\omega_x t+\varphi_2)$$

设初始角 $\varphi_1=\varphi_2=0$，则

$$u_s=2U_{mG}\sin(\frac{\omega_G-\omega_x}{2}t)\cos(\frac{\omega_G+\omega_x}{2}t) \tag{2-7}$$

令脉动电压的幅值为 $U_s=2U_{mG}\sin(\frac{\omega_G-\omega_x}{2}t)$，则

$$u_s=U_s\cos(\frac{\omega_G+\omega_x}{2}t) \tag{2-8}$$

由式(2-8)可知，u_s 的波形可以看成是幅值为 U_s，频率接近于工频的交流电压波形。

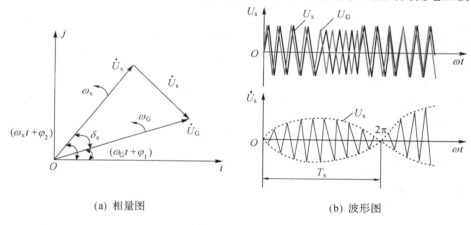

(a) 相量图　　　　　　　　　　(b) 波形图

图 2-5　脉动电压

图 2-5(a)所示两电压相量间的相角差为

$$\delta_e=\omega_s t \tag{2-9}$$

式中：$\omega_s=\omega_G-\omega_x$，为滑差角频率（简称滑差）。

于是

$$u_s=2U_{mG}\sin\frac{\omega_s}{2}t=2U_{mG}\sin\frac{\delta_e}{2}=2U_{mx}\sin\frac{\delta_e}{2} \tag{2-10}$$

由此可见，u_s 为正弦脉动波，其最大幅值为 $2U_{mG}$（或 $2U_{mx}$），所以 u_s 又称为脉动电压。$\dot{U}_s$ 的相量图及其瞬时值波形如图 2-5 所示。如用相量分析，为简单起见可设想系统电压 $\dot{U}_x$ 固定，而待并发电机的电压 $\dot{U}_G$ 以恒定滑差角频率 ω_s 对 $\dot{U}_x$ 转动。当相角差 δ_e 从零到 π 变动时，$\dot{U}_s$ 的幅值相应地从零变到最大值 $2U_{mG}$；当 δ_e 从 π 到 2π（重合）变动时，$\dot{U}_s$ 的幅值又从最大值回到零。相角差 δ_e 变动 2π 的时间称为脉动周期 T_s。

由于滑差角频率 ω_s 与滑差频率 f_s 间具有下列关系：

$$\omega_s=2\pi f_s \tag{2-11}$$

所以脉动周期(也称滑差周期)为

$$T_s = \frac{1}{f_s} = \frac{2\pi}{\omega_s} \tag{2-12}$$

当滑差角频率用标幺值表示时,则有

$$\omega_{s*} = \frac{\omega_s}{2\pi f_N} \tag{2-13}$$

式中:f_N 为额定频率,我国电网的额定频率为 50Hz。

滑差或滑差周期都可以用来确定地表示待并发电机与系统之间频率差的大小。滑差大,则滑差周期短;滑差小,则滑差周期长。在有滑差的情况下,将机组投入电网,需经过一段加速或减速的过程,才能使机组与系统在频率上"同步"。加速或减速力矩会对机组造成冲击。显然,滑差越大,并列时的冲击就越大,因而应该严格限制并列时的滑差。我国在发电厂进行正常人工手动并列操作时,一般限制滑差周期在 10~16s。

脉动电压周期 T_s、滑差频率 f_s 和滑差角频率 ω_s 都可用来表示待并发电机的频率与电网频率之间或两并列电网频率之间相差的程度。由式(2-9)可知,相角差 δ_e 是时间的函数,所以并列时合闸相角差 δ_e 与发出合闸信号的时间有关,如果发出合闸信号的时间不恰当,就有可能在相角差较大时合闸,以致引起较大的冲击电流。同时可知,如果发出合闸信号的时间恰当,就有可能在两电压重合的时间合闸,从而使冲击电流等于零。还需指出,如果并列时频率差较大,即使合闸时的相角差 δ_e 很小,满足要求,但这时待并发电机需经历一个很长的暂态过程才能进入同步运行状态,严重时甚至失步,因而也是不允许的。

图 2-6 为待并发电机组进入同步运行的暂态过程示意图。

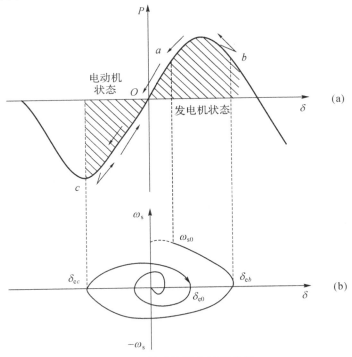

图 2-6　并列的同步过程分析
(a)发电机运行状态　(b)开关线

众所周知,当发电机组与电网间进行有功功率交换时,如果发电机的电压 $\dot{U}_\mathrm{G}$ 超前电网电压 $\dot{U}_\mathrm{x}$,发电机发出功率,则发电机将制动而减速。反之,当 $\dot{U}_\mathrm{G}$ 落后 $\dot{U}_\mathrm{x}$ 时,发电机吸收功率,则发电机将加速。所以交换功率的方向与相角差 δ_e 的正负有关。

下面定义发电机发出功率为"发电机状态",发电机吸收功率为"电动机状态"。现设原动机的输入功率恒定不变,且 $\omega_\mathrm{G} > \omega_\mathrm{x}$;令合闸时的相角差为 $\delta_{\mathrm{e}0}$,此时的滑差为 $\omega_{\mathrm{s}0}$(图 2-6 中的 a 点),并为超前情况。可见合闸后发电机处于"发电机状态"而受到制动,ω_s 开始减小。发电机沿功角特性到达 b 点时 $\omega_\mathrm{G} = \omega_\mathrm{x}$,但这时 δ_e 达到最大值。由于发电机仍处于"发电机状态",所以 ω_G 继续减小,由于 $\omega_\mathrm{G} < \omega_\mathrm{x}$,所以 δ_e 逐渐减小。发电机功率沿特性曲线往回摆动到达坐标原点时,电压向量 $\dot{U}_\mathrm{G}$ 与 $\dot{U}_\mathrm{x}$ 重合,相角差 δ_e 为零,因 $\omega_\mathrm{G} < \omega_\mathrm{x}$ 而使相角差 δ_e 开始变负,交换功率变负,发电机组处于"电动机状态"又重新加速,交换功率沿特性曲线变动直到图中的 c 点 $\omega_\mathrm{G} = \omega_\mathrm{x}$,相角差 δ_e 又往反方向运动。这样来回摆动,由于阻尼等因素直到进入同步运行时为止。

显然,进入同步状态的暂态过程与合闸时滑差角频率 $\omega_{\mathrm{s}0}$ 的大小有关。当 $\omega_{\mathrm{s}0}$ 较小时,到达最大相角 b 点时的 $\delta_{\mathrm{e}b}$ 较小,可以很快进入同步运行。当 $\omega_{\mathrm{s}0}$ 较大时,如图 2-6(b)所示,则需经历较长时间振荡才能进入同步运行。如果 $\omega_{\mathrm{s}0}$ 很大,最大相角 b 点超出 $180°$,则将导致失步。所以合闸时 $\omega_{\mathrm{s}0}$ 的极限值应根据发电机能否进入同步运行的稳定条件进行校验。在一般情况下,并列时的 $\omega_{\mathrm{s}0}$ 值远小于上述极限值,因此可以不必校验。但是,当并列的发电机组与电网间的联系较弱时,也有可能需按稳定条件对 $\omega_{\mathrm{s}0}$ 进行校验。

机组容量越大,对 δ_e 的限制越严。另一方面,由于断路器动作时间的误差等因素,使并列允许滑差值与允许并列误差角间可能形成某种制约关系。现举例说明如下。

【例 2-1】 在图 2-1(a)表示的并列操作下,为保证发电机的安全与寿命,一般规定不允许因角差产生的冲击电流值为发电机空载时突然发生机端短路的电流冲击值的 $1/10$。试求其最大允许并列误差角,并讨论其与并列允许滑差值的关系。

解 由题可得

$$10\,\frac{\sin\delta_\mathrm{e}}{X''_\mathrm{q}} = 10\,\frac{\sin\delta_\mathrm{e}}{X''_\mathrm{d}} = \frac{1}{X''_\mathrm{d}}$$

于是可得最大允许并列误差角为

$$\delta_{\mathrm{d}\cdot\max} \approx \sin\delta = 0.1(\mathrm{rad}) = 5.73°$$

最大并列误差相角是由断路器的合闸时间误差和自动准同期装置的整定值与动作值间的误差造成的,它应不大于最大允许合闸相角,即

$$\delta_{\mathrm{d}\cdot\max} = \omega_\mathrm{s}\Delta t_{\max} = \omega_\mathrm{s}(\Delta t_{\mathrm{QF}\cdot\max} + \Delta t_{\mathrm{Z}\cdot\max})$$

式中:$\Delta t_{\max}$ 为合闸时间总误差的最大值,$\Delta t_{\mathrm{QF}\cdot\max}$ 为断路器机构等造成的时间误差最大值,$\Delta t_{\mathrm{Z}\cdot\max}$ 为自动(或人工)准同期装置合闸时间误差的最大值。

在合闸时间的误差中,断路器的弹簧、传动机构等造成的时间误差所占比重是较大的,如果自动准同期装置的合闸时间误差远小于断路器合闸机构的时间误差,则

$$\Delta t_{\max} \approx \Delta t_{\mathrm{QF}\cdot\max}$$

由此可以得出,一般待并发电机并入电网时的最大允许滑差周期为

$$T_{\mathrm{s}\cdot\max} = \frac{2\pi}{\omega_{\mathrm{s}\cdot\max}} = \frac{2\pi\Delta t_{\max}}{\delta_{\mathrm{d}\cdot\max}}$$

对于一些重型少油断路器,合闸时间较长,其可能的 Δt_{max} 也较大,如果取 Δt_{max} 为 0.1s,则得 $T_{s.max}$ 为 6～7s。

本例说明滑差周期长,滑差小,则同样的误差合闸时间所造成的并列误差角就小,冲击也小,所以并列时,滑差不能过大。

由以上分析可知,在同期并列时,频率差、电压差和相角差都是直接影响发电机运行寿命及系统稳定的因素。同期操作或研制自动准同期装置一定要遵循前述条件。事实上在准同期并网的三个条件中,电压差和频率差不像人们想象的那样是伤害发电机的主要原因,真正伤害发电机的是相角差。在两电源间存在电压差和频率差的情况下,并网会造成无功功率和有功功率的冲击。也就是说,断路器合上的那一瞬间,电压高的那一侧向电压低的那一侧输送一定数值的无功功率,频率高的那一侧向频率低的那一侧输送一定数值的有功功率。但在发电机空载的情况下,即使存在较大的电压差和较大的频率差,其所对应的无功功率和有功功率也是有限的,不会伤害发电机。因为发电机在正常运行中本来就能承受较大的负荷波动,例如线路的故障跳闸或线路的重合闸都是较大的负荷波动。

但是,在具有相角差的情况下并网的后果就完全不同了。相角差是指发电机的转子直轴(d 轴)和定子三相电路合成的同步旋转磁场轴之间的角差。在断路器合闸的一瞬间,系统电压施加在发电机定子上,由其产生并由三相电流合成以角速度 ω_s 旋转的旋转磁场将产生一个电磁转矩,强迫发电机转子轴系(发电机转子、原动机转子、励磁机转子等的合成体)的磁轴与其取向一致,可以想象这一拉入同步的过程是一个数百吨质量的转子轴系于极短时间内在定子电磁转矩作用下旋转一个角度就加于定子的过程。同步时,角度较大将导致转子轴系伤、残的症状,例如绕组线棒变形松脱,出现转子一点或多点接地,联轴器螺栓扭曲,主轴出现裂纹等。因此,在准同期并列时,严格控制相角差 δ_e 是同步条件中最重要的一环。

2.2.3　自同期并列

自同期并列方式不能用于两个系统间的并列操作。同时应该看到,当发电机以自同期方式投入电网时,在投入瞬间,未经励磁的发电机接入电网,相当于电网经发电机次暂态电抗 X''_d 短路,因而不可避免地要引起冲击电流(见图 2-7)。

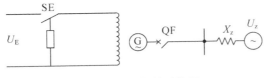

图 2-7　自同期并列简图

自同期并列的冲击电流的周期分量可由式(2-14)求得,即

$$I''_h = \frac{U_x}{X''_d + X_x} \tag{2-14}$$

式中:U_x 为归算到发电机端的电网电压,X_x 为归算后的电网等值电抗。

这时,发电机母线电压 U_G 为

$$U_G = \frac{U_x}{X''_d + X_x} X''_d \tag{2-15}$$

式(2-14)和式(2-15)表明,当机组一定时,自同期并列的冲击电流主要决定于系统的情况,即决定于 U_x 和 X_x。自同期时发电机的端电压值 U_G 与冲击电流成正比。

另外,必须指出:发电机母线电压瞬时下降对其他用电设备的正常工作将产生影响,为此也需受到限制,所以自同期并列操作方法在非正常情况下采用时,也常受到限制。

2.3 准同期并列的基本原理

采用准同期并列方法将待并发电机组投入电网运行,前已述及在满足并列条件的情况下,只要控制得当就可使冲击电流很小且对电网扰动甚微。因此,准同期并列是电力系统运行中的主要并列方式。

设并列断路器 QF 两侧电压分别为 $\dot{U}_G$ 和 $\dot{U}_x$,并列断路器 QF 主触头闭合瞬间所出现的冲击电流值以及进入同步运行的暂态过程,决定于合闸时的脉动电压 $\dot{U}_s$ 的值和滑差角频率 ω_s。因此,准同期并列主要是对脉动电压 $\dot{U}_s$ 和滑差角频率 ω_s 进行检测和控制,并选择合适的时间发出合闸信号,使合闸瞬间的 $\dot{U}_s$ 值在允许值以内。检测的信息取自 QF 两侧的电压,而且主要是对 $\dot{U}_s$ 进行检测并提取信息。现对脉动电压的变化规律进行分析。

2.3.1 脉动电压

为便于分析问题,设待并发电机电压 $\dot{U}_G$ 与电网电压 $\dot{U}_x$ 的幅值相等,而 ω_G 与 ω_x 不等,因此 $\dot{U}_G$ 和 $\dot{U}_x$ 是做相对运动的两个电压相量。令两电压相量重合瞬间为起始点,这时 U_s 的表达式由式(2-8)和式(2-10)得

$$u_s = U_s \cos\left(\frac{\omega_G + \omega_x}{2} t\right)$$

$$U_s = 2U_{mx} \sin \frac{\omega_s}{2} t = 2U_{mG} \sin \frac{\omega_s}{2} t$$

U_s 脉动电压波形如图 2-8 所示,为正弦脉动波形,它的最大幅值为 $2U_{mx}$(或 $2U_{mG}$),其脉动周期 T_s 与 ω_s 的关系见式(2-12)。

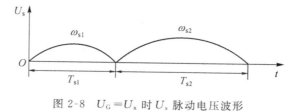

图 2-8 $U_G = U_x$ 时 U_s 脉动电压波形

如果并列断路器 QF 两侧的电压幅值不相等,由图 2-3(b)所示相量图,应用三角公式可求得 U_s 的值为

$$U_s = \sqrt{U_{mx}^2 + U_{mG}^2 - 2U_{mx}U_{mG}\cos\omega_s t} \tag{2-16}$$

当 $\omega_s t = 0$ 时,$U_s = |U_{mG} - U_{mx}|$,为两电压幅值差;

当 $\omega_s t = \pi$ 时,$U_s = |U_{mG} + U_{mx}|$,为两电压幅值和。

两电压幅值不等时，U_s 脉动电压波形如图 2-9 所示。由于脉动周期 T_s 只与 ω_s 有关，所以图 2-9 中的脉动电压周期 T_s 表达得与图 2-8 相同。

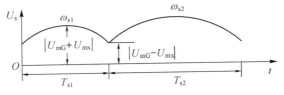

图 2-9　$U_G \neq U_x$ 时 U_s 脉动电压波形

图 2-8 和图 2-9 表明，在 U_s 的脉动电压波形中载有准同期并列所需检测的信息——电压幅值差、频率差以及相角差随时间的变化规律。因此，并列断路器 QF 两侧的电压为自动并列装置提供了并列条件信息和合适的合闸信号控制发出时机。

1. 电压幅值差

电压幅值差 $|U_{mG} - U_{mx}|$ 对应于脉动电压 U_s 波形的最小幅值，由图 2-9 得

$$U_{s \cdot min} = |U_{mG} - U_{mx}|$$

表明并列操作的合闸时机即使掌握得非常理想，相角差为零，并列点两侧存在电压幅值差时仍会导致冲击电流，其值与电压幅值差成正比。为了限制并网合闸时的冲击电流，须设定电压幅值差限制，作为并列条件之一。

2. 频率差

$\dot{U}_G$ 与 $\dot{U}_x$ 间的频率差就是脉动电压幅值 U_s 的频率 f_s，它与滑差角频率 ω_s 的关系如式（2-11）所示，即

$$\omega_s = 2\pi f_s$$

可见 ω_s 反映了频率差 f_s 的大小。由式（2-12）中的关系可知，要求 ω_s 小于某一允许值，就相当于要求脉动电压周期 T_s 大于某一给定值。

例如，设滑差角频率的允许值 ω_{sy} 规定为 $0.2\% \omega_N$，$f_N = 50\,\mathrm{Hz}$，即

$$\omega_{sy} \leqslant 0.2 \times \frac{2\pi f_N}{100} = 0.2\pi\,(\mathrm{rad/s})$$

对应的脉动电压周期 T_s 的值为

$$T_s \geqslant \frac{2\pi}{\omega_{sy}} = 10\,(\mathrm{s})$$

所以 U_s 的脉动周期 T_s 大于 10s 才能满足 ω_{sy} 小于 $0.2\% \omega_N$ 的要求。这就是说，测量 T_s 的值可以检测待并发电机组与电网间的滑差角频率 ω_s 的大小，即频率差的大小。

上述分析，假定了 f_G、f_x 为恒定，即发电机电压与电网电压两相量间为相对等速运动，对于要求快速并网的机组来说，这一假定就未必成立。因为这时机组在并列操作过程中，可能转速还在变化，尚未稳定，在一个较长滑差周期内 ω_s 值可能并不恒定，自动并列装置应能实时检测 ω_s 及相角差加速度 $\dfrac{\mathrm{d}\omega_s}{\mathrm{d}t}$ 等值，以利于快速并网的实施。

3. 合闸相角差 δ_e 的控制

前面已经提及，最理想的合闸瞬间是在 $\dot{U}_G$ 与 $\dot{U}_x$ 两相量重合的瞬间。考虑到断路器操

动机构和合闸回路控制电器的固有动作时间,必须在两电压相量重合之前发出合闸信号,即取一提前量。

U_s 随相角差 δ_e 的变化规律为发出合闸信号的提前量提供了计算和判别依据。目前,准同期并列装置采用的提前量有恒定越前相角和恒定越前时间两种。在 $\dot{U}_G$ 与 $\dot{U}_x$ 两相量重合之前恒定角度 δ_{YJ} 发出合闸信号的,称为恒定越前相角并列装置。在 $\dot{U}_G$ 与 $\dot{U}_x$ 两相量重合之前恒定时间 T_{YJ} 发出合闸信号的,称为恒定越前时间并列装置。一般并列合闸回路都具有固定动作时间,因此恒定越前时间并列装置得到了广泛使用。

2.3.2   自动准同期并列装置

1. 控制单元

为了使待并发电机组满足并列条件,准同期并列装置主要由下列三个单元组成:

(1)频率差控制单元。它的任务是检测 $\dot{U}_G$ 与 $\dot{U}_x$ 间的滑差角频率 ω_s,且调节待并发电机组的转速,使发电机电压的频率接近于电网频率。

(2)电压差控制单元。它的功能是检测 $\dot{U}_G$ 与 $\dot{U}_x$ 间的电压差,且调节发电机电压 U_G,使它与 U_x 间的电压差值小于规定允许值,促使并列条件的形成。

(3)合闸信号控制单元。检查并列条件,当待并机组的频率和电压都满足并列条件时,合闸控制单元就选择合适的时间发出合闸信号,使并列断路器 QF 的主触头接通时,相角差 δ_e 接近于零或控制在允许范围以内。

准同期并列装置主要组成部件可用图 2-10 表示。

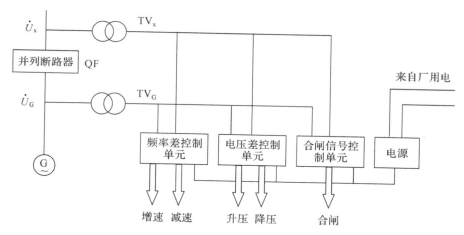

图 2-10   准同期并列装置主要组成部件

2. 自动化程度

同步发电机的准同期并列装置按自动化程度可分为以下两种。

(1)半自动并列装置

这种并列装置没有频率差控制和电压差控制功能,只有合闸信号控制单元。并列时,待并发电机的频率和电压由运行人员监视和调整,当频率和电压都满足并列条件时,并列装置就在合适的时间发出合闸信号。它与手动并列的区别仅仅是合闸信号由该装置经判断后自动发出,而不是由运行人员手动发出。

（2）自动并列装置

如图 2-10 所示,这种并列装置中设置了频率差控制单元、电压差控制单元和合闸信号控制单元。由于发电机一般都配有自动电压调节装置,因此在有人值班的发电厂中,发电机的电压往往由运行人员直接操作控制,不需配置电压差控制单元,从而简化了并列装置的结构;在无人值班的发电厂中,自动准同期并列装置需设置具有电压自动调节功能的电压差调整单元。同步发电机并列时,发电机的频率或频率和电压都由并列装置自动调节,使它与电网的频率、电压间的差值减小。当满足并列条件时,自动选择合适时机发出合闸信号,整个并列过程不需要运行人员参与。

2.3.3　准同期并列合闸信号的控制逻辑

在准同期并列操作中,合闸信号控制单元是准同期并列装置的核心部件,所以准同期并列装置原理也往往是指该控制单元的原理。其控制原则是当频率和电压都满足并列条件的情况下,在 $\dot{U}_G$ 与 $\dot{U}_x$ 两相量重合之前发出合闸信号。两电压相量重合之前的信号称为提前量信号,其逻辑结构如图 2-11 所示。

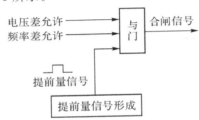

图 2-11　准同期并列合闸信号控制的逻辑结构

按提前量的不同,准同期并列装置的原理可分为恒定越前相角和恒定越前时间两种。

1. 恒定越前相角准同期并列

装置所取的提前量信号是某一恒定相角 δ_{YJ},即在脉动电压 U_s 到达 $\delta_e = 0$ 之前的 δ_{YJ} 相角差时发出合闸信号,对该装置工作原理的分析可用图 2-12 来表示。为了简单起见,设 U_G 与 U_x 相等且都为额定值,由式（2-10）可知,相角差 δ_e 与脉动电压 U_s 间存在着一定的对应关系。在图 2-12 中,设越前相角为 δ_{YJ},它所对应的 U_s 电压值为 U_A。现设断路器的合闸时间为 t_{QF},显然,当 ω_s 很小时,QF 主触头闭合瞬间的相角差可近似认为接近于 δ_{YJ} 值。当 $\omega_s = \omega_{sy0} = \dfrac{\delta_{YJ}}{t_{QF}}$ 时,并列时的合闸相角差等于零。ω_{sy0} 称为最佳滑差角频率。当 $\omega_s > \omega_{sy0}$ 时,合闸相角差又将增大。与越前相角 δ_{YJ} 相对应的越前时间随滑差角频率 ω_s 而变。由于断路器 QF 的合闸时间 t_{QF} 近乎恒定,因而合闸时的相角差与 ω_s 有关。为了使合闸时冲击电流值不超过允许值,滑差角频率的允许值就必须限制在某一范围以内,其值可根据发电机的参数计算求得。

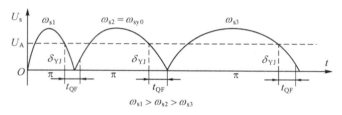

图 2-12　恒定越前相角原理

2. 恒定越前时间准同期并列

装置所采用的提前量为恒定时间信号,即在脉动电压 U_s 到达两电压相量 $\dot{U}_G$、$\dot{U}_x$ 重合($\delta_e=0$)前 t_{YJ} 发出合闸信号,一般取 t_{YJ} 等于并列装置合闸出口继电器动作时间 t_c 和断路器的合闸时间 t_{QF} 之和,因此采用恒定越前时间的并列装置在理论上可以使合闸相角差 $\delta_e=0$。

在 $\delta_e=0$ 之前的恒定时间 t_{YJ} 发出合闸信号,它对应的越前相角 δ_{YJ} 的值是随 ω_s 而变化的,其变化规律如图 2-13 所示。

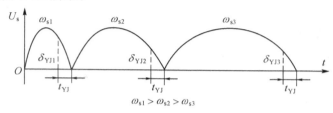

图 2-13　恒定越前时间原理

由于 $\delta_{YJ}=\omega_s t_{YJ}$,当 t_{YJ} 为定值时,发出合闸脉冲时的越前相角与 ω_s 成正比。

虽然从理论上讲,按恒定越前时间原理工作的自动并列装置可以使合闸相角差 $\delta_e=0$,但实际上由于装置的越前信号时间、出口继电器的动作时间以及断路器的合闸时间 t_{QF} 存在着分散性,因而并列时仍难免具有合闸相角误差,这就使并列时的允许滑差角频率 ω_{sy} 受到限制。

2.3.4　恒定越前时间并列装置的整定计算

恒定越前时间并列装置需要整定的参数如下。

1. 越前时间 t_{YJ}

通常令

$$t_{YJ}=t_c+t_{QF} \tag{2-17}$$

式中:t_c 为自动装置合闸信号输出回路的动作时间,t_{QF} 为并列断路器的合闸时间。

t_{YJ} 主要决定于 t_{QF},其值随断路器的类型不同而不同。所以装置中的 t_{YJ} 应便于整定,以适应不同断路器的需要。

2. 允许电压差

U_G 与 U_x 间允许电压差值一般定为 $(0.1\sim0.15)U_N$(U_N 为额定电压)。

3. 允许滑差角频率

由于装置输出回路和断路器合闸动作时间都存在着误差,因此就造成合闸相角误差 δ_e,

在时间误差一定的条件下，δ_c 与 ω_s 成正比。设 δ_{ey} 为发电机组的允许合闸相角，可求得最大允许滑差 ω_{sy} 为

$$\omega_{sy} = \frac{\delta_{ey}}{|\Delta t_c| + |\Delta t_{QF}|} \tag{2-18}$$

式中：$|\Delta t_c|$、$|\Delta t_{QF}|$ 分别为自动并列装置、断路器的动作误差时间。

δ_{ey} 决定于发电机的允许冲击电流最大值 $i''_{h.max}$。当给定 $i''_{h.max}$ 值后，按式（2-4）和式（2-5）可求得

$$\delta_{ey} = 2\arcsin\frac{i''_{h.max}(X''_q + X_x)}{2 \times 1.8\sqrt{2}E''_q}(\text{rad}) \tag{2-19}$$

将求得的 δ_{ey} 值代入式（2-18），即可求得允许滑差 ω_{sy}。

【例 2-2】 某发电机采用自动准周期并列方式与系统进行并列，系统的参数已归算到以发电机额定容量为基准的标幺值。一次系统的参数为：发电机交轴次暂态电抗 X''_q 为 0.125；系统等值机组的交轴次暂态电抗与线路电抗之和为 0.25；断路器合闸时间 t_{QF} 为 0.5s，它的最大可能误差时间为 $\pm20\%t_{QF}$；自动并列装置最大误差时间为 ±0.05s；待并发电机允许的冲击电流值为 $i''_{h.max} = \sqrt{2}I_{GN}$。试计算允许合闸误差角 δ_{ey}、允许滑差角频率 ω_{sy} 与相应的脉动电压周期 T_s。

解 （1）允许合闸误差角 δ_{ey} 为

$$\delta_{ey} = 2\arcsin\frac{\sqrt{2}\times1\times(0.125+0.25)}{\sqrt{2}\times1.8\times2\times1.05} \approx 2\arcsin0.0992 \approx 0.199(\text{rad}) \approx 11.4°$$

式中：E''_q 按 1.05 计算是考虑到并列时电压有可能超过额定电压值的 5%。

（2）断路器合闸动作误差时间

$$\Delta t_{QF} = 0.5 \times 0.2 = 0.1(\text{s})$$

自动并列装置的误差时间 $\Delta t_c = 0.05$s。

所以，允许滑差角频率 ω_{sy} 为

$$\omega_{sy} = \frac{0.199}{0.15} \approx 1.33(\text{rad/s})$$

如果滑差角频率用标幺值表示，则

$$\omega_{sy*} = \frac{\omega_{sy}}{2\pi f_N} = \frac{1.33}{2\pi\times50} \approx 0.42\times10^{-2}$$

（3）脉动电压周期 T_s 为

$$T_s = \frac{2\pi}{\omega_{sy}} = \frac{2\pi}{1.33} \approx 4.7(\text{s})$$

在准同期并列计算中，按理还应包括稳定性校验，就是由稳定性条件来确定并列的最大允许滑差角频率 ω'_{sy}。但从校验结果来看，在通常情况下，按冲击电流条件所得的滑差角频率 ω_{sy} 值远小于按稳定条件求得的滑差角频率值 ω'_{sy}。由于总是取其中较小的 ω_{sy} 作为并列允许条件，因此一般就不必进行该项校验计算，如果待并发电机组与系统间的联系较弱，则还应进行稳定性校验，以确定其允许滑差角频率值。

2.4 自动并列装置的工作原理

2.4.1 装置的控制逻辑

恒定越前时间准同期并列装置中的合闸信号控制单元由滑差角频率检测、电压差检测和越前时间信号等环节组成。它的控制逻辑如图 2-14(a) 所示。由图 2-14(a) 可见，恒定越前时间信号能否通过与门 Y1 成为合闸输出信号，决定于滑差角频率检测和电压差检测的结果。如果其中任何一个不符合并列条件，那么由或非门 H1 输出的非逻辑使与门 Y1 闭锁，因而所产生的越前时间信号不能通过与门 Y1，也就不能发出合闸信号，只有在滑差角频率和电压差都符合并列条件的情况下，越前时间信号才能通过与门 Y1 成为合闸信号输出。由此可见，它们间的时间配合如图 2-14(b) 所示，在一个脉动电压周期内，必须在越前时间信号到达之前完成频率差和电压差的检测任务，做出是否让越前时间信号通过与门 Y1 的判断，也就是做出是否允许并列合闸的判断。

因此在 U_s 每一个脉动周期内，确定出电压差和频率差的检测区间。图 2-14(b) 表达了它们间的配合关系，在越前时间 t_{YJ} 信号之前电压差和频率差检测环节就已分别做出符合或不符合并列条件的判断。如果不符合并列条件，则或非门 H1 的输入逻辑值为"1"，或非门 H1 的两个输入端只要有一个输入端出现"1"，H1 的输出逻辑即为"0"，与门 Y1 就被闭锁，所形成的越前时间信号就不起作用。所以电压差或频率差只要有一个不符合并列条件，就不允许合闸，在下一个 U_s 的脉动周期内重新检测，重复上述过程，直到并列条件都满足。如果符合并列条件，则 H1 的输入逻辑值均为"0"，其输出逻辑值为"1"，与门 Y1 不被闭锁，这时所产生的越前时间信号 t_{YJ} 就可通过 Y1 输出合闸信号。所以，当电压差和频率差都符合条件时，就在 t_{YJ} 发出合闸信号，从而完成并列操作的合闸控制任务。应用图 2-14(a) 逻辑框图，就很容易把自动并列装置的控制原理阐述清楚。在微机数字式自动并列装置中，虽然应用的是存储逻辑，编制的软件与布线逻辑在形式上有较大的差别，但在制作软件框图时，也得遵循上述基本原理所阐述的控制逻辑。

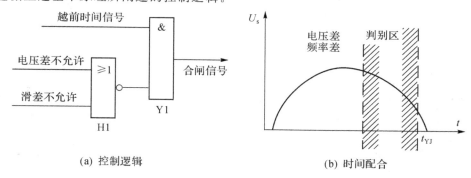

(a) 控制逻辑　　　　　　　　　(b) 时间配合

图 2-14　并列装置控制逻辑

2.4.2　并列的检测信号

前面讨论准同期并列原理时,主要分析了并列断路器 QF 两侧的电压差 U_s 脉动电压的变化规律;阐明了在脉动电压 U_s 中载有电压差和频率差的信息,并在一定条件下反映了相角差 δ_e 的变化规律,可为自动并列装置检测和控制提供所需的信息。反映并列断路器两侧电压差的脉动电压 U_s 可由并列断路器两侧的电压互感器二次侧电压 $\dot{U}_G$ 和 $\dot{U}_x$ 测得。接到自动并列装置二次侧交流电压的相位和幅值,在现场必须认真核对后接到自动并列装置,使其正确反映主触头间 U_s 的实际值。

1. 整步电压

自动并列装置检测并列条件的电压,人们常称为整步电压。

随着元器件更新以及自动控制和检测技术的进步,整步电压也随之不同。为了对自动并列装置发展有较系统认识,这里做简要介绍。

(1)正弦型整步电压

电压互感器二次侧 $\dot{U}_G$ 和 $\dot{U}_x$ 的电压差接线如图 2-15(a)所示。因为它的包络线波形是正弦型的,称为正弦型整步电压,它是早期准同期并列装置所采用的测量信号。

待并发电机和系统母线电压互感器二次侧 b 相电压直接连接,$\dot{U}_{Ga}$ 和 $\dot{U}_{xa}$ 之间的电压即为其差值电压 $\dot{U}_b$,如图 2-15(a)所示。经整流后,直流侧的电压波形 U_{sz} 如图 2-15(b)所示,所测得的直流电压反映了脉动电压 U_s 的幅值。

设 $U_G = U_x$,则正弦型整步电压 U_{sz} 为

$$U_{sz} = 2U_x K_Z \sin \frac{\omega_s t}{2} = 2U_x K_Z \sin \frac{\delta_e}{2} \tag{2-20}$$

式中:K_Z 为整流系数。

如果 $U_G \neq U_x$,则 U_{sz} 的波形与图 2-9 中的 U_s 相似。这表明 U_{sz} 不仅是相角差 δ_e 的函数,而且还与电压差值有关。这就使得利用 U_{sz} 检测并列条件的越前时间信号和频差检测信号引入了受电压影响的因素,尤其是造成越前时间信号的时间误差,成为合闸误差的主要原因之一。因此,这种利用正弦整步电压检测并列条件的方法被线性整步电压的方法所替代。

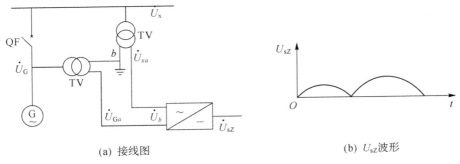

(a) 接线图　　　　　　　　　　　(b) U_{sz}波形

图 2-15　正弦型整步电压

(2)线性整步电压

线性整步电压只反映 $\dot{U}_G$ 和 $\dot{U}_x$ 间的相角差特性,而与它们的电压幅值无关,从而使越前时间信号和频率差的检测不受电压幅值的影响,提高了并列装置的控制性能,因而被模拟式

自动并列装置广泛使用。

图 2-16(a)为全波线性整步电压的形成电路示例,它由电压变换、整形电路、相敏电路、低通滤波器和射极跟随器组成。

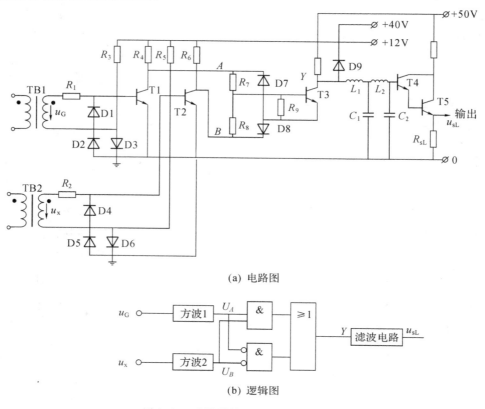

(a) 电路图

(b) 逻辑图

图 2-16　全波线性整步电压形成电路

①整形电路(形成方波)。电压互感器二次侧电压经变压器 TB1、TB2 输出电压分别为 u_G 和 u_x。三极管 T1、T2 工作在正偏置工况下,只要 u_G 或 u_x 微偏正,即在电压的正半周时间内,T1 或 T2 就导通,A 点或 B 点处于低电平。反之,当 u_G 或 u_x 处于负半周期时,A 点或 B 点处于高电平。可见,整形电路是将 u_G 和 u_x 的正弦波转换成与之频率和相位相同的一系列方波,方波的幅值与 u_G、u_x 的幅值无关,如图 2-17(a)所示。

②相敏电路。由三极管 T3,电阻 $R_7 \sim R_9$,二极管 D7、D8 组成。当 A 点、B 点电压同时处于高电平或同时处于低电平时,对称性电路使 T3 得不到偏置而截止,其集电极上 Y 点为高电平。若 A 点和 B 点的电平高低不一致,即相异时,T3 导通,Y 点为低电平。其逻辑框图可以表示为图 2-16(b),Y 点逻辑为 $Y = A \cdot B + \bar{A} \cdot \bar{B} = \overline{A \oplus B}$。脉冲间隔反映了相角差 δ_e 的大小,这个相敏电路的工作由逻辑表达式可知在正、负周期内共获得两次相位比较机会。必须注意的是当 $\delta_e = 0$ 时,Y 点高电平时间最长,即矩形脉冲最宽,脉冲间的间隔最小,u_{sL} 输出最大。当 $\delta_e = \pi$ 时,矩形脉冲宽度为零,脉冲间隔为最大,u_{sL} 输出为零,波形如图 2-17(b)、(c)所示。如果 u_G、u_x 任一输入接线的极性改变,即两输入电压的极性不一致,则 u_{sL} 特性也就相移 π(180°)。

③滤波电路和射极跟随器输出。采用 L_1、C_1、L_2、C_2 组成的滤波平滑电路获得 u_{sL} 与相

角差 δ_e 的线性关系,其特性见图 2-17(c)。为了提高整步电压信号的负载能力,采用 T4、T5 组成的射极跟随器输出。整步电压的数学表达式为

$$u_{sL}=\begin{cases}\dfrac{U_{sLm}}{\pi}(\pi+\delta_e)&(-\pi\leqslant\delta_e\leqslant0)\\[3mm]\dfrac{U_{sLm}}{\pi}(\pi-\delta_e)&(0\leqslant\delta_e\leqslant\pi)\end{cases}\tag{2-21}$$

式中:U_{sLm} 为三角波的峰值电压。

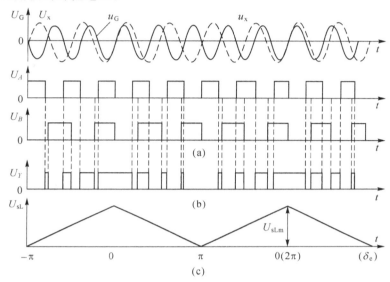

图 2-17　全波线性整步电压

(a)u_G、u_x、A 点、B 点的电压波形　(b)Y 点的矩形波　(c)理想化的 u_{sL} 波形

2. 恒定越前时间

恒定越前时间部分是由 R、C 组成的比例-微分回路和电平检测器构成,如图 2-18 所示。

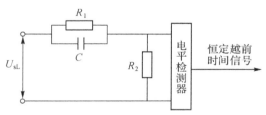

图 2-18　恒定越前时间部分

当整步电压加至比例-微分回路后,在电阻 R_2 上的输出电压 U_{R_2} 可以利用叠加原理来求出,即图 2-19(a)所示 U_{R_2} 为图 2-19(b)和图 2-19(c)所示输出电压 U'_{R_2} 与 U''_{R_2} 的叠加。

在图 2-19(b)中,由于电容 C 的容量很小,容抗很大,其作用可以忽略,故

$$U'_{R_2}=\frac{R_2}{R_1+R_2}\cdot U_{sL}=\frac{R_2}{R_1+R_2}\times\frac{U_{sLm}}{\pi}(\pi+\omega_st)\quad(-\pi<\omega_st<0)\tag{2-22}$$

在图 2-19(c)中,若 $T_s\gg\dfrac{R_1R_2}{R_1+R_2}\cdot C$,则

$$U''_{R_2} = I_C \frac{R_1}{R_1+R_2} \cdot R_2 = C \cdot \frac{dU_{sL}}{dt} \cdot \frac{R_1 R_2}{R_1+R_2}$$

$$= \frac{U_{sLm} \cdot \omega_s}{\pi} \times \frac{R_1 R_2}{R_1+R_2} \cdot C \quad (-\pi < \omega_s t < 0) \tag{2-23}$$

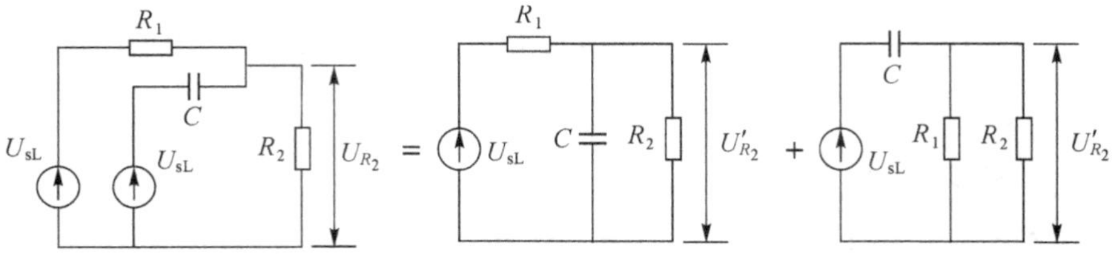

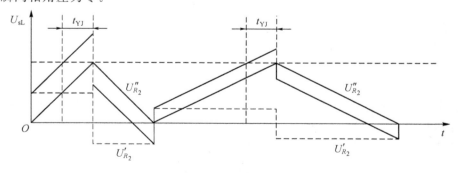

(a) 叠加求 U_{R_2} (b) 输出电压 U'_{R_2} (c) 输出电压 U''_{R_2}

图 2-19　利用叠加原理求 U_{R_2} 示意图

现讨论在 $-\pi < \omega_s t < 0$ 区间,若电平检测器翻转电平为 $\dfrac{R_2}{R_1+R_2}U_{sLm}$,翻转时间为 t_{YJ},则动作的临时条件为

$$U'_{R_2} + U''_{R_2} = \frac{R_2}{R_1+R_2}U_{sLm}$$

即

$$\frac{R_2}{R_1+R_2} \times \frac{U_{sLm}}{\pi}(\pi+\omega_s t_{YJ}) + \frac{U_{sLm} \cdot \omega_s}{\pi} \times \frac{R_1 R_2}{R_1+R_2} \cdot C = \frac{R_2}{R_1+R_2}U_{sLm}$$

$$1 + \frac{\omega_s t_{YJ}}{\pi} + \frac{\omega_s R_1 C}{\pi} = 1$$

$$\omega_s t_{YJ} + \omega_s R_1 C = 0$$

$$t_{YJ} = -R_1 C$$

由此表明,电平检测器翻转时间 t_{YJ} 的值与 ω_s 无关,而是仅与 R_1 及 C 的数值有关的常量。等号右端的负号表示与所取时间标尺的方向相反,即为"越前"时间,故 t_{YJ} 为恒定越前时间。图 2-20 表示在不同的滑差周期下,越前时间能够恒定的分析示意图。U'_{R_2} 为"比例"部分,U''_{R_2} 为"微分"部分,因而在虚线表示的电平检测器翻转瞬间,能够获得恒定的超前时间 t_{YJ}。当开关的合闸时间不同时,可以分别调整 R_1 与 C 的数值,以获得相应的越前时间,使并列瞬间相角差为零。

图 2-20　恒定越前时间电平检测器原理示意图

3. 滑差检测

滑差检测是自动准同期装置在发出合闸脉冲前要做的检测。滑差检测的作用是对待并发电机与系统之间的频率差是否满足准同期条件做出判断。滑差检测有以下两种实现方法。

(1) 比较恒定越前时间电平检测器和恒定越前相角电平检测器的动作次序来实现滑差检测

其工作原理如图 2-21 所示。将线性整步电压 U_{sL} 加在电平检测电路上，就可以获得恒定越前相角整定电平 U_{sLk}。

恒定越前相角电平检测器输入线性整步电压 U_{sL}，当输入电压等于或大于整定电平 U_{sLk} 时，电平检测器动作，输出低电平，随着滑差的不断减小，即 $T_{s1} < T_{s2}$，恒定越前相角检测器动作时间 t_{A1}、t_{A2} 随之不断加大。

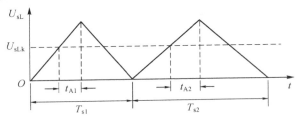

图 2-21　恒定越前相角电平检测器工作原理

如果将 U_{sLk} 按允许滑差 ω_{sY} 下恒定时间越前 t_{YJ} 的相应角差值 δ_{YJ} 进行整定，则有

$$\omega_{sY} t_{YJ} = \omega_s t_A$$

即

$$t_A = \frac{\omega_{sY}}{\omega_s} t_{YJ} \tag{2-24}$$

当 $\omega_s > \omega_{sY}$ 时，$|t_A| < |t_{YJ}|$；

当 $\omega_s = \omega_{sY}$ 时，$|t_A| = |t_{YJ}|$；

当 $\omega_s < \omega_{sY}$ 时，$|t_A| > |t_{YJ}|$。

只有当 $|t_A| > |t_{YJ}|$，即恒定越前相角电平检测器先于恒定超前时间电平检测器动作时，才说明这时的 ω_s 小于允许滑差的频率 ω_{sY}，从而做出频率差符合并列条件的判断。反之，如果 t_{YJ} 信号到来时尚未获得恒定越前相角电平检测器的翻转信号，就可做出频率差不符合并列条件的判断。

(2) 检测线性整步电压的斜率来判别滑差大小

由线性整步电压数学表达式分析可知，线性整步电压的斜率与滑差成正比，故可通过检测线性整步电压的斜率来实现滑差检测。

由比较恒定越前时间电平检测器和恒定越前相角电平检测器的动作次序来实现滑差检测的方法，越前相角脉冲 U_{sLk} 的宽度范围为对应的 $-\delta_{YJ} \sim +\delta_{YJ}$。因此越前时间脉冲 U_{tYJ} 对应的 δ_t 只有在 $-\delta_{YJ} \sim +\delta_{YJ}$ 范围内才起作用，即在 $-\delta_{YJ} < \delta_t < +\delta_{YJ}$ 时发合闸命令才起作用。在这个区间外，即使误发越前时间脉冲，也不会发合闸命令使合闸闭锁。因此，只要选择合理的 δ_{YJ}，就不会产生太大的冲击电流或损坏发电机。而用检测线性整步电压斜率来检测滑

差的方法,如果频率不满足条件时,只有在 $180° < \delta_t < 360°$ 区间内,合闸闭锁,在 $0° < \delta_t < 180°$ 区间内合闸不被闭锁。因此,如果在 $0° < \delta_t < 180°$ 区间内误发合闸脉冲,都会使同期点断路器误合闸,若 δ 在 $180°$ 附近合闸,将对发电机产生严重危害,所以这两种方法是有区别的。

4. 电压差检测

由于线性整步电压不载有并列点两侧电压幅值的信息,所以它就无法用于电压差的检测。电压差检测可直接用 $\dot{U}_G$ 和 $\dot{U}_x$ 的幅值进行比较,两电压分别经变压器、整流桥和一个电压平衡电路检测电压差的绝对值。当此电压差小于允许值时发出"电压差合格,允许合闸"的信号。

2.4.3 频差控制

频差控制单元的任务是将待并发电机的频率调整到接近于电网频率,使频率差趋向并列条件允许的范围,以促成并列的实现。如果待并发电机的频率低于电网频率,则要求发电机升速,发升速脉冲。反之,应发减速脉冲。当频率差值较大时,发出的调节量相应大些。当频率差值较小时,发出的调节量也就小些,以配合并列操作的动作。

根据上述要求,频率差控制单元可由频率差方向测量环节和频率调整执行环节两部分组成。前者判别 u_G 和 u_x 间频率的高低,作为发升速脉冲或减速脉冲的依据。后者按比例调节的要求,调整发电机组的转速。

1. 滑差方向的检测原理

图 2-22(a)说明当 $f_G > f_x$,$\omega_s > 0$ 时,在相角 $|\delta_e|$ 自 0 运动到 π 的过程中,$\dot{U}_G$ 始终超前 $\dot{U}_x$;相反,当 $f_G < f_x$,$\omega_s < 0$ 时,在 $|\delta_e|$ 自 0 运动到 π 的过程中,$\dot{U}_x$ 始终超前 $\dot{U}_G$。因此,要判断 ω_s 的方向,只需在 $|\delta_e|$ 自 0 运动到 π 的过程中的任一时间,看 $\dot{U}_G$ 和 $\dot{U}_x$ 谁超前、谁滞后就可以了。如果此时 $\dot{U}_G$ 超前 $\dot{U}_x$,则 $f_G > f_x$,发电机立刻减速;反之,若 $\dot{U}_x$ 超前 $\dot{U}_G$,则 $f_G < f_x$,发电机应立刻增速。这个原理是通过越前鉴别与区间鉴别两个措施来实现的。所谓越前鉴别就是判定 $\dot{U}_G$ 和 $\dot{U}_x$ 谁是越前电压,所谓区间鉴别就是判定 $|\delta_e|$ 正处在 $0 \sim \pi$ 区间。从图 2-22(b)表示的整步电压图形可以看出,U_{sL} 的下倾侧就是所要求的鉴别区间,此区间的任一点都可用来进行越前鉴别。

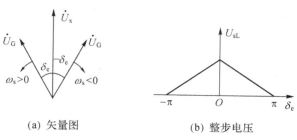

(a) 矢量图   (b) 整步电压

图 2-22　滑差方向的检测原理图

2. 频差控制框图

（1）区间鉴别

如图 2-23 所示，区间鉴别只在 $\delta_e = 50°$ 时发一个宽度恒定的脉冲，使与门 Y5 与 Y6 开放一段时间，发出调速脉冲。其余时间 Y5 与 Y6 被闭锁，不发调速脉冲。选择 $\delta_e = 50°$ 发调速脉冲是为了与合闸脉冲的发出时间隔开，合闸脉冲的发出时间是在 $\delta_e = 0°$ 之前发出的，正好是在 U_{sL} 的上倾侧。

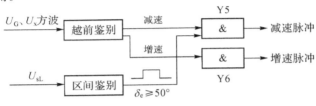

图 2-23　频差控制框图

（2）越前鉴别

越前鉴别是判定 $\dot{U}_G$ 和 $\dot{U}_x$ 谁是越前电压，越前鉴别的输入信号为 $\dot{U}_G$ 和 $\dot{U}_x$ 的方波。从图 2-24 可以看出，当越前相角 $|\delta_e|$ 在 $0 \sim \pi$ 区间内，$f_G < f_x$ 时，系统方波由高电平变为低电平时，发电机仍为高电平，因此越前鉴别的增速脉冲回路输出一系列正脉冲，而超前鉴别的减速脉冲回路无输出，表示系统频率高。反之，若 $f_G > f_x$，则越前鉴别的减速脉冲回路输出一系列正脉冲，越前鉴别的增速脉冲回路无输出，表示发电机频率高。从而可以判别滑差的方向。

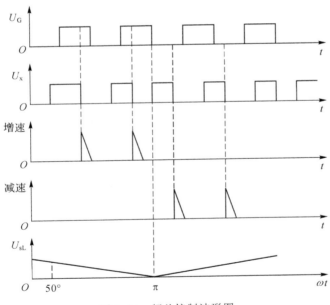

图 2-24　频差控制波形图

（3）比例调节

在每一个滑差周期内发一次宽度恒定的增速或减速脉冲，均频脉冲时间的占用率与频差成正比，称为比例脉冲调节器。它能在频差大时，使均频脉冲的次数较多，进入汽轮机的动力元素在单位时间内的改变量较大,以迅速弥补频率的差别;而在频差小时,使均频脉冲的次数较少,进入汽轮机的动力元素在单位时间内的改变量也较小,从而避免过调。所以,比例调节脉冲可以使均频过程迅速而平稳地进行。

2.4.4 压差控制

电压差控制单元的任务是在并列操作过程中,自动调节待并发电机的电压,使电压差条件符合并列的要求。它的构成框图与频率差控制相似,由电压差方向测量环节和脉冲展宽电路组成。

2.5 数字式并列装置

2.5.1 概 述

用大规模集成电路等器件构成的数字式并列装置,由于硬件简单、编程方便灵活、运行可靠且技术上已经成熟,成为当前自动并列装置的主流。中央处理单元(CPU)具有高速运算和逻辑判断能力,它的指令周期以微秒计,这对于发电机频率为 50Hz、每周期 20ms 的信号来说,可以具有足够充裕的时间进行相角差 δ_e 和滑差角频率 ω_s 近乎瞬时值的运算,并按照频率差值的大小和方向、电压差值的大小和方向,确定相应的调节量,对机组进行调节,以达到较满意的并列控制效果。一般模拟式并列装置为了简化电路,在一个滑差周期 T_s 内,把 ω_s 假设为恒定。而数字式并列装置可以克服这一假设的局限性,采用较为严密的公式,考虑相角差 δ_e 可能具有加速运动等问题,能按照 δ_e 当时的变化规律,选择最佳的越前时间发出合闸信号,可以缩短并列操作的过程,提高了自动并列装置的技术性能和运行可靠性。并列装置引入了计算机技术后,可以较方便地应用检测和诊断技术对装置进行自检,提高了装置的维护水平。

数字式并列装置由硬件和软件组成,两者协调配合完成同步发电机组的并列控制任务。

2.5.2 硬件电路

以中央处理单元(CPU)为核心的数字式并列装置,就是一台专用的计算机控制系统。因此按照计算机控制系统的组成原则,硬件的基本配置由主机,输入、输出接口,输入、输出过程通道等部件组成。它的原理框图如图 2-25 所示。

1. 主 机

中央处理单元(CPU)是控制装置的核心,它和存储器(RAM、EPROM)以及接口电路一起组成主机。控制对象运行变量的采样输入存放在可读写的随机存储器(RAM)内,固定的系数和设定值以及编制的程序则固化存放在可擦写只读存储器(EPROM)内。自动并列装置的重要参数,如断路器合闸时间、频率差和电压差允许并列的阀值、滑差角加速度计算系数、频率和电压控制调节的脉冲宽度系数等,为了既能固定存储,又便于设置和整定值的修改,亦存储在 EPROM 中。

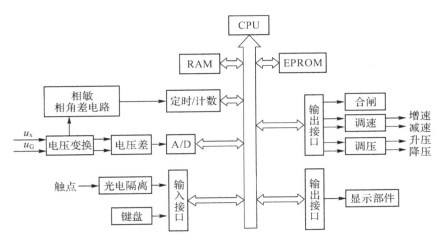

图 2-25　微机型自动准同期装置硬件原理框图

2. 输入、输出接口电路

在计算机控制系统中，输入、输出过程通道的信息不能直接与主机的总线相接，必须由接口电路来完成信息传递的任务。现在各种型号的 CPU 芯片都有相应的通用接口芯片供选用。它们有串行接口、并行接口、管理接口（计数/定时、中断管理等）、模拟量与数字量间转换（A/D、D/A）等电路。这些接口电路与主机总线相连接，供主机读写。有关这些通用接口电路的介绍，可参阅相关微机原理等教材。

3. 输入、输出过程通道

为了实现发电机自动并列操作，须将电网和待并发电机的电压、频率等物理量按要求送到接口电路进入主机。

（1）输入通道

并列装置在现场工作时，需输入的信息有下列几项。

1）状态变量

按发电机并列条件，分别从发电机和母线电压互感器二次侧交流电压信号中提取电压幅值、频率和相角差 δ_e 三种信息，经隔离及电路转换后送到接口电路，作为并列操作的依据。

① 电压差检测

由于在频率差和相角差 δ_e 检测电路中，不载有并列点两侧电压幅值的信息，所以需要设置专门的电压差检测电路。近年来传感器技术发展很快，可方便地通过接口电路把交流电压值读入主机［见图 2-26（a）］，因此直接读入 u_G 和 u_x 值然后做计算比较的方案较为简单。

② 频率差检测

频率差检测可用直接测量 u_G 和 u_x 并列电压频率的方法，求得频率差值以及频率高低的信息。数字电路测量频率的基本方法是测量交流信号的周期 T，其典型线路如图 2-26（b）所示。把交流电压正弦信号转换为方波，经二分频后，它的半波时间即为交流电压的周期 T。具体的实施可利用正半周高电平作为可编程定时/计数器开始计数的控制信号，其下降沿即停止计数并作为中断请求信号，由 CPU 读取其中计数值 N，并使计数器复位，以便为

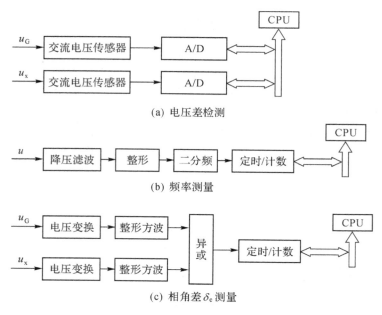

(a) 电压差检测

(b) 频率测量

(c) 相角差 δ_e 测量

图 2-26 状态变量检测原理电路

下一个周期计数做好准备。

如可编程定时/计数器的计时脉冲频率为 f_c,则交流电压的周期 T 为

$$T = \frac{1}{f_c} N$$

于是求得交流电压的频率为

$$f = \frac{f_c}{N} \tag{2-25}$$

为了简化并列装置输入接线并且能与 $\delta_e(t)$ 测量电路合用起见,可省略二分频环节,把交流电压正弦信号转换成方波后,就去控制定时/计数电路,此时的计数时间只有半个周期 $(T/2)$,所以计算机也可很方便地求得频率值、频差大小和频率高低。只有在频率差允许的条件下,才进行恒定越前时间的计算。

③相角差 δ_e 检测

相角差 δ_e 测量的方案之一如图 2-26(c)所示,把电压互感器二次侧 u_G、u_x 的交流电压信号转换成同频、同相的两个方波,把这两个方波信号接到异或门,当两个方波输入电平不同时,异或门的输出为高电平,用于控制可编程定时计数器的计数时间,其计数值 N 即与两波形间的相角差 δ_e 相对应。CPU 可读取矩形波的宽度值 N,求得两电压间相角差的变化轨迹 $\delta_e(t)$。

2)并列点参数调用的地址(数字量)

自动并列装置在现场运行时,还需要输入具有并列点地址意义的信息,用于调用与并列点对应的一套参数,如越前时间 t_{YJ}、允许滑差角频率 ω_s(或 f_s)、允许电压幅值差 ΔU_{set}、频率差控制和电压差控制的调整系数等。当操作控制对象确定后,由运行人员就近操作或远方控制,给出一组编码(数字量)通过接口电路输入。自动并列装置按地址调用各项参数。为了安全可靠起见,输入地址的编码宜采用特定规则(容错技术),如出现错码也不会调错参数,以防止引起不良操作后果。

　　3)工作状态及复位按钮

　　微机型自动并列装置,按程序执行操作任务,其工作状态有参数设定调试和并列操作之分,为此设置相应的工作状态输入信号,引导程序走向。装置启动后,通过输入接口读入。

　　微机型自动并列装置启动后一般都有自检,在自检或工作中可能由于硬件、软件或某种偶然原因,导致出错或死机,为此,需设置一个复位按钮,能使装置重新启动。操作复位后,装置重新运行,有可能正常,这说明装置本身无故障,属偶然因素;也有可能仍旧出错或死机,说明装置确有问题,应检查排除故障。

　　(2)输出通道

　　自动并列装置的输出控制信号有:

　　①并列断路器合闸脉冲控制信号。

　　②调节发电机转速的增速、减速信号。

　　③调节发电机电压的升压、降压信号。

　　这些控制信号可由接口电路输出,经转换后驱动继电器,用触点控制相应的电路。

4. 人机接口

　　这是计算机控制系统必备的设施,属常规外部设备。其配置则视具体情况而定。自动并列装置的人机接口主要用于程序调试、设置或修改参数。装置运行时,用于显示发电机并列过程的主要变量,如相角差 δ_e、频率差、电压差的大小和方向,以及调速、调压的情况。总之,应为运行操作人员监控装置的运行提供方便。

　　其常用的设备有:

　　(1)键盘——用于输入程序、数据和命令。

　　(2)数码管、发光二极管、显示器——为操作人员提供直观的显示,以利于对并列过程的监控,以及生产厂家调试程序时需要。例如,两电压间相角差用 LED 发光做圆周运动显示,直观醒目,较受欢迎。

　　(3)操作设备——为运行人员提供控制的设备,如按钮、开关等。

2.5.3　并列装置软件

　　数字式自动并列装置借助于中央处理单元的高速信息处理能力,利用编制的程序(软件),在硬件配合下实现发电机的并列操作,因此软件在控制系统中占有十分重要的地位。自动并列装置按所制订的软件流程进行工作,然而程序流程细节可能因人而异,无标准可循,这和每个人处理问题的方式方法一样,各有"个性",不会完全一致。这里介绍的仅为一种示例。越前时间检测所采用的算法介绍如下。

　　前已述及线性整步电压与相角差 δ_e 的对应关系是从宽度不等的矩形波(见图 2-17)经滤波器处理后获得的。这里揭示了一个很重要的事实,矩形波的宽度与并列电源波形的相角差 δ_e 相对应。如把矩形波宽度(对应于 δ_e)实时记录下来,那么它就是相角差的运动轨迹 $\delta_e(t)$,其中载有除电压幅值外极其丰富的并列条件信息,其作用与整步电压相似,可以计算求得当前的相角差 δ_{e0}、滑差角频率($\omega_s = \Delta\delta_e/\Delta t$)、相角差加速度($\Delta\omega_s/\Delta t$)以及恒定越前时间的最佳合闸导前相角差 δ_{YJ} 等。数字式自动并列装置发挥高速运算优势,充分利用 $\delta_e(t)$ 信息,提高了并列装置的合闸控制技术水平。

为了叙述方便起见,设系统频率为额定值 50Hz,待并发电机的频率低于 50Hz。从电压互感器二次侧来的电压波形如图 2-27(a)所示,经削波限幅后得到图 2-27(b)所示方波,两方波异或就得到图 2-27(c)中一系列宽度不等的矩形波。CPU 可读取时间 τ 的计数值 N,如图 2-27(d)所示。

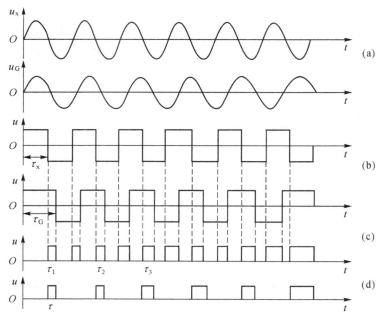

图 2-27　相角差 δ_e 测量波形分析

（a）交流电压波形　（b）交流电压对应的方波　（c）异或门输出的相角差方波
（d）定时器计数时间 τ

显然这一系列矩形波的宽度 τ_i 与相角差 δ_i 相对应。系统电压方波的宽度 τ_x 为已知,它等于 1/2 周期(180°),因此 δ_i 可按式(2-26)求得:

$$\delta_i = \begin{cases} \dfrac{\tau_i}{\tau_x}\pi & (\tau_i \geqslant \tau_{i-1}) \\[3mm] \left(2 - \dfrac{\tau_i}{\tau_x}\right)\pi & (\tau_i < \tau_{i-1}) \end{cases} \tag{2-26}$$

式(2-26)中 τ_x 和 τ_i 的值,CPU 可从定时计数器读入求得。如采用线性整步电压全波电路,则每一个工频周期(约 20ms)可做两次计算,CPU 可记录下 $\delta_e(t)$ 的轨迹,如图 2-28 所示。

数字式自动并列装置利用 $\delta_e(t)$ 轨迹,利用较严密的数学模型,计算求得的恒定越前时间 t_{YJ} 较符合脉动电压的实际规律,具有相当的准确性。首先可按式(2-27)计算求得恒定越前时间所对应的最佳越前合闸相角 δ_{YJ},还可很方便地计及 δ_e 含有加速度的情况。δ_{YJ} 计算式为

$$\delta_{YJ} = \omega_{si}t_{DC} + \frac{1}{2} \times \frac{\Delta\omega_{si}}{\Delta t}t_{DC}^2 \tag{2-27}$$

其中

$$\omega_{si}=\frac{\Delta\delta_i}{\Delta t}=\frac{\delta_i-\delta_{i-1}}{2\tau_x} \tag{2-28}$$

式中：ω_{si} 为计算点的滑差角速度，δ_i、δ_{i-1} 分别为本计算点和上一计算点的角度值，$2\tau_x$ 为两个计算点间的时间，t_{DC} 为中央处理单元发出合闸信号到断路器主触头闭合时需经历的时间。

设 t_c 为出口继电器动作时间，t_{QF} 为断路器的合闸时间，则

$$t_{DC}=t_{QF}+t_c \tag{2-29}$$

由于两相邻计算点间的 ω_s 变化甚微，因此 $\Delta\omega_{si}$ 一般可经若干计算点后才计算一次，所以式(2-27)的 $\frac{\Delta\omega_{si}}{\Delta t}$ 可表示为

$$\frac{\Delta\omega_{si}}{\Delta t}=\frac{\omega_{si}-\omega_{si-n}}{2\tau_x n} \tag{2-30}$$

式中：ω_{si}、ω_{si-n} 分别为本计算点和前 n 个计算点求得的 ω_s 值。

根据式(2-27)可以求出最佳的越前合闸相角 δ_{YJ} 值，该值与本计算点的相角 δ_i 按式(2-31)进行比较(式中 ε 为计算允许误差)。如果

$$\left|(2\pi-\delta_i)-\delta_{YJ}\right|\leqslant\varepsilon \tag{2-31}$$

成立，则立刻发出合闸信号。

如果

$$\left|(2\pi-\delta_i)-\delta_{YJ}\right|>\varepsilon \tag{2-32}$$

且

$$(2\pi-\delta_i)>\delta_{YJ} \tag{2-33}$$

则继续进行下一点计算，直到 δ_i 逐渐逼近 δ_{YJ} 符合式(2-31)为止。

设在计算中，一个滑差周期的 $\delta_e(t)$ 曲线如图 2-28(a)中直线 A 所示，它所对应的 ω_s 为常数(直线 A')，这时 $\Delta\omega_{si}=0$，表示电网和待并机组的频率稳定。如果 $\delta_e(t)$ 的曲线如图 2-28(b)中曲线 B 所示，与它对应的 $\omega_s(t)$ 为直线 B'(ω_s 按等速变化)，这相当于待并机组按恒定加速度升速，发电机频率与电网频率逐渐接近。这时式(2-27)为计及发电机角加速度后求出的最佳合闸越前角。可见，微机型准同期并列装置可以方便地考虑频率差的不同变化规律，只要完善地描述式(2-27)，甚至 ω_s 含加速度也并不需要增加硬件就可以进行合闸控制计算，这是它最突出的优点。

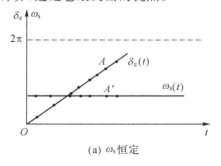

(a) ω_s 恒定

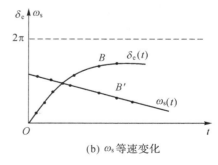

(b) ω_s 等速变化

图 2-28　$\delta_e(t)$ 轨迹

最佳的合闸越前角 δ_{YJ} 与本计算点的 δ_i 比较也有可能出现

$$(2\pi-\delta_i)<\delta_{YJ} \tag{2-34}$$

这就是如图 2-29 中所示的错过了合闸时机的情况。设待并发电机转速恒定，本点计算时 a 点对应 δ_i 已接近 δ_{YJ}，但不符合式（2-31）而符合式（2-32）和式（2-33）。可是当下一个计算点时，b 点还是不符合式（2-31），却符合式（2-32）和式（2-34），这就错过了合闸时机。

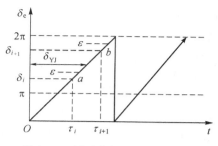

图 2-29　错过合闸时机的情况

为了避免上述情况，在进行本点 δ_i 计算时，可同时对下一个计算点 δ_{i+1} 值进行时差 Δt_e 预测。估计最佳合闸越前相角 δ_{YJ} 是否介于本计算点与下一个预测点 δ_{i+1} 之间，以便及时采取措施，推算出从 δ_i 到 δ_{YJ} 所需的时间。这样可以不失时机地在越前相角 δ_{YJ} 瞬间发出合闸信号。因此，一旦待并发电机的电压、频率符合允许并列条件，在一个滑差周期内就可捕捉到最佳合闸越前相角 δ_{YJ}，及时发出合闸信号。

由于断路器的合闸时间具有一定的分散性，在给定允许合闸误差角的条件下，并列时的允许滑差角频率及角加速度也需通过计算确定。

从 U_G、U_x 的电压波形中采集两并列电源间的相角差 δ_e、频率差 Δf 等信息，数字式准同期并列装置充分发挥了微处理器的高速运算能力且性能稳定，因而具有显著优点。

习　题

一、简答题

1.何谓准同期并列？这种并列方法有何特点？

2.何谓滑差和滑差周期？它们与发电机电压和系统电压的相角差有什么关系？

3.说明利用手动准同期并列方法将发电机并网的过程。

4.对发电机准同期并列操作有何要求？

5.准同期并列的条件有哪些？条件不满足时会产生哪些影响？

6.何谓脉动电压？如何利用脉动电压检测发电机同期并列的条件？

7.何谓线性整步电压？如何利用线性整步电压检测发电机同期并列的条件？

8.检查频差大小的方法有哪两种？试说明两种方法使用的差异。

9.在模拟自动准同期装置中，如何检查频差大小？简述其原理。

10.在模拟自动准同期装置中，越前时间脉冲和越前相角脉冲有何区别？

11.在模拟自动准同期装置中，如何鉴别频差方向？原理是什么？

12.在模拟自动准同期装置中，如何调整调频脉冲的宽度？

13.模拟自动准同期装置由哪几部分组成？各部分的主要作用是什么？

14.数字式微机并列装置硬件电路的基本配置有哪些？

二、绘图分析题

1.定性画出脉动电压的波形，并说明其特点。

2.定性画出线性整步电压的波形,并说明其特点。

3.画图比较利用脉动电压和利用线性整步电压检测发电同期并列的特点。

4.画出模拟自动准同期并列的合闸原理图,并说明相关模块的作用。

5.画出模拟自动准同期并列中调频部分的构成框图。

6.用相量图分析不满足理想准同步条件时冲击电流的性质和产生的后果。

三、计算题

1.某发电机采用自动准同期并列方式与系统进行并列,系统的参数为已归算到以发电机额定容量为基准的标幺值。一次系统的参数为:发电机交轴次暂态电抗 X''_q 为 0.128,系统等值机组的交轴次暂态电抗与线路之和为 0.22,断路器合闸时间 t_{QF} 为 0.4s,它的最大可能误差时间为 t_{QF} 的 $\pm 20\%$,自动并列装置最大误差时间为 ± 0.05s,待并发电机允许的冲击电流值 $i''_{h.max} = \sqrt{2}\, I_{GN}$。求允许合闸相角差 δ_e、允许滑差 ω_{sY} 与相应的脉动电压周期。

2.已知发电机准同步并列允许压差为额定电压的 5%,允许频差为额定频率的 0.2%,脉动电压最小值为 0,并列断路器的合闸时间为 0.2s,脉动电压的周期 $T_s = 11$s。请通过计算确定采用脉动电压检测同期条件是否满足压差和频差条件。

第3章　同步发电机的励磁自动控制系统

同步发电机是一种直接将旋转机械能转换成交流电能的旋转机械,能量的转换与传递是在一定的磁场中进行的,而磁场的大小对同步发电机的运行参数,特别是发电机的端电压及输出无功功率的大小有着极为重要的影响。同步发电机中的磁场是由同步发电机的励磁系统建立和控制的。本章重点讨论同步发电机励磁系统的基本构成、工作原理、静态及动态特性和传递函数等。

3.1　励磁控制系统的任务和要求

同步发电机的运行特性与它的空载电动势$\dot{E}_q$值的大小有关,而$\dot{E}_q$的值是发电机励磁电流I_{EF}的函数,改变励磁电流就可影响同步发电机在电力系统中的运行特性。因此,对同步发电机的励磁进行控制,是对发电机的运行实行控制的重要内容之一。

电力系统在正常运行时,发电机励磁电流的变化主要影响电网的电压水平和并联运行机组间无功功率的分配。在某些故障情况下,发电机端电压降低将导致电力系统稳定水平下降。为此,当系统发生故障时,要求发电机迅速增大励磁电流,以维持电网的电压水平及稳定性。可见,同步发电机励磁的自动控制在保证电能质量、无功功率的合理分配和提高电力系统运行的可靠性方面都起着十分重要的作用。

同步发电机的励磁系统一般由励磁功率单元和励磁调节器两个部分组成,如图 3-1 所示。励磁功率单元向同步发电机转子提供直流电流,即励磁电流;励磁调节器根据输入信号和给定的调节准则控制励磁功率单元的输出。整个励磁自动控制系统是由自动励磁调节器(automatic excitation regulator,AER)、励磁功率单元和发电机构成的一个反馈控制系统。

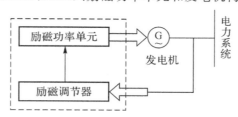

图 3-1　励磁自动控制系统构成框图

3.1.1　同步发电机励磁控制系统的任务

在电力系统正常运行或事故运行中,同步发电机的励磁控制系统起着重要的作用。优良的励磁控制系统不仅可以保证发电机可靠运行,提供合格的电能,而且还可有效地提高系统的技术指标。根据运行方面的要求,励磁控制系统应该承担如下任务。

1. 电压控制

电力系统在正常运行时,负荷总是经常波动的,同步发电机的功率也就发生相应变化。随着负荷的波动,需要对励磁电流进行调节,以维持机端或系统中某一点的电压在给定的水平。励磁自动控制系统担负了维持电压水平的任务。为了阐明它的基本概念,可用最简单的单机运行系统来进行分析。

图 3-2(a)是同步发电机运行原理图,图中 GEW 是励磁绕组,机端电压为 $\dot{U}_G$,电流为 $\dot{I}_G$。在正常情况下,流经 GEW 的励磁电流为 I_{EF},由它建立的磁场使定子产生的空载感应电动势为 $\dot{E}_q$,改变 I_{EF} 的大小,$\dot{E}_q$ 值就相应地改变。$\dot{E}_q$ 与 $\dot{U}_G$ 之间的关系可用等值电路图 3-2(b)来表示。其间的关系式为

$$\dot{U}_G + j \dot{I}_G X_d = \dot{E}_q \tag{3-1}$$

式中:X_d 为发电机的直轴电抗。

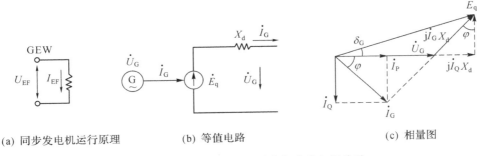

(a) 同步发电机运行原理　　　　(b) 等值电路　　　　　　(c) 相量图

图 3-2　同步发电机感应电动势与励磁电流关系

同步发电机的相量图如图 3-2(c)所示。发电机感应电动势 $\dot{E}_q$ 与端电压 $\dot{U}_G$ 的幅值关系为

$$E_q \cos \delta_G = U_G + I_Q X_d$$

式中:δ_G 为 $\dot{E}_q$ 与 $\dot{U}_G$ 间的相角,即发电机的功率角;I_Q 为发电机的无功电流。

一般 δ_G 的值很小,可近似认为 $\cos \delta_G = 1$。于是,可得简化的运算式为

$$E_q \approx U_G + I_Q X_d \tag{3-2}$$

式(3-2)说明,负荷的无功电流是造成 E_q 和 U_G 幅值差的主要原因,发电机的无功电流越大,两者间的差值也越大。

式(3-2)是式(3-1)的简化,目的是为了突出其间最基本的关系。由式(3-2)可看出,同步发电机的外特性必然是下降的。当励磁电流 I_{EF} 一定时,发电机端电压 U_G 随无功负荷增大而下降。图 3-3 说明,当无功电流为 I_{Q1} 时,发电机端电压为额定值 U_{GN},励磁电流为 I_{EF1}。当无功电流增大到 I_{Q2} 时,如果励磁电流不增加,则端电压降至 U_{G2},可能满足不了运

行的要求,必须将励磁电流增大至 I_{EF2} 才能维持端电压为额定值 U_{GN}。同理,无功电流减小时,U_{G} 会上升,必须减小励磁电流。同步发电机的励磁自动控制系统就是通过不断地调节励磁电流来维持机端电压为给定水平的。

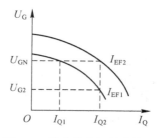

图 3-3　同步发电机的外特性

2. 控制无功功率的分配

为了使分析简单起见,设同步发电机与无限大母线并联运行,即发电机端电压不随负荷大小而变,是一个恒定值,其原理接线如图 3-4(a)所示,图 3-4(b)是它的相量图。

由于发电机发出的有功功率只受调速器控制,与励磁电流的大小无关。故无论励磁电流如何变化,发电机的有功功率 P_{G} 均为常数,即

$$P_{\text{G}} = U_{\text{G}} I_{\text{G}} \cos \varphi = 常数 \tag{3-3}$$

式中:φ 为功率因数角。

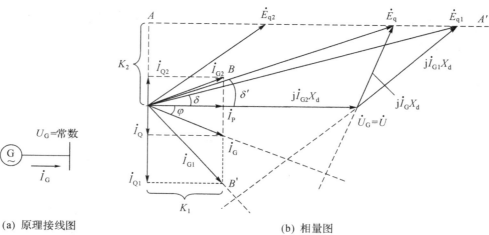

(a) 原理接线图　　　　　　　　　　　　(b) 相量图

图 3-4　同步发电机与无限大母线并联运行

当不考虑定子电阻和凸极效应时,发电机功率又可用式(3-4)表示:

$$P_{\text{G}} = \frac{E_{\text{q}} U_{\text{G}}}{X_{\text{d}}} \sin \delta = 常数 \tag{3-4}$$

式中:δ 为发电机的功率角。

式(3-3)和式(3-4)分别说明当励磁电流改变时,$I_{\text{G}} \cos \varphi$ 和 $E_{\text{q}} \sin \delta$ 的值均保持恒定,即

$$I_{\text{G}} \cos \varphi = K_1$$

$$E_{\text{q}} \sin \delta = K_2$$

由图 3-4(b)中的相量关系可以看到,这时感应电动势 $\dot{E}_{\text{q}}$ 的端点只能沿着虚线 AA' 变化,而发电机电流 $\dot{I}_{\text{G}}$ 的端点则沿着虚线 BB' 变化。因为发电机端电压 U_{G} 为定值,所以发电机励磁电流的变化只是改变了机组的无功功率和功率角 δ 值大小。

由此可见,与无限大母线并联运行的机组,调节它的励磁电流可以改变发电机无功功率的数值。

在实际运行中,与发电机并联运行的母线并不是无限大母线,即系统等值阻抗并不等于

零,母线的电压将随着负荷波动而改变。电厂输出的无功电流与它的母线电压水平有关,改变其中一台发电机的励磁电流不但影响发电机电压和无功功率,而且也将影响与之并联运行机组的无功功率,其影响程度与系统情况有关。因此,同步发电机的励磁自动控制系统还担负着并联运行机组间无功功率合理分配的任务。

3. 提高同步发电机并联运行的稳定性

保持同步发电机稳定运行是保证电力系统可靠供电的首要条件。电力系统在运行中随时都可能遭受各种干扰,在扰动消失后,发电机组能够恢复到原来的运行状态或者过渡到另一个新的运行状态,则称系统是稳定的。其主要标志是在暂态过程结束后,同步发电机能维持或恢复同步运行。

为了便于研究,将电力系统的稳定分为静态稳定和暂态稳定两类。

电力系统静态稳定与自动控制中的稳定概念一样,是指电力系统在正常运行状态下,经受微小扰动后恢复到原来的运行状态的能力。可采用自动控制理论所介绍的方法,用微分方程建立该动态系统的数学模型。

电力系统暂态稳定是指电力系统在某一正常方式下突然遭受大扰动后能否过渡到一个新的稳定运行状态或者恢复到原来运行状态的能力。这里,所谓大的扰动是指电力系统发生某种事故,如高压电网发生短路或发电机被切除等。现在也把电力系统受到小的或大的干扰后,计及自动调节和控制装置作用的长过程的运行稳定问题称为动态稳定。

在分析电力系统稳定性问题时,不论静态稳定或暂态稳定,在数学模型表达式中总含有发电机空载电动势$\dot{E}_q$,而$\dot{E}_q$与励磁电流有关。可见,励磁自动控制系统是通过改变励磁电流从而改变$\dot{E}_q$值来改善系统稳定性的。

下面我们分别分析励磁对静态稳定和暂态稳定的影响。

(1)励磁对静态稳定的影响

图 3-5(a)为一个简单的电力系统接线图,其中发电机经升压变压器、输电线路和降压变压器接到受端系统。设受端母线电压U恒定不变。系统等值网络和相量图如图 3-5(b)、(c)所示。

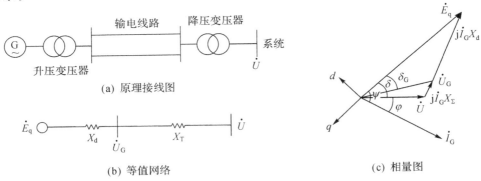

(a) 原理接线图

(b) 等值网络

(c) 相量图

图 3-5　单机向无限大母线送电

发电机的输出功率按式(3-4)可写成

$$P_G = \frac{E_q U_G}{X_\Sigma} \sin \delta \tag{3-5}$$

式中：X_Σ 为系统总电抗，一般为发电机、变压器、输电线电抗之和；δ 为发电机空载电动势 $\dot{E}_q$ 和受端电压 $\dot{U}$ 间的相角。

当空载电动势 $\dot{E}_q$ 为某一固定值时，发电机传输功率 P_G 是功率角的正弦函数（见图 3-6），称为同步发电机的功率特性或发电机功角特性。

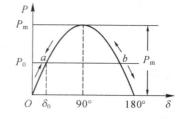

图 3-6　同步发电机的功率特性

众所周知，当 δ 小于 90°时（如图中 a 点所示），发电机是静态稳定的。当 δ 大于 90°时（如图中 b 点所示），发电机不能稳定运行。δ=90°时为临界稳定状态。所以最大可能传输的功率极限为 P_m，即

$$P_m = \frac{E_q U}{X_\Sigma}$$

实际运行时，为了可靠起见会留有一定裕度，运行点总是低于对应的功率极限值。

上述分析表明，静态稳定极限功率 P_m 与发电机空载电动势 $\dot{E}_q$ 的幅值成正比，而 $\dot{E}_q$ 的幅值与励磁电流有关。无自动调节励磁时，因励磁电流恒定，$\dot{E}_q$ 为常数，此时的功角特性称为内功率特性；若有灵敏和快速的励磁调节器，则可视为保持发电机端电压为恒定，U_G 为常数。由相应一簇不同 $\dot{E}_q$ 值的功角特性，求得曲线 B（称外功角特性，见图 3-7）最大值出现在 U_G 与 U 之间功率角 δ'=90°时，即 $P_m = \dfrac{U_G U}{X'_\Sigma} \times \sin\delta'$（此时 δ' 大于 90°）。对于按电压偏差比例调节的励磁控制系统，则

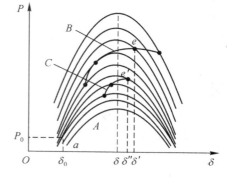

图 3-7　发电机的几条代表性功率特性

近似按 E' 为常数求得的功角特性曲线 C 工作。显然，它使发电机功率角 δ 能在大于 90°范围的人工稳定区运行，即可提高发电机输送功率极限或系统的稳定裕度。

由于励磁调节装置能有效地提高系统静态稳定的功率极限，因而要求所有运行的发电机组都要装设励磁调节器。

（2）励磁对暂态稳定的影响

电力系统遭受大的扰动以后，发电机组能否继续保持同步运行，这是暂态稳定所研究的课题。由于现代继电保护装置能快速切除故障，一般的励磁自动控制系统对暂态稳定的影响不如它对静态稳定的影响那样显著，但在一定条件下，仍然可以看出它的明显作用。现以单机接无限大系统为例，设在正常运行情况下，发电机输送功率为 P_{G0}，在功角特性的 a 点运行，如图 3-8 所示。当突然受到某种扰动后，系统运行点由特性曲线 Ⅰ 上的 a 点突然变到曲线 Ⅱ 上的 b 点。由于动力输入部分存在惯性，输入功率仍为 P_{G0}，于是发电机轴上将出现过剩转矩使转子加速，系统运行点由 b 沿曲线 Ⅱ 向 F 点移动。过了 F 点后，发电机输出功率大于 P_{G0}，转子轴上将出现制动转矩，使转子减速。发电机能否稳定运行决定于曲线 Ⅱ 与 P_{G0} 直线间所形成的上、下两块面积（见图 3-8 中阴影部分）是否

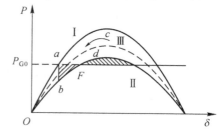

图 3-8　发电机的暂态稳定等面积法则

相等,即所谓等面积法则。

在上述过程中,发电机如能强行增加励磁,使受到扰动后的发电机组的运行点移到功角曲线Ⅲ上,就不但减小了加速面积,而且还增大减速面积,因此使发电机第一次摇摆时功角 δ 的幅值减小,改善了发电机的暂态稳定性。当往回摆动时,过大的减速面积并不有利,这时如能让它回到特性曲线Ⅱ上的 d 点运行,就可以减小回程振幅,对稳定更为有利。上述极简单的示例,使我们得到启示:在一定的条件下,励磁自动控制系统如果能按照要求进行某种适当的控制,同样可以改善电力系统的暂态稳定性。

然而,由于发电机励磁系统受时间常数等因素的影响,要使它在短暂过程中完成符合要求的控制也很不容易,这要求励磁系统首先必须具备快速响应的条件。为此,一方面要求缩小励磁系统的时间常数,另一方面要尽可能提高强行励磁的倍数。图 3-9 给出了励磁系统时间常数 T_e 与暂态稳定极限功率的关系。由图可见,T_e 在 0.3s 以下时,提高强励倍数 K 对提高暂态稳定极限功率有显著效果。当 T_e 较大时,效果就不明显。从图 3-10 表示的强励倍数与暂态稳定极限功率之间的关系中,可以说明当励磁系统既有快速响应特性又有高强励倍数时,才对改善电力系统暂态稳定有明显的作用。

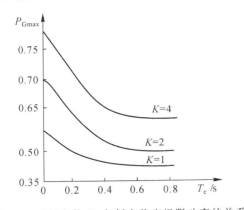

图 3-9　时间常数 T_e 与暂态稳定极限功率的关系　　　图 3-10　强励倍数与暂态稳定极限功率的关系

在分析动态稳定时,必须计及励磁调节等自动控制系统的影响。

4. 改善电力系统的运行条件

当电力系统由于某种原因,出现短时低电压时,励磁自动控制系统可以发挥其调节功能,即大幅度地增加励磁以提高系统电压。这在下述情况下可以改善系统的运行条件。

(1)改善异步电动机的自启动条件

短路切除后可以加速系统电压的恢复过程,改善异步电动机的自启动条件。电网发生短路等故障时,电网电压降低,使大多数用户的电动机处于制动状态。故障切除后,由于电动机自启动时需要吸收大量无功功率,以致延缓了电网电压的恢复过程。发电机强行励磁的作用可以加速电网电压的恢复,有效地改善电动机的运行条件。图 3-11 表示了机组有励磁自动控制和没有励磁自动控制时短路切除后电压恢复的不同情况。

(2)为发电机异步运行创造条件

同步发电机失去励磁时,需要从系统中吸收大量无功功率,造成系统电压大幅度下降,严重时甚至危及系统的安全运行。在此情况下,如果系统中其他发电机组能提供足够的无功功率,以维持系统电压水平,则失磁的发电机还可以在一定时间内以异步运行方式维持运行,这不但可以确保系统安全运行,而且有利于机组热力设备的运行。

（3）提高继电保护装置工作的正确性

当系统处于低负荷运行状态时,发电机的励磁电流不大,若系统此时发生短路故障,其短路电流较小,且随时间衰减,以致带时限的继电保护不能正确动作。励磁自动控制系统就可以通过调节发电机励磁以增大短路电流,使继电保护正确动作。

由此可见,发电机励磁自动控制系统在改善电力系统运行方面起了十分重要的作用。

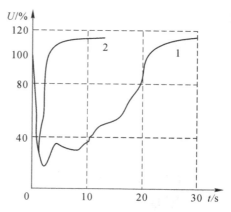

1-无励磁自动控制 2-有励磁自动控制

图 3-11 短路切除后电压的恢复

5. 水轮发电机组要求实行强行减磁

当水轮发电机组发生故障突然跳闸时,由于它的调速系统具有较大的惯性,不能迅速关闭导水叶,因而会使转速急剧上升。如果不采取措施迅速降低发电机的励磁电流,则发电机电压有可能升高到危及定子绝缘的程度。所以,在这种情况下,要求励磁自动控制系统能实现强行减磁。

3.1.2 对励磁系统的基本要求

前面已经分析了同步发电机励磁自动控制系统的主要任务,这些任务主要由励磁系统来实现。励磁系统是由励磁调节器和励磁功率单元两部分组成的,为了充分发挥它们的作用,完成发电机励磁自动控制系统的各项任务,对励磁调节器和励磁功率单元性能分别提出如下的要求。

1. 对励磁调节器的要求

励磁调节器的主要任务是检测和综合系统运行状态的信息,以产生相应的控制信号,经处理放大后控制励磁功率单元以得到所要求的发电机励磁电流。所以对它的要求如下:

（1）系统正常运行时,励磁调节器应能反映发电机电压高低,以维持发电机电压在给定水平。通常认为,自动励磁调节器应能保证同步发电机端电压静差率:半导体型的小于1%,电磁型的小于3%。

（2）励磁调节器应能合理分配机组的无功功率。为此,励磁调节器应保证同步发电机端电压调差率可以在下列范围内进行调整:半导体型的为±10%,电磁型的为±5%。

（3）远距离输电的发电机组,为了能在人工稳定区域运行,要求励磁调节器没有失灵区。

（4）励磁调节器应能迅速反映系统故障、具备强行励磁等控制功能,以提高暂态稳定和改善系统运行条件。

（5）具有较小的时间常数,能迅速响应输入信息的变化。

（6）励磁调节器正常工作与否,直接影响到发电机组的安全运行,因此要求能够长期可靠工作。

2. 对励磁功率单元的要求

励磁功率单元受励磁调节器控制,对它的要求如下:

(1)要求励磁功率单元有足够的可靠性并具有一定的调节容量。在电力系统运行中,发电机依靠励磁电流的变化进行系统电压和本身无功功率的控制。因此,励磁功率单元应具备足够的调节容量,以适应电力系统中各种运行工况的要求。

(2)具有足够的励磁峰值电压和电压上升速度。

3.2　励磁系统的分类与原理

众所周知,同步发电机的励磁电源实质上是一个可控的直流电源。为了满足正常运行要求,发电机励磁电源必须具备足够的调节容量,并且要有一定的强励倍数和励磁电压响应速度。在设计励磁系统方案时,首先应考虑它的可靠性。为了防止系统电网故障对它的影响,励磁功率单元往往作为发电机专用电源。另外,它的启励方式也应力求简单方便。

在电力系统发展初期,同步发电机的容量不大,励磁电流由与发电机组同轴的直流发电机供给,即所谓直流励磁机励磁系统。随着发电机容量的提高,所需励磁电流也相应增大,机械整流子在换流方面遇到了困难,而大功率半导体整流元件制造工艺又日益成熟,于是大容量机组的励磁功率单元就采用了交流发电机和半导体整流元件组成的交流励磁机励磁系统。

不论是直流励磁机励磁系统还是交流励磁机励磁系统,励磁机一般是与主机同轴旋转的。为了缩短主轴长度、降低造价、减少环节,又出现用发电机自身作为励磁电源的方法,即发电机自并励系统,又称为静止励磁系统。这种励磁系统对于水轮发电机尤为适用。

下面对几种常用的励磁系统做简要介绍。由于在励磁系统中励磁功率单元往往起主导作用,因此下面着重分析励磁功率单元。

3.2.1　直流励磁机励磁系统

直流励磁机励磁系统是过去常用的一种励磁系统。由于它是靠机械整流子换向整流的,当励磁电流过大时,换向就很困难,所以这种方式只能在 100MW 以下小容量机组中采用。直流励磁机大多与发电机同轴,它是靠剩磁来建立电压的,按励磁机励磁绕组供电方式的不同,又可分为自励式和他励式两种。

1. 自励直流励磁机励磁系统

图 3-12 是自励直流励磁机励磁系统的原理接线图。发电机转子绕组由专用的直流励磁机 DE 供电,调整励磁机磁场电阻 R_C 可改变励磁机励磁电流中的 I_{R_C},从而达到人工调整发电机转子电流的目的,实现对发电机励磁的手动调节。

图 3-12 还表示了励磁调节器与自励直流励磁机的一种连接方式。在正常工作时,I_{AVR} 与 I_{R_C} 同时负担励磁机的励磁绕组 EEW 的调节功率,这样可以减小励磁调节器的容量,这对于功率放大系数较小、由电磁元件组成的励磁调节器来说是很必要的。

2. 他励直流励磁机励磁系统

他励直流励磁机励磁绕组是由副励磁机供电的,其原理接线图如图 3-13 所示。副励磁

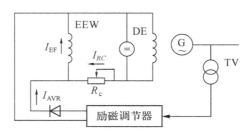

图 3-12　自励直流励磁机励磁系统原理接线

机 PE 与励磁机 DE 都与发电机同轴。

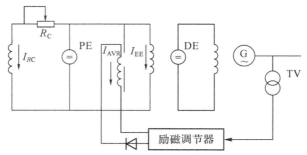

图 3-13　他励直流励磁机励磁系统原理接线

比较图 3-12 与图 3-13,自励与他励的区别在于励磁机的励磁方式不同,他励比自励多用了一台副励磁机。由于他励方式取消了励磁机的自并励,励磁单元的时间常数就是励磁机励磁绕组的时间常数,与自励方式相比,时间常数减小了,即提高了励磁系统的电压增长速率。他励直流励磁机励磁系统一般用于水轮发电机组。

直流励磁机有电刷、整流子等转动接触部件,运行维护繁杂,从可靠性来说,它又是励磁系统中的薄弱环节。在直流励磁机励磁系统中,以往常采用电磁型调节器,这种调节器以磁放大器作为功率放大和综合信号的元件,反应速度较慢,但工作较可靠。

3.2.2　交流励磁机励磁系统

目前,容量在 100MW 以上的同步发电机组都普遍采用交流励磁机励磁系统,同步发电机的励磁机也是一台交流同步发电机,其输出电压经大功率整流器整流后供给发电机转子。交流励磁机励磁系统的核心是励磁机,它的频率、电压等参数是根据需要特殊设计的,其频率一般为 100Hz 或更高。

交流励磁机励磁系统根据励磁机电源整流方式及整流器状态的不同又可分为以下几种。

1. 他励交流励磁机励磁系统

他励交流励磁机励磁系统是指交流励磁机备有他励电源——中频副励磁机或永磁副励磁机。在此励磁系统中,交流励磁机经硅整流器供给发电机励磁,其中硅整流器可以是静止的,也可以是旋转的,因此又可分为下列两种方式。

(1)交流励磁机静止整流器励磁系统

如图 3-14 所示的励磁自动控制系统是由与主机同轴的交流励磁机、中频副励磁机和调节器等组成。在这个系统中,发电机 G 的励磁电流由频率为 100Hz 的交流励磁机 AE 经硅整流器 U 供给,交流励磁机的励磁电流由晶闸管可控整流器供给,其电源由副励磁机提供。副励磁机是自励式中频交流发电机,用自励恒压调节器保持其端电压恒定。由于副励磁机的启励电压较高,不能像直流励磁机那样能依靠剩磁启励,所以在机组启动时必须外加启励电源,直到副励磁机输出电压足以使自励恒压调节器正常工作时,启励电源方可退出。在此励磁系统中,励磁调节器控制晶闸管元件的控制角,来改变交流励磁机的励磁电流,达到控制发电机励磁的目的。

这种励磁系统的性能和特点如下:

1)交流励磁机和副励磁机与发电机同轴,是独立的励磁电源,不受电网干扰,可靠性高。

2)交流励磁机时间常数较大,为了提高励磁系统快速响应,励磁机转子采用叠片结构,以减小其时间常数和因整流器换相引起的涡流损耗;频率采用 100Hz 或 150Hz,因为 100Hz 叠片式转子与相同尺寸的 50Hz 实心转子相比,励磁机时间常数可减小约一半。交流副励磁机频率为 400~500Hz。

3)同轴交流励磁机、副励磁机加长了发电机主轴的长度,使厂房长度增加,因此造价较高。

4)仍有转动部件,需要一定的维护工作量。

5)一旦副励磁机或自励恒压调节器发生故障,均可导致发电机组失磁。如果采用永磁发电机作为副励磁机,不但可以简化调节设备,而且励磁系统的可靠性也可大为提高。

(2)交流励磁机旋转整流器励磁系统(无刷励磁)

图 3-14 所示的交流励磁机励磁系统是国内运行经验最丰富的一种系统,但它有一个薄弱环节——滑环。滑环是一种滑动接触元件,随着发电机容量的增大,转子电流也相应增大,这给滑环的正常运行和维护带来了困难。为了提高励磁系统的可靠性,就必须设法取消滑环,使整个励磁系统都无滑动接触元件,即所谓无刷励磁系统。

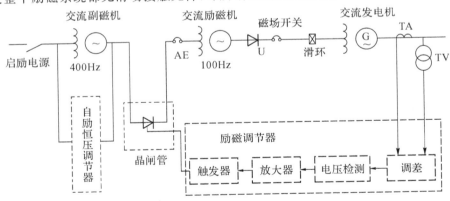

图 3-14 他励交流励磁机励磁系统原理接线

图 3-15 是无刷励磁系统的原理接线图。它的副励磁机是永磁发电机,其磁极是旋转的,电枢是静止的,而交流励磁机正好相反。交流励磁机电枢、硅整流元件、发电机的励磁绕组都在同一根轴上旋转,所以它们之间不需要任何滑环与电刷等滑动接触元件,这就实现了无刷励磁。

无刷励磁系统没有滑环与炭刷等滑动接触元件,转子电流不再受接触元件技术条件的

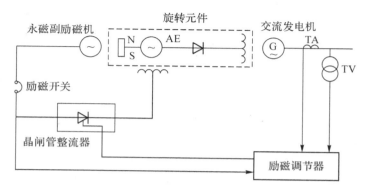

图 3-15 无刷励磁系统原理接线

限制,因此特别适合大容量发电机组。此种励磁系统的性能和特点有:

1)无炭刷和滑环,维护工作量可大为减少。

2)发电机励磁由励磁机独立供电,供电可靠性高。并且由于无刷,整个励磁系统可靠性更高。

3)发电机励磁控制是通过调节交流励磁机的励磁实现的,因而励磁系统的响应速度较慢。为提高其响应速度,除前述励磁机转子采用叠片结构外,还采用减小绕组电感、取消极面阻尼绕组等措施。另外,在发电机励磁控制策略上还采取相应措施——增加励磁机励磁绕组峰值电压,引入转子电压深度负反馈以减小励磁机的等值时间常数。

4)发电机转子及其励磁电路都随轴旋转,因此在转子回路中不能接入灭磁设备,发电机转子回路无法实现直接灭磁,也无法实现对励磁系统的常规检测(如转子电流、电压,转子绝缘,熔断器熔断信号等),必须采用特殊的检测方法。

5)要求旋转整流器和快速熔断器等有良好的机械性能,能承受高速旋转的离心力。

6)因为没有接触部件的磨损,也就没有炭粉和铜末引起的对电机绕组的污染,故电机的绝缘寿命较长。

2. 自励交流励磁机励磁系统

与自励直流励磁机一样,自励交流励磁机的励磁电源也是从本机直接获得的。所不同的是,自励直流励磁机为了调整电压需要用一个磁场电阻;而自励交流励磁机为了维持其端电压恒定,则改用了可控整流元件。

(1)自励交流励磁机静止可控整流器励磁系统

这种励磁方式的原理接线如图 3-16 所示。发电机 G 的励磁电流由交流励磁机 AE 经晶闸管整流装置 VS 供给。交流励磁机的励磁一般采用晶闸管自励恒压方式。励磁调节器 AVR 直接控制晶闸管整流装置。采用电子励磁调节器及晶闸管整流装置,其时间常数很小,与图 3-14 的励磁方式相比,励磁调节的快速性较好。但本励磁方式中励磁机的容量比图 3-14 中的要大,因为它的额定工作电压必须满足强励峰值电压的要求,而在图 3-14 中,励磁机额定工作电压远小于峰值电压,只有在强励情况下才短时达到峰值电压。因此,晶闸管励磁的励磁机容量要比硅整流励磁的大得多。

(2)自励交流励磁机静止整流器励磁系统

这种励磁方式的原理接线如图 3-17 所示。发电机 G 的励磁电流由交流励磁机 AE 经

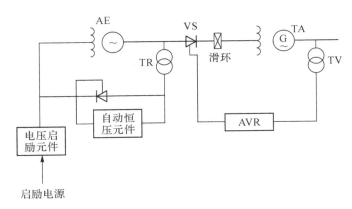

图 3-16　自励交流励磁机静止可控整流器励磁系统原理接线

硅整流装置 U 供给,电子型励磁调节器控制晶闸管整流装置 VS,以达到调节发电机励磁的目的。这种励磁方式与图 3-16 所示励磁方式相比,其响应速度较慢,因为在这里还增加了交流励磁机自励回路环节,使动态响应速度受到影响。交流励磁机自并励方式使励磁系统结构大为简化,是汽轮发电机常用的励磁方式。

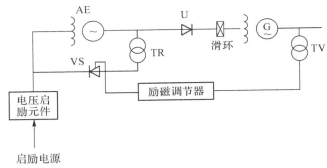

图 3-17　自励交流励磁机静止整流器励磁系统原理接线

3.2.3　静止励磁系统(发电机自并励系统)

静止励磁系统(发电机自并励系统)中发电机的励磁电源不用励磁机,而由机端励磁变压器供给整流装置。这类励磁装置采用大功率晶闸管元件,没有转动部分,故称静止励磁系统。由于励磁电源是由发电机本身提供的,故又称为发电机自并励系统。

静止励磁系统原理接线如图 3-18 所示。它由机端励磁变压器供电给整流器电源,经三相全控整流桥直接控制发电机的励磁。它具有明显的优点,被推荐用于大型发电机组,特别是水轮发电机组。国外某些公司把这种方式列为大型机组的定型励磁方式。我国已在一些机组上以及引进的一些大型机组上采用静止励磁方式。

静止励磁系统的主要优点有:

(1)励磁系统接线和设备比较简单,无转动部分,维护费用低,可靠性高。

(2)不需要同轴励磁机,可缩短主轴长度,这样可减小基建投资。

(3)直接用晶闸管控制转子电压,可获得很快的励磁电压响应速度,可近似认为具有阶跃函数那样的响应速度。

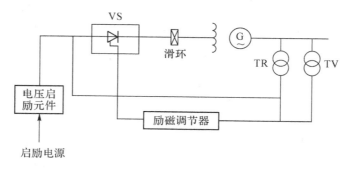

图 3-18 静止励磁系统原理接线

（4）由发电机端取得励磁能量。机端电压与机组转速的一次方成正比，故静止励磁系统输出的励磁电压与机组转速的一次方成比例。而同轴励磁机励磁系统输出的励磁电压与转速的平方成正比。这样，当机组甩负荷时静止励磁系统机组的过电压就低。

对于静止励磁系统，人们曾有过两点疑虑：

（1）静止励磁系统的峰值电压受发电机端和系统侧故障的影响，在发电机近端三相短路而切除时间又较长的情况下，不能及时提供足够的励磁，以致影响电力系统的暂态稳定。

（2）由于短路电流的迅速衰减，带时限的继电保护是否能正确动作。

国内外的分析研究和试验表明，静止励磁系统的缺点并非像原先设想的那么严重。对于大、中容量机组，由于其转子时间常数较大，转子电流要在短路 0.5s 后才显著衰减。因此，在短路刚开始的 0.5s 内静止励磁方式与他励方式的励磁电流是很接近的，只是在短路 0.5s 后才有明显差异。考虑到高压电网中重要设备的主保护动作时间都在 0.1s 之内，且都设双重保护，因此没有必要担心。至于接在地区网络的发电机，由于短路电流衰减快，继电保护的配合较复杂，要采取一定的技术措施以保证其正确动作。

静止励磁系统特别适宜用于发电机与系统间有升压变压器的单元接线中。由于发电机引出线采用封闭母线，机端电压引出线故障的可能性极小，设计时只需考虑在变压器高压侧三相短路时励磁系统有足够的电压即可。

3.3 励磁系统中转子磁场的建立和灭磁

事故情况下，系统母线电压极度降低，这说明电力系统无功功率的缺额很大。为了使系统迅速恢复正常，就要求有关的发电机转子磁场能够迅速增强，达到尽可能高的数值，以弥补系统无功功率的缺额。因此，在事故情况下，转子励磁电压的最大值及其磁场建立的速度（也可以说是响应速度）问题，是两个十分重要的指标，一般称之为强励顶值与响应比。强励顶值一般为额定励磁电压的 1.8～2 倍。当机端电压降低为额定电压的 0.8～0.85 倍时，强励装置动作，使励磁系统实行强行励磁。要使发电机强励的效果能够及时发挥，还必须考虑两个因素：一是励磁机的响应速度要快，即励磁机的时间常数要小；二是发电机转子磁场的建立速度要快，一般用励磁电压响应比来表示转子磁场建立的快慢。

当转子磁场已经建立起来后，如果由于某种原因（如发电机绕组内部故障等）需强迫发电机立即退出工作时，在断开发电机断路器的同时，必须使转子磁场尽快消失，否则发电机会因过励磁而产生过电压,或者会使定子绕组内部的故障继续扩大。如何能在很短的时间内使转子磁场内存储的大量能量迅速消失,而不致在发电机内产生危险的过电压,这也是一个很重要的问题,一般称为灭磁问题。下面就讨论这两方面的问题。

3.3.1　强励作用及电压响应比

强励作用是强行励磁作用的简称。当系统发生短路性故障时,有关发电机的端电压都会剧烈下降,这时励磁系统进行强行励磁,向发电机的转子回路送出远比正常额定值多的励磁电流,即向系统输送尽可能多的无功功率,以利于系统的安全运行,励磁系统的这种功能称为强励作用。强励作用有助于继电保护的正确动作,特别有益于故障消除后用户电动机的自启动过程,缩短电力系统恢复到正常运行的时间。因此,强行励磁对电力系统的安全运行是十分重要的。强励作用是自动调节励磁系统的一项重要功能,本节只介绍在直流励磁机系统使用的继电强行励磁。

前面已经提到,从改善电力系统运行条件和提高电力系统暂态稳定性来说,希望励磁功率单元具有较大的强励能力和快速的响应能力。因此在励磁系统中,励磁顶值电压和电压上升速度是两项重要的技术指标。

励磁顶值电压 U_{EFq} 是励磁功率单元在强行励磁时可能提供的最高输出电压值。该值与额定励磁电压 U_{EFN} 之比称为强励倍数。其值的大小涉及制造和成本等因素,一般取 $1.8 \sim 2$。

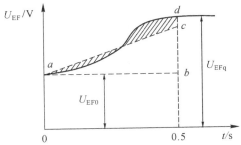

励磁电压上升速度是衡量励磁功率单元动态行为的一项指标,它与试验条件和所用的定义有关。具有直流励磁机的励磁系统,当励磁电压初值为发电机额定负载励磁电压时,阶跃建立励磁顶值电压(继电强励装置动作),励磁电压上升速度曲线如图 3-19 所示。一般地,在暂态稳定过程中,发电机功率角摇摆到第一个周期最大值的时间约为 $0.4 \sim 0.7\text{s}$,所以,通常将励磁电压在最初 0.5s 内上升的平均速率定义为励磁电压响应比。

图 3-19　励磁电压上升速度曲线

发电机的励磁绕组是一个电感性负载。为了简单起见,在忽略发电机转子电阻和定子回路对它影响的条件下,转子磁场方程可简化为

$$\Delta u_{EF}(t) = K \frac{\mathrm{d}\Delta\Phi_G}{\mathrm{d}t}$$

$$\Delta\Phi_G = \frac{1}{K}\int_0^{\Delta t} \Delta u_{EF}(t)\mathrm{d}t \tag{3-6}$$

式中:$\Delta u_{EF}(t)$ 为励磁电压增量的时间响应,$\Delta\Phi_G$ 为转子磁通增量,K 为与转子参数有关的常数。

在暂态过程中,励磁功率单元对发电机运行产生实际影响的最主要的物理量是转子磁通增量 $\Delta\Phi_G$,它的值如式(3-6)所示,正比于励磁电压伏秒曲线下的面积增量。所以在图 3-19 中,在起始电压 U_{EF0} 处作一水平线,再作一斜线 ac,使它在最初 0.5s 所覆盖的面积等于电压伏秒曲线 ad 在同一时间所覆盖的面积。换句话说,使图 3-19 中两阴影部分的面

积相等,则表示的 $\Delta\Phi_G$ 量值相同。图中 U_{EF0} 为强行励磁初始值,取等于额定工况下的励磁电压值 U_{EFN},于是励磁电压响应比可以定义为

$$R_R = (\frac{U_c - U_b}{U_a})/0.5 = 2\Delta U_{bc}^* \ (1/\mathrm{s}) \tag{3-7}$$

式中:ΔU_{bc}^* 为图 3-19 中 bc 段电压标幺值。

一般 U_a 为额定工况下的励磁电压,则 $\dfrac{U_{EFq}}{U_a}$ 为强励倍数。

励磁电压响应比粗略地反映了励磁系统的动态指标。用上升过程来定义励磁电压响应比,是因为在大多数情况下,人们对发电机强行励磁作用更为关注。其实,在暂态稳定过程中,励磁自动控制系统的减磁过程也同样重要。

现在一般大容量机组往往采用快速励磁系统。励磁系统电压响应时间(励磁电压达到 95% 顶值电压所需时间)为 0.1s 或更短的励磁系统,称为高起始响应励磁系统(或称快速励磁系统)。在这里,用响应时间作为动态性能评定指标。

由于励磁系统的强励倍数和电压上升速度涉及励磁系统的结构和造价等,所以在选择方案时应根据发电机在系统中的地位和作用等因素,提出恰当的指标以适应运行上的要求,过高的要求有时也未必合理。

3.3.2　转子回路的灭磁问题

1. 励磁绕组对恒定电阻放电灭磁

所谓灭磁就是将发电机转子励磁绕组的磁场尽快地减弱到最小。当然,最快的方式是将励磁回路断开,但由于励磁绕组是一个大电感,突然断开必将产生很高的过电压,危及转子绕组绝缘。所以,用断开转子回路的办法来灭磁是不恰当的。将转子励磁绕组自动接到放电电阻灭磁的方法是可行的。

很显然,对灭磁提出的第一个要求是灭磁时间要短,这是评价灭磁装置的重要技术指标。其次是灭磁过程中转子电压不应超过允许值,通常取额定励磁电压的 4~5 倍。

灭磁控制电路如图 3-20 所示。灭磁时,先给发电机转子绕组 GEW 并联一灭磁电阻 R_m,然后再断开励磁回路。有了 R_m 后,转子绕组 GEW 的电流就按照指数曲线衰减,并将转子绕组内的磁场能量几乎全部转变为热能,消耗在 R_m 上,因而使灭磁开关 MK 断开触头的负担大大减轻。

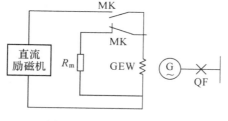

图 3-20　灭磁开关接线图

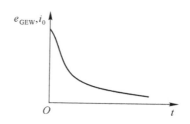

图 3-21　灭磁过程示意图

由于 GEW-R_m 回路的电流是按指数衰减的(见图 3-21),在灭磁过程中,转子绕组 GEW 的端电压始终与 R_m 两端的电压 e_m 相等,即

$$e_{GEW} = e_m = iR_m$$

式中：i 为灭磁回路的瞬时电流值。

e_{GEW} 的最大值为

$$e_{GEW0} = i_0 R_m$$

式中：i_0 为灭磁回路电流 i 的初始值。

这样在灭磁过程中，e_{GEW} 就是可以控制的了，其最大值与 R_m 的数值成正比。R_m 值越大，图 3-21 所示的曲线衰减得越快，灭磁过程就越快，但 e_{GEW0} 也就越大；R_m 越小，e_{GEW0} 就越小，转子绕组比较安全，但灭磁过程就慢些。R_m 的数值一般为转子绕组热状态电阻值的 4 ～5 倍，灭磁时间约为 5～7s。

2. 理想的灭磁过程

图 3-21 表示的灭磁过程，虽然限制了转子绕组 GEW 的最高电压（e_{GEW0}），保证了转子绕组的安全，但是它并没有自始至终地充分利用这一条件，即在灭磁过程中始终保持转子绕组 GEW 的电压为最大允许值不变。而是随着灭磁过程的进行，e_{GEW} 逐渐减小，因而灭磁的过程就减慢。

理想的灭磁过程，就是在整个灭磁过程中始终保持转子绕组 GEW 的端电压为最大允许值不变，直至励磁回路断开为止。由于

$$e_{GEW} = L_{GEW} \frac{di}{dt} \tag{3-8}$$

式中：L_{GEW} 为转子回路的电感。

使 e_{GEW} 不变，就是使 $\frac{di}{dt}$ 为一常数。这就是说，在灭磁过程中，转子回路的电流应始终以等速度减小，直至为零（而不是再按指数曲线减小）。

比如在转子最大允许电压值下（用 R_{GEW} 表示转子回路电阻；$e_{GEW \cdot N}$ 表示转子端电压的额定值），即在

$$R_m = (4 \sim 5) R_{GEW}$$

$$e_{GEW,0} = i_0 R_m = (4 \sim 5) e_{GEW \cdot N}$$

的条件下，图 3-20 所示的灭磁过程是按图 3-22 所示的曲线 1 进行的，其灭磁速度越来越慢。磁场电流衰减的时间常数为

$$\tau = \frac{t_{GEW}}{(5 \sim 6)} = (0.167 \sim 0.2) t_{GEW}$$

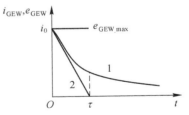

图 3-22　灭磁过程比较

式中：t_{GEW} 为转子本身的时间常数。

而理想的灭磁过程则应按直线 2 进行，i_{GEW} 一直按等速减小，在到达 τ 时，即经 $(0.167 \sim 0.2) t_{GEW}$ 时降为零，而在这个过程中，转子绕组的端电压始终保持为 $e_{GEW \cdot N}$。

3. 交流励磁机系统的逆变灭磁

在交流励磁系统中（不论有无励磁机），如果采用了晶闸管整流桥向转子供应励磁电流时，就可以考虑应用晶闸管的有源逆变特性来进行转子回路的快速灭磁。虽然对晶闸管的投资增加了，但在主回路内能不增添设备就可进行快速灭磁，也是其优点。

要保证逆变过程不致"颠覆",逆变角 β 一般取 $40°$,即 α 取 $140°$,并有使 β 不小于 $30°$ 的限制元件。其次,在逆变灭磁过程中,交流电源的电压不能消失。很明显,外加电压消失了,就不称其为有源逆变过程了。在这方面,外加电源为交流励磁机时,由于在逆变灭磁过程中,励磁机的端电压不变,所以灭磁过程就快,这样的逆变灭磁过程是一个理想的灭磁过程。而当励磁电压取自发电机端电压时,则随着灭磁过程的进行,发电机电压随之降低,灭磁速度也随之减慢,总过程不如交流励磁机的系统快,对于逆变灭磁,当逆变进行到发电机励磁绕组中的剩余磁场能量不能再维持逆变时,逆变便结束,通常将剩余的能量向并联的电阻放电,此时磁场电流已很小,直到转子励磁电流衰减到零,灭磁结束。因此在这种灭磁方式下,在发电机励磁回路中还装设有容量小、阻值较大的灭磁电阻。

3.4　励磁控制系统调节特性和并联机组间的无功分配

如前所述,励磁控制系统是由同步发电机、励磁功率单元及励磁调节器共同组成的自动控制系统,其框图如图 3-23 所示。由图 3-23 可见,励磁调节器检测发电机的电压、电流或其他状态量,然后按指定的调节准则对励磁功率单元发出控制信号,实现控制功能。

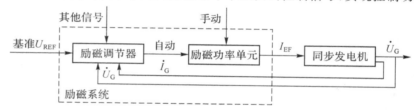

图 3-23　励磁控制系统组成框图

3.4.1　励磁调节器的基本特性与框图

励磁调节器最基本的功能是调节发电机的端电压。常用的励磁调节器是比例式调节器,它的主要输入量是发电机端电压 U_G,其输出用来控制励磁功率单元。

发电机如果没有自动励磁调节器(见图 3-24),就只能依靠人工改变直流励磁机的磁场电阻 R_C 来调整其端电压。当运行人员发现发电机电压偏高,就进行增大 R_C 值的操作,减小励磁机的励磁电流 I_{EE}。随着励磁机电压 U_E 的下降,发电机励磁电流 I_{EF} 将减小,从而使发电机端电压下降。反之,当发电机电压偏低时,就进行减小 R_C 值的操作,使发电机端电压上升。

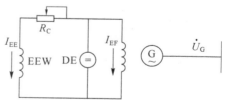

图 3-24　改变 R_C 值调节励磁电流

可见,在人工调节发电机电压的过程中,可以分解为测量、判断、执行三个步骤。

比例式励磁调节器就是依照上述步骤对发电机电压进行调节的,其工作特性如图 3-25 所示。发电机电压 U_G 升高时,调节器经测量后,减小输出电流。当 U_G 降低时,它的输出电流就增大。它与励磁机配合,控制发电机的转子电流,组成如图 3-26 所示的闭环控制回路,实现对发电机端电压的自动调节。

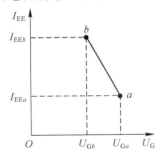
图 3-25　比例式励磁调节器的调节特性

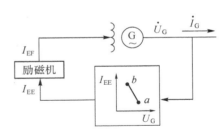
图 3-26　比例式励磁调节器闭环控制示意图

在电力系统运行中的各种比例式励磁调节器,无论是机电型、电磁型,还是电子型,它们在 $U_{Gb}\sim U_{Ga}$ 区间内都具有如图 3-25 中线段 ab 所示的特性。控制理论告诉我们,这是比例式自动励磁调节器共有的基本调节特性,各类调节器都必须具有如图 3-25 所示的负斜率调节特性,才能稳定运行。

模拟式自动励磁调节器的构成环节如图 3-27 所示。图中每个环节的具体电路及工作特性,在不同类型的励磁调节器中可能有相当大的差异,但其构成环节还是大致相同的。

在图 3-27 中,测量比较元件将发电机端电压值与设定的基准电压进行比较,获得与基准电压的差值。励磁调节器按图 3-25 所示特性进行调节。当 U_G 下降时,就增加 I_{EF}(调节器增加 I_{EE} 使 I_{EF} 增大),这样发电机的空载电动势 E_q 随即增大,使 U_G 回升到基准值附近;反之,当 U_G 升高时,则减小调节器的输出电流。

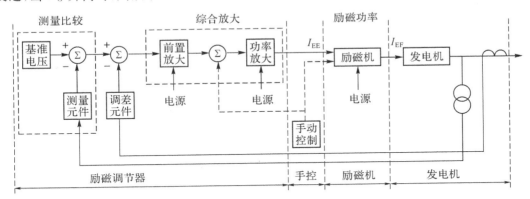
图 3-27　自动励磁调节器的构成环节

3.4.2　励磁调节器的静态工作特性

1. 静态工作特性的合成

电子模拟式励磁调节器由硬件实现其静态特性。在数字式励磁调节器中用软件算法实现,下面从分析模拟式励磁调节器入手。

基于图 3-27 所示励磁调节器的构成,可得到励磁调节器的简化框图如图 3-28 所示,图中 K_1、K_2、K_3、K_4 分别表示各单元的增益,其中间输入量、输出量的符号如图 3-28 所示。

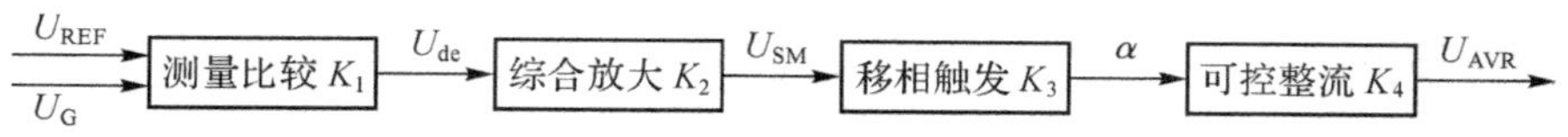

$$U_{REF} \rightarrow \boxed{测量比较 K_1} \xrightarrow{U_{de}} \boxed{综合放大 K_2} \xrightarrow{U_{SM}} \boxed{移相触发 K_3} \xrightarrow{\alpha} \boxed{可控整流 K_4} \xrightarrow{U_{AVR}}$$

图 3-28　励磁调节器简化框图

测量比较单元的工作特性示于图 3-29(a)，它的输出电压 U'_{de} 和发电机电压 U_G 之间的关系为

$$U_{de} = K_1(U_{REF} - U_G) \tag{3-9}$$

式中：K_1 为测量比较单元的放大倍数，U_{REF} 为发电机电压的整定值。

综合放大单元的特性示于图 3-29(b)。综合放大单元是线性元件，在其工作范围内有

$$U_{SM} = K_2 U_{de} \tag{3-10}$$

式中：K_2 为综合放大单元的放大系数。

三相桥式全控整流电路采用具有线性特性的触发电路，因此

$$U_{AVR} = K_4 \alpha = K_3 K_4 U_{SM} \tag{3-11}$$

式中：K_3、K_4 分别为移相触发和可控整流单元的放大倍数，α 为移相触发单元的控制角。

图 3-29(c) 是其输入-输出单元特性。将它与测量比较单元、综合放大单元特性相配合，就可方便地求出励磁调节器的静态工作特性。

在图 3-29 中表示了调节器静态工作特性的组合过程。由图 3-29(d) 可见，在励磁调节器工作范围内：U_G 升高，U_{AVR} 急剧减小；U_G 降低，U_{AVR} 就急剧增加。其中线段 ab 为励磁调节器的工作区，工作区 ab 内发电机电压变化极小，可达到维持发电机端电压水平的目的。

图 3-29(a) 所示的测量比较单元工作特性对应于励磁调节器的电压整定为某一定值。当整定电位器滑动端移向负电源时，特性曲线将右移；反之，特性曲线将左移。因此，调节器的静态工作特性曲线将随给定值的变化而移动。

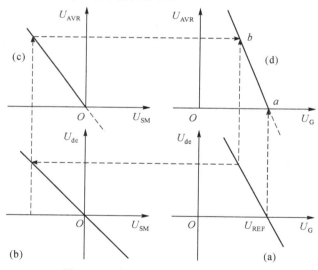

图 3-29　励磁调节器的静态工作特性

(a)测量单元特性　(b)放大单元特性　(c)输入-输出单元特性　(d)综合特性

励磁调节器的特性曲线在工作区内的陡度，是调节器性能的主要指标之一，即

$$K = \frac{\Delta U_{AVR}}{U_{REF} - U_G} \tag{3-12}$$

式中:K 为调节器的放大倍数。

调节器放大系数 K 与组成调节器的各单元增益的关系为

$$K=\frac{\Delta U_{\text{AVR}}}{U_{\text{REF}}-U_{\text{G}}}=\frac{\Delta U_{\text{de}}}{U_{\text{REF}}-U_{\text{G}}}\times\frac{\Delta U_{\text{SM}}}{\Delta U_{\text{de}}}\times\frac{\Delta\alpha}{\Delta U_{\text{SM}}}\times\frac{\Delta U_{\text{AVR}}}{\Delta\alpha}=K_1K_2K_3K_4 \tag{3-13}$$

可见励磁调节器总的放大倍数等于各组成单元放大倍数的乘积。

2. 发电机励磁自动控制系统静态特性

发电机励磁自动控制系统由励磁系统和被控对象发电机组成。励磁系统的种类很多,现以图 3-30 所示的交流励磁机系统为例,说明励磁控制系统调节特性的形成。

发电机的调节特性是发电机转子电流 I_{EF} 与无功负荷电流 I_{Q} 的关系。由于在励磁调节器作用下,发电机端电压仅在额定值附近变化,因此图 3-30(a)仅表示发电机额定电压附近的调节特性。励磁机的工作特性在一般情况下是接近线性的,即励磁机定子电流和励磁机的励磁电流 I_{EE} 之间近似呈线性关系。这样,发电机转子电流就可以直接用励磁机励磁电流 I_{EE} 表示。图 3-30(b)是利用作图法做出的发电机无功调节特性曲线 $U_{\text{G}}=f(I_{\text{Q}})$,图上用虚线示出工作段 a、b 两点的作图过程。

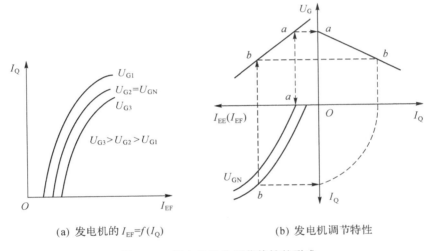

(a) 发电机的 $I_{\text{EF}}=f(I_{\text{Q}})$　　　　(b) 发电机调节特性

图 3-30　发电机无功调节特性的形成

$U_{\text{G}}=f(I_{\text{Q}})$ 曲线说明,发电机带自动励磁调节器后,无功电流 I_{Q} 变动时,电压 U_{G} 基本维持不变。调节特性稍有下倾,下倾的程度表征了发电机励磁控制系统运行特性的一个重要参数——调差系数。

调差系数用 δ 表示,其定义为

$$\delta=\frac{U_{\text{G1}}-U_{\text{G2}}}{U_{\text{GN}}}=U_{\text{G1}*}-U_{\text{G2}*}=\Delta U_{\text{G}*} \tag{3-14}$$

式中:U_{GN} 为发电机额定电压,U_{G1}、U_{G2} 分别为空载运行和带额定无功电流时的发电机电压(见图 3-31),一般取 $U_{\text{G2}}=U_{\text{GN}}$。

调差系数 δ 也可以用百分数表示,也可称为调差率,即

$$\delta\%=\frac{U_{\text{G1}}-U_{\text{G2}}}{U_{\text{GN}}}\times100\%$$

由式(3-14)可见,调差系数 δ 表示无功电流从零增加到额定值时,发电机电压的相对变

化。调差系数越小,无功电流变化时发电机电压变化越小。所以调差系数 δ 表征了励磁控制系统维持发电机电压的能力。

由图 3-30 可见,励磁调节器总的放大倍数 K 越大,ab 直线越平缓,调差系数就越小。但不能由此得出结论,认为要改变调差系数 δ 只能通过改变 K 的大小来实现。例如要使 $\delta=0$,则 $K\to\infty$,这显然是不现实的。调差系数的调整问题将在下文讨论。

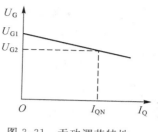

图 3-31　无功调节特性

3.4.3　励磁调节器静态特性的调整

对自动励磁调节器工作特性进行调整,主要是为了满足运行方面的要求。这些要求是:①保证并列运行发电机组间无功电流的合理分配,即改变调差系数;②保证发电机能平稳地投入和退出工作,平稳地改变无功负荷,而不发生无功功率的冲击现象,即上下平移无功调节特性。

1. 调差系数的调整

由式(3-13)可见,发电机的调差系数决定于自动励磁调节系统总的放大倍数。实际上,一般自动励磁调节系统的总的放大倍数是足够大的,因而发电机带有励磁调节器时的调差系数一般都小于 1%,近似为无差调节。这种特性不利于发电机组在并列运行时无功负荷的稳定分配,因此发电机的调差系数要根据运行的需要,人为地加以调整,使调差系数加大到 3%~5%。

当调差系数 $\delta>0$,即为正调差系数时,其调节特性下倾,即发电机端电压随无功电流增大而降低;当 $\delta<0$,即为负调差系数时,其调节特性上翘,即发电机端电压随无功电流增大而上升;$\delta=0$ 称为无差特性,这时发电机端电压恒为定值。图 3-32 表明了上述三种情况。

在实际运行中,发电机一般采用正调差系数,因为它具有系统电压下降而发电机的无功电流增加的这一特性,这对于维持稳定运行是十分必要的。至于负调差系数,一般只能在大型发电机-变压器组单元接线时采用,这时发电机外特性具有负调差系数。但考虑变压器阻抗压降以后,在变压器高压侧母线上看,仍具有正调差系数。因此负调差系数主要是用来补偿变压器阻抗上的压降,使发电机-变压器组的外特性下倾度不致太厉害,这对于大型机组是必要的。

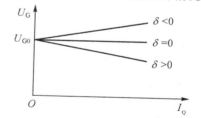

图 3-32　发电机调差系数与外特性

正、负调差系数可以通过改变调差接线极性来获得,调差系数一般在 ±5% 以内。调差系数的调节原理如下。

在不改变调压器内部元件结构的条件下,在测量元件的输入量中(有时改在放大元件的输入量中),除 U_G 外,再增加一个与无功电流 I_Q 成正比的分量,就获得了调整调差系数的效果。

在图 3-33 中,测量单元的内部结构并未改变,其放大倍数仍为 K_1,只是将输入量改为 $U_G\pm K_\delta I_Q$,于是测量输入变为

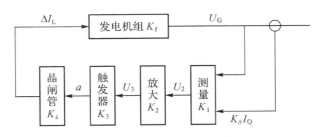

图 3-33　调差系数调整原理框图

$$U_{REF} - (U_G \pm K_\delta I_Q) = \Delta U_G \mp K_\delta I_Q$$

由于测量单元的放大倍数 K_1 并未变化,所以可适当选择系数 K_δ,就可以改变调差系数 δ 的大小。

下面以两相式正调差接线为例,说明调差环节的工作原理,其接线如图 3-34 所示。

在发电机电压互感器的二次侧,A、C 两相中分别串入电阻 R_a 和 R_c,并且 R_a 和 R_c 是同轴调节的,在 R_a 上引入 C 相电流 $\dot{I}_c$,在 R_c 上引入 A 相电流 $\dot{I}_a$。这些电流在电阻上产生的压降与电压互感器二次侧三相电压按相位组合后,送入测量单元的测量变压器。

在正调差接线时,其接线极性为 $\dot{U}_a + \dot{I}_c R_a$ 和 $\dot{U}_c - \dot{I}_a R_c$。

由图 3-35(a)可知,当 $\cos \varphi = 0$ 时,即发电机只带无功负荷时,测量变压器输入的电压为电压 $\dot{U}'_a$、$\dot{U}'_b$、$\dot{U}'_c$,显然较电压互感器副边电压 $\dot{U}_a$、$\dot{U}_b$、$\dot{U}_c$ 的值大,而且其值 U'_a、U'_b、U'_c 随着无功电流的增大而增大。根据励磁

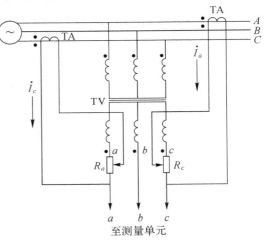

图 3-34　两相式正调差原理接线

调节器装置的工作特性,测量单元输入电压上升,励磁电流将减小,迫使发电机电压下降,其外特性 U_Q-I_Q 的下倾度加强。

当 $\cos \varphi = 1$ 时,由图 3-35(b)可知,电压 $\dot{U}'_a$、$\dot{U}'_b$、$\dot{U}'_c$ 虽然较电压 $\dot{U}_a$、$\dot{U}_b$、$\dot{U}_c$ 有变化,但幅值相差不多,故可以近似地认为调差装置不反映有功电流的变化。

当 $0 < \cos \varphi < 1$ 时,发电机电流均可以分解为有功分量和无功分量。测量变压器一次侧电压可以看成是图 3-35(a)和图 3-35(b)叠加的结果,由于可以忽略有功分量对调差的影响,故只要计算其中无功电流的影响即可。下面举例说明。

若要求在额定工况时($\cos \varphi = 0.8$,其调差接线相量图见图 3-36)调差系数为 5%,调差环节的参数可近似地计算如下。

由于 $U_{ab} = 100V$,经调差后 $U'_{ab} = 105V$,所以在图 3-36 上 $\triangle a'ba$ 中

$$\angle baa' = 180° - (120° - \varphi) + 30°$$
$$= 90° + \varphi$$

所以

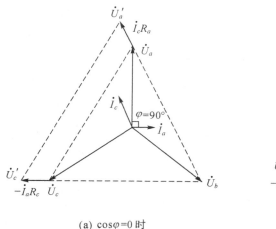

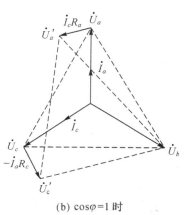

(a) cosφ=0 时　　　　　　　　(b) cosφ=1 时

图 3-35　正调差接线相量图

$$U_{a'b}^2 = U_R^2 + U_{ab}^2 - 2U_R U_{ab} \cos\angle baa'$$
$$= U_R^2 + U_{ab}^2 + 2U_R U_{ab} \sin\varphi$$
$$U_R^2 + 2U_R U_{ab}\sin\varphi + U_{ab}^2 - U_{a'b}^2 = 0$$
$$U_R^2 + 200\sin\varphi U_R - 1025 = 0$$
$$U_R = \frac{-200\sin\varphi \pm \sqrt{(200\sin\varphi)^2 + 4\times 1025}}{2}$$

取调差电压 U_R 的正根

$$U_R = -100\sin\varphi + \sqrt{(100\sin\varphi)^2 + 1025}$$

因为 $\cos\varphi = 0.8$，得 $\sin\varphi = 0.6$，所以

$$U_R = -60 + \sqrt{60^2 + 1025} \approx 8(V)$$

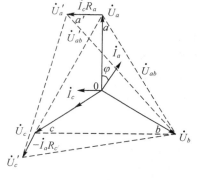

图 3-36　cos φ=0.8 时正调差接线相量图

因而在额定功率因数下运行时,若要调差系数 δ 为 5%,调差电阻上的电压降应为 8V(当电压互感器二次侧电压为 100V 时)。据此可以对调差回路的参数进行初步的整定,然后经试验确定。

对于负调差接线,其极性关系为 $\dot U_a - \dot I_c R_a$ 和 $\dot U_c + \dot I_a R_c$。

负调差接线及相量图的作法及分析方法与上述大致相同,可以仿照上面的方法画出。由此可见,改变 R_a 和 R_c 可以改变调差系数 δ,正、负调差系数可以通过改变调差接线极性来获得。

2. 发电机调节特性的平移

发电机投入或退出电网运行时,要求能平稳地转移负荷,不要引起对电网的冲击。

假设某一台发电机带有励磁调节器,与无穷大母线并联运行。由图 3-37 可见,发电机无功电流从 I_{Q1} 减小到 I_{Q2},在励磁电压 U_M 不变的情况下,只需要将调节特性由位置 1 平移到位置 2。如果调节特性继续向下移动到位置 3 时,则它的无功电流将减小到零,这样机组就能够退出运行,不会发生无功功率的突变。

同理,当发电机投入运行时,只要令它的调节特性处于位置 3,待机组并入电网后再进行向上移动特性的操作,使无功电流逐渐增加到运行要求值。

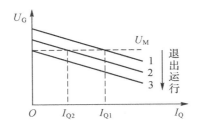

图 3-37　调节特性的平移与机组无功功率的关系

移动发电机调节特性的操作是通过改变励磁调节器的整定值来实现的。

图 3-29 表示了调节器工作特性的合成过程。由图 3-29 可见,当整定单元的整定值增加时,调节器的测量特性将向右移,所对应的调节器工作特性也将右移。与此相对应,在图 3-30(b)中当整定单元的整定值增加时,调节器输出特性曲线 $I_{EF} = f(U_G)$ 平行上移,发电机无功调节特性也随之上移。反之,整定值减小,无功调节特性平行下移。因此,现场运行人员只要调节机组的励磁调节器中的整定器件就可以控制无功调节特性上下移动,实现无功功率的转移。

3.4.4　并联运行机组间无功功率的分配

几台发电机在同一母线上并联运行时,改变任何一台机组的励磁电流不仅会影响该机组的无功电流,而且还影响同一母线上并联运行机组的无功电流。与此同时,也引起母线电压的变化。这些变化与机组的无功调节特性有关。

1. 无差调节特性

(1)一台无差调节特性的机组与有差调节特性机组的并联运行

假设两台发电机组在公共母线上并联运行,其中第一台发电机为无差调节特性,其特性见图 3-38 中曲线 1;第二台发电机为有差调节特性,调差系数 $\delta > 0$,其特性如图中曲线 2。这时母线电压必定等于 U_1 并保持不变,第二台发电机无功电流为 I_{Q2}。如果电网供电的无功负荷改变,则第一台发电机的无功电流将随之改

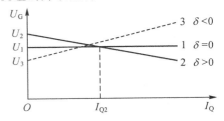

图 3-38　并联运行机组间的无功功率分配

变,而第二台发电机的无功电流维持不变,仍为 I_{Q2}。移动第二台发电机特性曲线 2,改变发电机之间无功负荷的分配;如果需要改变母线电压,可移动第一台机组调节特性曲线 1。

由以上分析可知:一台无差调节特性的发电机可以和多台正调差特性的发电机组并联运行。但在实际运行中,由于具有无差调节特性的发电机将承受无功功率的全部增量,一方面一台机组的容量有限,另一方面,机组间无功功率的分配也很不合理,所以这种运行方式实际上很难采用。

若第二台发电机的调差系数 $\delta < 0$(即特性向上翘),那么,虽然两台机组也有交点,但它不是稳定运行点。若由于偶然因素使第二台机组输出的无功电流增加,则根据机组的调节特性(见图 3-38 中虚线所示的特性),励磁调节器将增大发电机的励磁电流,力图使机端电压升高,从而导致发电机输出的无功电流进一步增加,而第一台机组则力图维持端电压,使

其励磁电流减小,于是无功电流也将减小,这个过程将一直进行下去,以至不能稳定运行。不难推论,具有负调差特性的发电机是不能在公共母线上并联运行的。

（2）两台无差调节特性的机组不能并联运行

假定有两台无差调节特性的发电机在公共母线上并联运行,图 3-39 为其无差调节特性曲线。图中 U_1 为第一台发电机的电压整定值,U_2 为第二台发电机的电压整定值。由于在实际调试中很难做到 U_1 和 U_2 正好重合,若 $U_1 \neq U_2$,参照上述分析不难得出,它们是不能并联运行的。

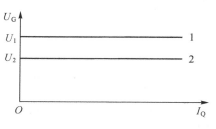

图 3-39　两台无差调差特性的机组并联运行

2. 正调差特性的发电机的并联运行

假设两台正调差特性的发电机在公共母线上并联运行,其调节特性分别为特性 1 和 2,如图 3-40 所示。两台发电机端电压是相同的,等于母线电压 U_{G1}。每台发电机所负担的无功电流是确定的,分别为 I_{Q1} 和 I_{Q2}。

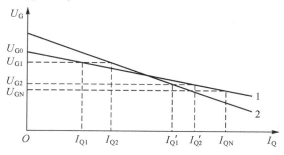

图 3-40　有正调差特性的机组并联运行

现假定无功负荷增加,于是母线电压下降,调节器动作,增加励磁电流,设新的稳定电压值为 U_{G2},这时每台发电机负担的无功电流分别为 I'_{Q1} 和 I'_{Q2}。机组 1 和机组 2 分别承担一部分增加的无功负荷。机组间无功负荷的分配取决于各自的调差系数。

设发电机的调节特性如图 3-40 中曲线 1 所示。无功电流为零时发电机端电压为 U_{G0},无功电流为额定值 I_{QN} 时发电机端电压为 U_{GN},母线电压为 U_G 时发电机的无功电流可由式(3-15)表示为

$$I_Q = \frac{U_{G0} - U_G}{U_{G0} - U_{GN}} I_{QN} \tag{3-15}$$

其标幺值表示为

$$I_{Q*} = \frac{U_{G0*} - U_{G*}}{\dfrac{U_{G0} - U_{GN}}{U_{GN}}} = \frac{1}{\delta}(U_{G0*} - U_{G*}) \tag{3-16}$$

若母线电压从 U_{G*} 变到 U'_{G*},则由式(3-16)可得机组的无功电流变化量的标幺值为

$$\Delta I_{Q*} = -\frac{\Delta U_{G*}}{\delta} \tag{3-17}$$

式(3-17)清楚地表明,当母线电压波动时,发电机无功电流的增量与电压偏差成正比,与调差系数成反比,而与电压整定值无关。式(3-17)中负号表示,在正调差情况下($\delta > 0$)当

母线电压降低时,发电机无功电流将增加。

　　两台正有差调节特性的发电机在公共母线上并联运行,当系统无功负荷波动时,其电压偏差相同。由式(3-17)可知,调差系数较小的发电机承担较多的无功电流增量。通常要求各台发电机无功负荷的波动量与它们的额定容量成正比,即希望各发电机无功电流波动量的标幺值 ΔI_{Q*} 相等,这就要求在公共母线上并联运行的发电机组具有相同的调差系数。

　　【例 3-1】　某电厂有两台发电机在公共母线上并联运行,1 号机的额定功率为 25MW,2 号机的额定功率为 50MW。两台机组的额定功率因数都是 0.85。励磁调节器的调差系数都为 0.05。若系统无功负荷波动使电厂无功增量为它们总无功容量的 20%,问各机组承担的无功负荷增量是多少? 母线上的电压波动是多少?

　　解　1 号机额定无功功率 $Q_{G1N} = P_{G1N}\tan\varphi_1 = 25\tan(\arccos 0.85) \approx 15.49\,(\text{Mvar})$

　　2 号机额定无功功率 $Q_{G2N} = P_{G2N}\tan\varphi_2 = 50\tan(\arccos 0.85) \approx 30.99\,(\text{Mvar})$

　　因为两台机的调差系数均为 0.05,所以公共母线上等值机的调差系数 δ_Σ 也为 0.05。

　　母线电压波动 $\Delta U_* = -\delta_\Sigma \Delta Q_{\Sigma*} = -0.05 \times 0.2 = -0.01$

　　各机组无功负荷波动量 $\Delta Q_{G1*} = -\dfrac{\Delta U_*}{\delta_1} = -\dfrac{-0.01}{0.05} = 0.2$

$$\Delta Q_{G1} = \Delta Q_{G1*}\, Q_{G1N} = 0.2 \times 15.49 \approx 3.10\,(\text{Mvar})$$

$$\Delta Q_{G2*} = -\frac{\Delta U_*}{\delta_\Sigma} = -\frac{-0.01}{0.05} = 0.2$$

$$\Delta Q_{G2} = \Delta Q_{G2*}\, Q_{G2N} = 0.2 \times 30.99 \approx 6.20\,(\text{Mvar})$$

　　1 号机组无功负荷增加 3.10Mvar,2 号机组的无功负荷增加 6.20Mvar。因为调差系数相等,无功的波动量与它们的容量成比例。

　　母线上的电压降低了 $0.01 U_N$。

　　【例 3-2】　在例 3-1 中若 1 号机调差系数为 0.04,2 号机调差系数仍为 0.05。当系统无功负荷波动仍使无功增加为总无功容量的 20%,问各机组的无功负荷增量是多少? 母线上的电压降低多少?

　　解

$$\Delta Q_{\Sigma*} = \frac{\Delta Q_{1*}\, Q_{G1N} + \Delta Q_{2*}\, Q_{G2N}}{Q_{G1N} + Q_{G2N}} = -\Delta U_* \frac{\dfrac{Q_{G1N}}{\delta_1} + \dfrac{Q_{G2N}}{\delta_2}}{Q_{G1N} + Q_{G2N}} = \frac{-\Delta U_*}{\delta_\Sigma}$$

　　等值调差系数　$\delta_\Sigma = \dfrac{Q_{G1N} + Q_{G2N}}{\left(\dfrac{Q_{G1N}}{\delta_1} + \dfrac{Q_{G2N}}{\delta_2}\right)} = \dfrac{15.49 + 30.99}{\dfrac{15.49}{0.04} + \dfrac{30.99}{0.05}} \approx 0.046$

　　母线电压波动　$\Delta U_* = -\delta_\Sigma \Delta Q_{\Sigma*} = -0.046 \times 0.2 = -0.0092$

　　各机组的无功增量

$$\Delta Q_{1*} = -\frac{\Delta U_*}{\delta_1} = -\frac{-0.0092}{0.04} = 0.23$$

$$\Delta Q_1 = \Delta Q_{1*}\, Q_{G1N} = 0.23 \times 15.49 \approx 3.56\,(\text{Mvar})$$

$$\Delta Q_{2*} = -\frac{\Delta U_*}{\delta_2} = -\frac{-0.0092}{0.05} = 0.184$$

$$\Delta Q_2 = \Delta Q_{2*}\, Q_{G2N} = 0.184 \times 30.99 \approx 5.70\,(\text{Mvar})$$

　　1 号机组的无功负荷增加 3.56Mvar,2 号机组无功负荷增加 5.70Mvar。调差系数小的机组承担的无功负荷增量的标幺值较大。

母线电压降低 $0.0092U_N$，要比例 3-1 的小，因为等值调差系数 δ_Σ 较小。

以上讨论，同样适用于多台发电机并联运行的情况。运行中需要改变发电机组的无功负荷时，调整调节器的整定元件，使特性曲线上下移动即可。如果要求改变发电机母线电压但不改变无功负荷的分配比例，那就需要移动所有并联运行发电机的调节特性。

3.4.5 自动励磁调节器的辅助控制

随着电力系统的发展，发电机容量不断增大，大容量发电机组对励磁控制提出了更高要求。例如，在超高压电力系统中输电线路的电压等级很高，此时输电线路的电容电流也相应增大。因此，当线路输送功率较小时，线路的容性电流引起的剩余无功功率使系统电压上升，以致超过允许的电压范围。使发电机进相运行吸收剩余无功功率是一个比较经济的办法，但发电机进相运行时，允许吸收的无功功率和发出的有功功率有关，此时发电机最小励磁电流值应限制在发电机静态稳定极限及发电机定子端部发热允许的范围内。为此，在自动励磁装置中设置了最小励磁限制。又如，对大容量发电机组由于系统稳定的要求，励磁系统应具有高起始响应特性，这对于带有交流励磁机的无刷励磁系统而言，必须采取相应措施才能达到高起始响应特性。这些措施之一是提高晶闸管整流装置电压，使发电机励磁顶值电压大大超过其允许值。励磁电流过大，超过规定的强励电流会危及发电机的安全。为此，在调节器中都必须设置瞬时电流限制器以限制强励顶值电流。对励磁调节器这些功能的要求，由调节器的辅助控制完成。

辅助控制与励磁调节器在正常情况下的自动控制的区别是，辅助控制不参与正常情况下的自动控制，仅在发生非正常运行工况、需要励磁调节器具有某些特有的限制功能时起相应控制作用。

励磁调节器中的辅助控制对提高励磁系统的稳定性，提高电力系统的稳定性，以及保护发电机、变压器、励磁机的安全运行有极重要的作用。下面对几种常用的励磁限制功能做一些简述。

1. 瞬时电流限制和最大励磁限制

（1）瞬时电流限制

由于电力系统稳定性的要求，大容量发电机组的励磁系统必须具有高起始响应的性能。交流励磁机-旋转整流器励磁系统（无刷励磁）在通常情况下很难满足这一要求。唯有采用高励磁顶值的方法才能提高励磁机输出电压的起始增长速度。如图 3-41 所示，当加在励磁机励磁绕组上的励磁顶值电压 $U_{EEq2} > U_{EEq1}$ 时，对于同一时间 t_1 而言，$U_{E2} > U_{E1}$，即 U_{EEq} 之值越高，励磁机输出电压 U_E 的起始增长速度越快。这样，励磁系统的响应速度得到了改善。但是高值励磁电压将会危及励磁机及发电机的安全，为此，当励磁机电压达到发电机允许的励磁顶

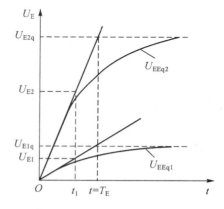

图 3-41 励磁机励磁电压对励磁机电压响应的影响

值电压倍数时,应立即对励磁机的励磁电流加以限制,以防止危及发电机的安全运行。

励磁调节器内设置的瞬时电流限制器检测励磁机的励磁电流,一旦该值超出发电机允许的强励顶值,限制器输出立即使励磁电流限制在 I_{fmax}。

(2)最大励磁限制器

最大励磁限制是为了防止发电机转子绕组长时间过励磁而采取的安全措施。按规程规定,当发电机电压下降为额定电压的 $80\%\sim85\%$ 时,发电机励磁应迅速强励到顶值电流,一般为 $1.6\sim2$ 倍额定励磁电流。由于受发电机转子绕组发热的限制,强励时间不允许超过规定值。制造厂给出的发电机转子绕组在不同励磁电压时的允许时间见表 3-1。

表 3-1　不同励磁电压时的允许时间

转子电压标幺值	允许时间/s	转子电压标幺值	允许时间/s
1.12	120	1.46	30
1.25	60	2.08	10

为使机组安全运行,对过励磁应按允许发热时间运行,若超过允许时间,励磁电流仍不能自动降下来,则由最大励磁限制器执行限制功能,它具有反时限特性,如图 3-42 所示。

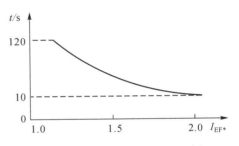

图 3-42　最大励磁限制器反时限特性

微机型反时限特性可以由不同的数学模型来描述,这里介绍的是某厂家实际应用的一种。最大励磁限制器主要有两个不同的设定值,一个是强励顶值电流限制值 I_{fmax},另一个是连续运行允许的过热限制值 I_{fr}。过热限制值由转子的等效过热时间常数 T_e 和转子的等效冷却时间常数 T_c 控制。那么励磁绕组最大允许的热能 ΔW_{max} 为

$$\Delta W_{max} = K_R I_{fr}^2 T_e \tag{3-18}$$

式中:K_R 为具有电阻量纲的比例系数。

同步发电机正常运行过程中,限制器不起作用。最大励磁电流限制器有效的控制点是强励顶值电流限制值 I_{fmax},说明自动励磁调节器无论何时都能达到强励顶值电流。现在假定出现故障需要强励,只要励磁电流的实际值超出过热限制值,那么调节器就会启动一个过热电流积分器,它将电流偏差值 Δi^2 积分,即

$$\Delta W = K_R \int \Delta i^2 dt \tag{3-19}$$

式中:$\Delta i = I_F - I_{fr}$,I_F 为励磁电流的实际值,I_{fr} 为励磁电流过热限制值。

这个积分的结果与励磁电流超限引起的发热有关。如果励磁电流高于过热限制值一定时间,那么积分器的输出值 ΔW 将会增加。当积分器的输出值超过 ΔW_{max},最大励磁电流限制器限制励磁电流从 I_{fmax} 减小到 I_{fr}。如果励磁电流降到 I_{fmax} 的过热限制值 I_{fr} 以下,那么积分器的输出将随着冷却时间常数 T_c 降低。

可见,当 $\Delta W < \Delta W_{max}$ 时,励磁电流 I_F 限值为 I_{fmax},调节器按恒励磁电流运行;当 $\Delta W \geqslant \Delta W_{max}$ 时,励磁电流 I_F 限值为 I_{fr},调节器按恒励磁电流 I_{fr} 运行。励磁电流的设定值分别为 I_{fmax} 和 I_{fr}。

因此,离散化后的恒励磁调节数学模型为

$$\Delta U(KT) = K_{Rf}[I_{fREF}(KT) - I_F(KT)] \tag{3-20}$$

式中:K_{Rf}为具有电阻量纲的比例系数,$I_{fREF}(KT)$根据限制条件分别用I_{fmax}、I_{fr}代入。

如果系统中出现了另一个故障,强励电流在冷却时间结束前再次高于I_{fr},那么在这个强励电流下所允许的时间显然比第一个故障中的时间短,因为将会较早地到达ΔW_{max}值。如果冷却时间已经结束,那么限制器将允许励磁电流在强励时间段中保持在顶值水平。

2. 最小励磁限制器

同步发电机欠励磁运行时,由滞后功率因数变为超前功率因数,发电机从系统吸收无功功率,这种运行方式称为进相运行。吸收的无功功率随励磁电流的减小而增加。发电机进相运行受静态稳定极限限制。下面以单机-无穷大系统为例来讨论这个问题。

图3-43(a)是发电机经升压变压器、输电线路与无穷大母线相连的等值电路图。

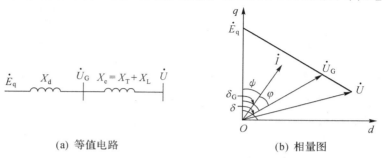

(a) 等值电路   (b) 相量图

图3-43 发电机-无穷大系统

设发电机内电动势(励磁电动势)为$\dot{E}_q$,负荷电流为$\dot{I}$,发电机端电压为$\dot{U}_G$,无穷大母线电压为$\dot{U}$,X_d为发电机同步电抗,$X_e = X_T + X_L$,为包括变压器和线路电抗的发电机外电抗。则可画出发电机进相运行时的相量图,如图3-43(b)所示。

根据相量图,可以推导出进相运行时有功和无功功率的表达式为

$$P = U_G I\cos\varphi = U_G I\cos(\delta_G - \psi) = U_G I(\cos\delta_G\cos\psi + \sin\delta_G\sin\psi) \tag{3-21}$$

$$Q = U_G I\sin\varphi = U_G I\sin(\delta_G - \psi) = U_G I(\sin\delta_G\cos\psi - \cos\delta_G\sin\psi) \tag{3-22}$$

而

$$I\sin\psi = I_d = (U_G\cos\delta_G - U\cos\delta)/X_e \tag{3-23}$$

$$I\cos\psi = I_q = (U_G\sin\delta_G)/X_d \tag{3-24}$$

将式(3-23)、式(3-24)代入式(3-21)、式(3-22),得

$$P_G = \frac{U_G^2}{2}\left(\frac{1}{X_e} + \frac{1}{X_d}\right)\sin2\delta_G - \frac{U_G U}{X_e}\sin\delta_G\cos\delta \tag{3-25}$$

$$Q_G = \frac{U_G^2}{2}\left(\frac{1}{X_e} - \frac{1}{X_d}\right) + \frac{U_G^2}{2}\left(\frac{1}{X_e} + \frac{1}{X_d}\right)\cos2\delta_G - \frac{U_G U}{X_e}\cos\delta\cos\delta_G \tag{3-26}$$

当处于静稳极限时,$\delta = 90°$,$\cos\delta = 0$,则式(3-25)、式(3-26)简化为

$$P_m = \frac{U_G^2}{2}\left(\frac{1}{X_e} + \frac{1}{X_d}\right)\sin2\delta \tag{3-27}$$

$$Q_m = \frac{U_G^2}{2}\left(\frac{1}{X_e} - \frac{1}{X_d}\right) + \frac{U_G^2}{2}\left(\frac{1}{X_e} + \frac{1}{X_d}\right)\cos2\delta_G \tag{3-28}$$

或

$$Q_{\mathrm{m}} - \frac{U_{\mathrm{G}}^2}{2}\left(\frac{1}{X_{\mathrm{e}}} - \frac{1}{X_{\mathrm{d}}}\right) = \frac{U_{\mathrm{G}}^2}{2}\left(\frac{1}{X_{\mathrm{e}}} + \frac{1}{X_{\mathrm{d}}}\right)\cos 2\delta_{\mathrm{G}} \tag{3-29}$$

将式(3-27)两边平方后与式(3-29)两边平方后相加得到静稳状态下功率圆图方程为

$$P_{\mathrm{m}}^2 + \left[Q_{\mathrm{m}} - \frac{U_{\mathrm{G}}^2}{2}\left(\frac{1}{X_{\mathrm{e}}} - \frac{1}{X_{\mathrm{d}}}\right)\right]^2 = \left[\frac{U_{\mathrm{G}}^2}{2}\left(\frac{1}{X_{\mathrm{e}}} + \frac{1}{X_{\mathrm{d}}}\right)\right]^2 \tag{3-30}$$

由式(3-30)可以看出,在静态稳定极限下,有功功率极限 P_{m} 和无功功率极限 Q_{m} 之间的函数关系为一个圆。在 $P\text{-}Q$ 平面上,此圆的圆心为点 $\left[0,\dfrac{U_{\mathrm{G}}^2}{2}\left(\dfrac{1}{X_{\mathrm{e}}} - \dfrac{1}{X_{\mathrm{d}}}\right)\right]$,圆的半径为 $\dfrac{U_{\mathrm{G}}^2}{2}\left(\dfrac{1}{X_{\mathrm{e}}} + \dfrac{1}{X_{\mathrm{d}}}\right)$,如图 3-44 所示曲线 M。凡曲线 M 上的各点都是静态稳定功率极限(P,Q),且满足式(3-30)。曲线 M 外侧属不稳定区,而圆内任意点属稳定区。

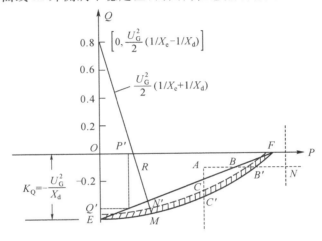

图 3-44　同步发电机功率圆图

发电机进相运行要考虑发电机定子端部发热在允许范围内。发电机由滞相转进相运行时,转子电流减少,吸收无功增加,使定子端部合成磁通越来越大,造成端部发热。现代大型汽轮发电机定子铁芯采用氢冷,并在端部采取了防止局部发热的措施,进相运行时定子端部铁芯及金属件温升一般不再是限制低励磁运行的主要因素。图 3-44 中励磁限制曲线是无 AVR 时的静稳定极限,没有考虑 AVR 的作用,这是因为当最低励磁电流起作用时,调压功能即被退出运行。实际运行中还必须计及静稳定储备及一些无法确定的因素,因此励磁调节器中最小励磁限制曲线如图 3-44 中曲线 N' 所示。

如图 3-44 所示,假设发电机进相运行于 A 点,当电网电压升高时,在励磁调节器的作用下,发电机减少励磁,运行点沿 AC 向下移动,当达到 C' 点即达到静态稳定极限,再超过就失去稳定。在 A 点运行,如增加有功输出,运行点向 AB 方向移动,到达 B' 点后若继续沿 AB 方向移动同样会失去稳定。为确保发电机安全运行,在励磁调节器中必须设置最小励磁限制器。

微机在实现最小励磁限制曲线 N' 时,是根据试验数据列表比较得到的。表 3-2 是一个欠励限制数据表,计算机根据欠励限制表,对无功实行控制。例如发电机带有功 50MW 时,无功限制值为 -35Mvar,当进相大于 35Mvar 时,欠励限制发出指令,迅速增磁,使无功不超越一35Mvar。

表 3-2 欠励限制数据表

P/MW	0	10	20	30	40	50	60	70	80	90
$-Q$/Mvar	50	47	44	41	38	35	32	30	27	24
P/MW	100	110	120	130	140	150	160	170	180	
$-Q$/Mvar	21	18	15	12	10	7	4	1	0	

实现欠励限制时,可以用直线或折线来近似圆弧。当考虑留有一定的稳定储备,用直线作为限制线,直线 $\overline{EF}$ 的方程为

$$\frac{P}{K_P}+\frac{Q}{K_Q}=1 \tag{3-31}$$

式中:$K_P>0$,$K_Q<0$,由发电机欠励运行特性决定。对于图 3-44 所示的 $\overline{EF}$ 直线,由式(3-30),分别令 $Q=0$ 和 $P=0$,可得到

$$K_P=|\overline{OF}|=\frac{U_G^2}{\sqrt{X_e X_d}} \tag{3-32}$$

$$K_Q=|\overline{OE}|=-\frac{U_G^2}{X_d} \tag{3-33}$$

无功要限制在直线 $\overline{EF}$ 内,所以

1)$Q\geqslant P\sqrt{\dfrac{X_e}{X_d}}-\dfrac{U_G^2}{X_d}$ 时不加限制;

2)$Q<P\sqrt{\dfrac{X_e}{X_d}}-\dfrac{U_G^2}{X_d}$ 时加以限制。

在微机励磁中检测 P、Q 值,当 $\dfrac{P}{K_P}+\dfrac{Q}{K_Q}>1$ 时,则发出欠励限制信号,阻止励磁电流减小,使进相无功功率减小到允许范围之内。

设无功功率的限值为 Q_{min},则令 $Q_{REF}=Q_{min}$,励磁调节器采用恒无功调节方式,限制无功在 Q_{min} 处运行。为了防止进相运行,发电机稳定储备低时需要 AVR 起作用。为此,可在低励限制动作后,输出一个信号,使低励限制复归以达到边界区运行时恢复 AVR 作用的目的。

3.电压/频率限制和保护

电压/频率限制器亦称磁通限制器,它的作用是限制发电机端电压和频率的比值,防止发电机及与其连接的主变压器由于电压过高和频率过低,引起铁芯饱和发热。

众所周知,交流电压 $U=kf\phi_m$,所以 $\phi_m=\dfrac{U}{kf}$。可见,磁通量与机端电压/频率成正比,所以 U_G/f_G 愈大,发电机和变压器铁芯饱和愈严重,而铁芯饱和,励磁电流会增大,造成铁芯发热加剧,所以必须加以限制。

正常并网运行的发电机,U_G/f_G 比值一般不会超过允许值。引起电压过高和频率过低的主要原因有以下几点:

(1)发电机甩负荷或解列,电枢反应去磁作用减弱,因而使电压升高。

（2）机组启动时,国内外都曾发生过发电机在转动前由于误操作投入的励磁开关,以致烧坏励磁绕组的事故。

（3）系统性事故导致频率降低。

励磁调节器的电压/频率限制模块具有如图 3-45 所示的限制与保护动作特性,参数结合实际应用条件而定（本例为示例数据）。

当 $U_{G*} > 1.06 f_{G*}$,限制 $U_{G*} = 1.06 f_{G*}$;

当 $U_{G*} > 1.10 f_{G*}$,一方面限制 $U_{G*} = 1.06 f_{G*}$,同时启动延时计数器,若在规定的时间内电压/频率仍大于 1.10,则跳主开关灭磁。

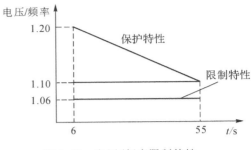

图 3-45　电压/频率限制特性

4. 发电机失磁监控

发电机"失磁"是指发电机在运行中全部或部分失去励磁电流,使转子磁场减弱或消失。这是发电机运行过程中可能发生的一种故障运行状态。

造成发电机失磁的原因可能是由于励磁开关误跳闸、励磁机或晶闸管励磁系统元件损坏或发生故障、自动灭磁开关误跳闸、转子回路某处断线及误操作等。

发电机正常运行时,定子磁场和转子磁场同步旋转。失磁后,励磁电流逐渐衰减到零,原动机的驱动转矩使发电机加速,导致功角 δ 加大,发电机失步,进入异步发电运行状态。

发电机在异步运行下,在向系统送出有功功率的同时,还从系统吸收无功功率,对系统和发电机本身产生如下不良影响:

（1）发电机失步,在转子和励磁回路中产生差频电流,使转子铁芯、转子绕组及其他励磁回路产生附加损耗,引起过热。转差越大,过热越严重。

（2）正常运行时,发电机要向系统输出无功功率;失磁后,要从系统吸收无功功率。如果系统无功功率储备不足,将引起系统电压下降,甚至造成因电压崩溃而使系统瓦解。

（3）其他发电机力图补偿上述无功功率差额,容易造成过电流。如果失磁的是一台大容量发电机,则承担补偿无功功率的发电机过电流就更严重。

汽轮发电机组异步功率比较大,调速器也较灵敏,因此当发电机超速时,调速器会立即关小气门,使汽轮机的输出功率和发电机的异步功率很快达到平衡,可在较小的转差下稳定运行。而水轮机组,因其异步功率较小,在较大的转差下才能达到功率平衡。

在实际运行中,水轮发电机一般不允许失磁运行。汽轮发电机失磁后,适当降低其有功功率输出,在很小的转差下,可以异步运行一段时间（例如 10~30min）,使运行、调度人员有一段时间来排除失磁故障、采取措施恢复励磁,尽量减少对电力系统运行和用户供电的影响。但是否允许其异步运行,还应根据电力系统具体情况而定。大型机组失磁的后果是很严重的,机组本身的热容量相对较小,无励磁运行的能力也较低,系统很难提供所需的无功功率,因此,大型机组通常不允许失磁运行。

大机组大多配置有失磁保护,现代发电机组励磁系统中都设置了失磁监视功能。

3.5　励磁系统稳定器

前一节主要介绍了励磁自动控制系统的静态特性,但对于一个反馈控制系统来说,稳定运行是工作的首要条件。励磁自动控制系统一般可用图 3-27 所示的基本框图来描述,图中发电机是被控对象,励磁调节器是"控制器",励磁机是励磁调节器的执行环节,它们组成一个反馈控制系统。

同步发电机在投入电网运行之前,要求其电压能维持在给定值,即发电机在空载运行条件下,其励磁自动控制系统必须稳定运行。当发电机并入电网以后与系统中所有发电机组并联运行,因此要求发电机的励磁自动控制系统能对电力系统稳定运行产生有益的影响。

3.5.1　励磁自动控制系统响应曲线概述

除了稳定问题外,在运行中往往对励磁控制系统其他动态性能指标提出要求。例如励磁电压响应比,实际上就属于一种动态性能指标。图 3-46 所示为发电机在额定转速空载条件下,突然加入励磁使发电机端电压从零升至额定值时的时域响应曲线,它可以作为励磁控制系统动态特性的典型曲线。

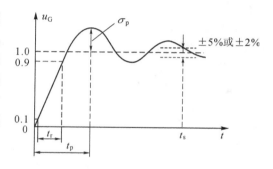

图 3-46　典型时域响应曲线

实际运行中常用下列几种指标:

(1)上升时间 t_r。响应曲线从稳态值 10%上升到 90%或从 0 上升到 100%所需的时间。

(2)超调量 σ_p。发电机端电压的最大瞬时值与稳态值之差对稳态值之比的百分数。设瞬态响应曲线的第一个峰值为 $u_G(t_p)$,稳态值为 $u_G(\infty)$,超调量 σ_p 的定义为

$$\sigma_p = \frac{u_G(t_p) - u_G(\infty)}{u_G(\infty)} \times 100\% \tag{3-34}$$

(3)调节时间 t_s。当其输出量与稳态值之差达到了而且不再超过某一允许误差范围(通常取稳态值的±5%或±2%)时,认为调节时间结束。

我国《同步电机励磁系统　大、中型同步发电机励磁系统技术要求》(GB/T 7409.3—2007)对同步发电机动态响应的技术指标做了如下规定:

1)在空载额定电压情况下,当发电机电压给定阶跃量为±10%时,发电机电压超调量应不大于阶跃量的 50%,振荡次数不超过 3 次,调节时间不超过 10s。

2)当同步发电机 100%电压起励时,自动电压调节器应保证其端电压超调量不得超过额定值的 15%,电压振荡次数不超过 3 次,调节时间不超过 10s。

3)在额定功率因数下,当发电机突然甩额定负荷后,发电机电压超调量不大于 15%额定值,振荡次数不超过 3 次,调节时间不大于 10s。

3.5.2　励磁控制系统的传递函数

为了分析励磁自动控制系统的动态特性及其对电力系统稳定性的影响,应先列出控制系统各个单元的传递函数。典型的励磁控制系统结构如图 3-47 所示。

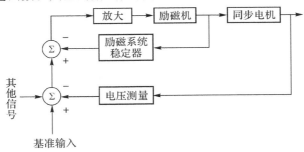

图 3-47　典型的励磁控制系统结构

1. 励磁机的传递函数

如前所述,励磁机有直流励磁机和交流励磁机两类。直流励磁机有他励和自励两种方式,描述它们的动态特性方程式是不同的。现以他励直流励磁机为例,说明传递函数的推导过程。

励磁调节器的输出加于励磁绕组输入端,输出为励磁机电压 u_E,如图 3-48 所示。励磁机励磁绕组两端的电压方程为

$$\frac{\mathrm{d}\lambda_E}{\mathrm{d}t} + R_E i_{EE} = u_{EE} \tag{3-35}$$

式中:λ_E 为励磁机励磁绕组的磁链,R_E 为励磁机励磁绕组的电阻,i_{EE} 为励磁机励磁绕组的电流,u_{EE} 为励磁绕组的输入电压。

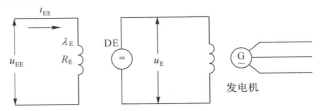

图 3-48　他励直流励磁机

用磁通 ϕ_E 代换磁链 λ_E,并且假定磁通与 N 匝键链,则可得

$$N\frac{\mathrm{d}\phi_E}{\mathrm{d}t} + R_E i_{EE} = u_{EE} \tag{3-36}$$

只要把 ϕ_E、i_{EE} 用 u_{EE} 表示,就可求得励磁机电压 u_E 与 u_{EE} 之间的微分方程式。由于励磁电流 i_{EE} 与励磁机电压 u_E 之间是非线性关系,通常采用图 3-49 所示的励磁机的饱和特性曲线来计及其饱和影响。定义饱和函数为

$$S_E = \frac{I_A - I_B}{I_B} \tag{3-37}$$

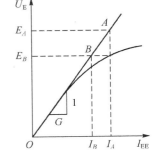

图 3-49　直流励磁机的饱和特性曲线

于是可写出

$$I_A = (1 + S_E) I_B \tag{3-38}$$

$$E_A = (1 + S_E) E_B \tag{3-39}$$

S_E 随运行点而变,它是非线性的,在整个运行范围内可用某一线性函数来近似表示。如果气隙特性的斜率是 $1/G$,则可写出励磁机电压与励磁电流间的关系式,即

$$i_{EE} = G u_E (1 + S_E) = G u_E + G u_E S_E \tag{3-40}$$

在恒定转速下,电压 u_E、磁通 ϕ_E 与气隙磁通 ϕ_a 成正比,即

$$u_E = K \phi_a \tag{3-41}$$

$$\phi_E = \sigma \phi_a \tag{3-42}$$

式中:σ 为分散系数,取 $1.1 \sim 1.2$。

将式(3-40)~式(3-42)代入式(3-36),得

$$T_E \frac{\mathrm{d} u_E}{\mathrm{d} t} = u_{EE} - R_E i_{EE} = u_{EE} - R_E G u_E$$
$$- R_E G S_E u_E \tag{3-43}$$

表示为传递函数,则为

$$G_E(s) = \frac{u_E(s)}{u_{EE}(s)} = \frac{1}{T_E s + R_E G + R_E G S_E} = \frac{1}{T_E s + K_E + S'_E} \tag{3-44}$$

式中:$T_E = N\sigma/K$,$K_E = R_E G$,$S'_E = R_E G S_E$。

所以,他励直流励磁机的传递函数框图如图 3-50 所示。

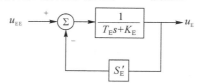

图 3-50　他励直流励磁机传递函数框图

2. 励磁调节器各单元的传递函数

励磁调节器主要由电压测量比较、综合放大及功率放大等单元组成。这里仍以电子模拟式励磁调节器电路为例,列出它们的传递函数。各种励磁调节器可能采用不同的元件,但可参照所介绍的方法求得它们的传递函数。

(1)电压测量比较单元的传递函数

电压测量比较单元由测量变压器、整流滤波电路及测量比较电路组成。测量比较电路可用一阶惯性环节来近似描述,传递函数可表示为

$$G_R(s) = \frac{U_{de}(s)}{U_G(s)} = \frac{K_R}{1 + T_R s} \tag{3-45}$$

式中:K_R 为电压比例系数;T_R 为电压测量回路的时间常数,由滤波电路引起,通常为 $0.02 \sim 0.06$ s。

(2)综合放大单元的传递函数

综合放大单元在电子型调节器中由运算放大器组成,在电磁型调节器中则采用磁放大器。它们的传递函数通常都可视为放大系数为 K_A 的一阶惯性环节,其传递函数为

$$G_A(s) = \frac{K_A}{1 + T_A s} \tag{3-46}$$

式中：K_A 为电压放大系数，T_A 为放大器的时间常数。

对于运算放大器，由于其响应快，可近似地认为 $T_A = 0$。此外，放大器具有一定的工作范围，输出电压 u_{SM} 范围为

$$U_{SMmin} \leqslant u_{SM} \leqslant U_{SMmax}$$

综合放大单元的框图和工作特性如图 3-51 所示。

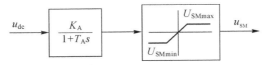

图 3-51　综合放大单元框图和工作特性

（3）功率放大单元的传递函数

电子型励磁调节器的功率放大单元是晶闸管整流器，由于晶闸管整流元件工作是断续的，因而它的输出与控制信号间存在着时滞。通过分析可得最大可能滞后时间可确定为

$$T_z = \frac{1}{mf}$$

式中：m 为整流电路控制的相数，f 为电源的频率。

按上述分析可以得到晶闸管整流电路输出电压的方程为

$$u_d = K_z u_{SM}(t - T_z) \tag{3-47}$$

式中：K_z 为 u_d 和 u_{SM} 之间的放大系数，u_d 为输出平均电压，u_{SM} 为触发器控制电压。

将式（3-47）进行拉普拉斯变换，可得包括触发器在内的晶闸管整流器的传递函数为

$$G(s) = \frac{u_d(s)}{u_{SM}(s)} = K_z e^{-T_z s} \tag{3-48}$$

考虑到 T_z 很小，可将式（3-48）中 $e^{-T_z s}$ 展开为泰勒级数。于是得

$$G(s) = \frac{u_d(s)}{u_{SM}(s)} = K_z \left[\frac{1}{1 + T_z s + \frac{1}{2} T_z^2 s^2 + \cdots} \right]$$

略去高次项就得到简化后的传递函数为

$$G(s) = \frac{K_z}{1 + T_z s} \tag{3-49}$$

3. 同步发电机的传递函数

要仔细分析同步发电机的传递函数是相当复杂的，但如果我们只研究发电机空载时励磁控制系统的有关性能，则可对发电机的数学描述进行简化。发电机的传递函数可以用一阶滞后环节来表示。若忽略饱和现象，则得同步发电机的传递函数为

$$G_G(s) = \frac{K_G}{1 + T'_{d0} s} \tag{3-50}$$

式中：K_G 为发电机的放大倍数，T'_{d0} 为发电机空载时的时间常数。

4. 励磁控制系统的传递函数

求得励磁控制系统各单元的传递函数后，按图 3-47 可组成励磁控制系统的传递函数框图，如图 3-52 所示。

为简化起见，忽略励磁机的饱和特性和放大器的饱和限制，则由图 3-52 可得

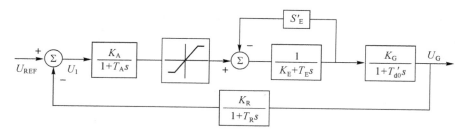

图 3-52　励磁控制系统的传递函数框图

$$G(s) = \frac{K_A K_G}{(1 + T_A s)(K_E + T_E s)(1 + T'_{d0} s)} \tag{3-51}$$

$$H(s) = \frac{K_R}{1 + T_R s} \tag{3-52}$$

式中：$G(s)$ 表示前向传递函数，$H(s)$ 表示反馈传递函数。

所以，空载时同步发电机励磁控制系统的闭环传递函数为

$$\frac{U_G(s)}{U_{REF}(s)} = \frac{G(s)}{1 + G(s)H(s)}$$

$$= \frac{K_A K_G (1 + T_R s)}{(1 + T_A s)(K_E + T_E s)(1 + T'_{d0} s)(1 + T_R s) + K_A K_G K_R} \tag{3-53}$$

3.5.3　励磁自动控制系统的稳定性

对任一线性自动控制系统，求得其传递函数后，可根据特征方程式，按照稳定判据来确定其稳定性。当系统稳定性不满足要求时，须采用适当的校正措施加以改善。在这方面根轨迹法是较为有用的方法，利用它能迅速地获得近似的结果。

为了得到高阶系统动态特性的精确结果，也可列出状态方程，直接求解系统的特征值。随着计算机应用的普及，这种方法已得到了广泛的应用。

发电机空载条件下，励磁控制系统的稳定性是励磁调节器工作的先决条件。根据励磁控制系统的传递函数，对系统的稳定性分析可以有多种方法，这里运用根轨迹法对典型机组的空载稳定性进行剖析。

1. 典型励磁控制系统的稳定性计算

设某励磁控制系统的参数如下：

$$T_A = 0s, T'_{d0} = 8.38s, T_E = 0.69s, T_R = 0.04s, K_E = 1, K_G = 1$$

由式(3-51)、式(3-52)可求得系统的开环传递函数为

$$G(s)H(s) = \frac{4.32 K_A K_G K_R}{(s + 0.12)(s + 1.45)(s + 25)} \tag{3-54}$$

运用自动控制原理课程所学知识，易得：

(1) 开环极点为 $s = -0.12, s = -1.45, s = -25$，它们是根轨迹的起始点。

(2) 根轨迹渐进线与实轴的交点及倾角：$\sigma = -8.86, \beta = \frac{(2k+1)\pi}{3} (k = 0, \pm 1)$。

(3) 根轨迹在实轴上的分离点：$s = -0.775$。

(4) 与虚轴的交叉点：$\pm 6.28j$。

由此可画出该励磁控制系统的根轨迹,如图 3-53 所示。

由图 3-53 可见,发电机、励磁机的时间常数所对应的极点都很靠近坐标原点,系统的动态性能不够理想,并且随着闭环回路增益的提高,其根轨迹转入右半平面,使系统失去稳定。为了改善控制系统的稳定性能,必须限制调节器的放大倍数,而这又与系统的调节精度要求相悖。因此,由此分析可知,在发电机励磁控制系统中,需增加校正环节,才能适应稳定运行的要求。

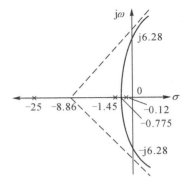

图 3-53　式(3-54)的根轨迹

2. 励磁控制系统空载稳定性的改善

图 3-53 的根轨迹说明,要想改善该励磁自动控制系统的稳定性,必须改变发电机极点与励磁机极点间根轨迹的出射角,也就是要改变根轨迹的渐近线,使之只处于虚轴的左半平面。为此可以在发电机转子电压 u_E 处增加一条电压速率负反馈回路,其传递函数为 $K_F s/(1+T_F s)$。典型补偿系统框图如图 3-54 所示。

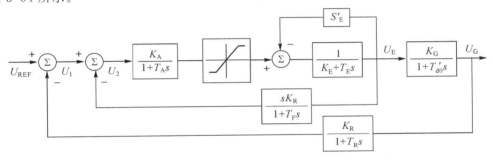

图 3-54　具有转子电压速率反馈的补偿系统框图

为了分析转子电压速率反馈对励磁系统根轨迹的影响,可以对图 3-54 所示框图进行简化,得到增加转子电压速率反馈后($T_A=0s$)励磁控制系统的等值前向传递函数为

$$G(s)=\frac{K_A K_G}{T_E T'_{d0}} \cdot \frac{1}{\left(s+\dfrac{K_E}{T_E}\right)\left(s+\dfrac{1}{T'_{d0}}\right)} \tag{3-55}$$

反馈传递函数为

$$H(s)=\frac{T'_{d0} K_F}{K_G T_F} \cdot \frac{s\left(s+\dfrac{1}{T'_{d0}}\right)\left(s+\dfrac{1}{T_R}\right)+\dfrac{K_R}{T_R}\left(s+\dfrac{1}{T_F}\right)\dfrac{K_G T_F}{T'_{d0} K_F}}{\left(s+\dfrac{1}{T_F}\right)\left(s+\dfrac{1}{T_R}\right)} \tag{3-56}$$

将前面已知的数据及 $K_R=1$ 代入式(3-55)和式(3-56),得励磁控制系统的开环传递函数为

$$G(s)H(s)=1.45\frac{K_A K_F}{T_F}\times\frac{s(s+0.12)(s+25)+2.985\dfrac{T_F}{K_F}\left(s+\dfrac{1}{T_F}\right)}{(s+0.12)(s+1.45)(s+25)\left(s+\dfrac{1}{T_F}\right)} \tag{3-57}$$

式(3-57)说明,增加了电压速率反馈环节后,系统就有四个开环极点和三个开环零点。

当 T_F 值给定后,所有开环极点就被确定了。根轨迹的形状还与零点的位置有关,由式(3-57)可知,零点位置随 T_F、K_F 而变。假设零点为 z_1、z_2、z_3,这样在引入电压速率反馈后,励磁控制系统的根轨迹就如图 3-55 所示。由图 3-55 可见,引入电压速率反馈后,由于新增加了一对零点,把励磁系统的根轨迹引向左半平面,从而使控制系统的稳定性大为改善。

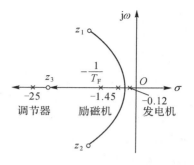

图 3-55　式(3-57)的根轨迹

因此,在发电机的励磁控制系统中,一般都附有这种并联校正的微分负反馈网络,即励磁系统稳定器,作为改善发电机空载运行稳定性的重要部件。

3. 励磁系统稳定器电路

模拟式励磁系统稳定器原理接线如图 3-56 所示。它由一级微分放大器组成。励磁机磁场电流经分流器、直流变换器由端子 1 输入,经微分放大器获得励磁机磁场电流的速率信号。微分放大器的传递函数是

$$H(s) = \frac{R_6 + R_5}{R_6 + \alpha R_5} \times \frac{s(R_3 + R_4)C_1}{[1 + s(R_1 + R_2)C_1]} \quad (\alpha < 1) \tag{3-58}$$

从式(3-58)可知,改变电位器 R_1、R_3(两者同轴且阻值相等),即可改变微分时间常数,其范围是 $0.2 \sim 2s$。而改变电位器 R_5,即可改变励磁系统稳定器的增益。

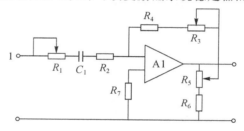

图 3-56　模拟式励磁系统稳定器原理接线图

A1 输出励磁机磁场电流速率信号到电压测量比较单元的输入端。当磁场电流跃增时,励磁系统稳定器输出正微分信号,使电压测量比较单元瞬时输出负信号去减弱励磁机磁场电流。反之,则增强励磁机磁场电流,而在稳态运行时励磁系统稳定器无输出。从而构成了软反馈,改善了系统的阻尼特性。

3.6　励磁自动控制系统对电力系统稳定的影响

励磁控制系统对提高电力系统稳定的作用,一直是人们关心的课题和努力的目标,长期以来人们已进行了大量的研究工作。早期的研究认为,无失灵区的励磁调节器可以提高电力系统的静稳定功率极限。同时,在空载和负载两种情况下,对励磁调节器放大系数的要求是不一样的。在 20 世纪 50 年代初期,人们已注意到新型励磁调节器所引起的不稳定现象,因而普遍采用了提高稳定的反馈校正电路。在 20 世纪 60 年代,大型互联系统增长性的振荡,破坏了大型系统之间的并联运行。研究发现,互联系统本身固有的自然阻尼微弱性是发

生这种现象的主要原因,而励磁调节器的调节又使系统产生负阻尼效应,导致电力系统产生低频振荡。进一步研究得知,励磁系统引入适当的信号,可以增强系统的阻尼,对于克服增长性的振荡是一种较为有效的措施。

励磁控制系统对电力系统稳定的影响与同步发电机的动态特性密切相关,因此下面先简单地介绍一下同步发电机的动态方程式,并由此得到同步发电机的动态特性框图。

3.6.1　同步发电机动态方程式

在研究电力系统稳定问题时,一般以一台同步发电机经外接阻抗 $R_e + jX_e$ 接于无限大母线为典型例子,有时还计及地区负荷影响,如图 3-57 所示。

在描述同步发电机动态方程时,假设系统处于小扰动情况下(即偏离运行点不大),其运动方程式可进行线性化。此外对发电机还做如下假定:

(1)忽略阻尼效应;

(2)忽略定子绕组的电阻;

(3)在定子和负荷的电压方程中,d 轴、q 轴感应电动势中的 $\dfrac{d\lambda_d}{dt}$ 和 $\dfrac{d\lambda_q}{dt}$ 项与转速电动势 $\omega\lambda_q$ 和 $\omega\lambda_d$ 相比可以忽略;

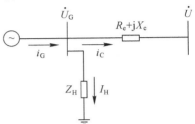

图 3-57　具有地区负荷的发电机经输电线路接至无限大母线的系统接线

(4)感应电动势中的 $\omega\lambda$ 项近似等于 $\omega_0\lambda$,ω_0 是同步角速度;

(5)选定初始点后,饱和效应可以忽略。

经简化后的线性动态方程能够突出各量之间基本的关系,既易理解,又不过于烦琐。

在编写同步发电机动态方程时,定子三相电流用相应的 $\dot{I}_d$ 与 $\dot{I}_q$ 来代替,如图 3-58 所示。所有参数都取标幺值,以发电机的额定容量、相电压及相电流额定值为基准。转子磁链以其在定子侧感应的旋转电动势的标幺值来表示。由于转子绕组匝数与电阻是定值,所以转子电压及电流都可以通过等值磁链的标幺值用定子侧相应的电动势来表示。

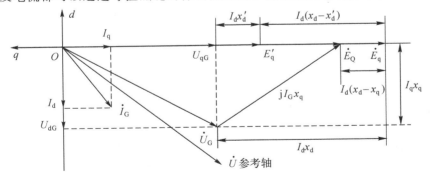

图 3-58　同步发电机相量图

根据电力系统暂态分析课程的分析得到暂态电动势 E'_q 的方程式,由发电机转子运动方程、发电机电磁转矩方程和发电机端电压方程得到同步发电机动态方程组为

$$\begin{cases} \Delta E'_q = \dfrac{K_3}{1+K_3\,T'_{d0}\,s}\Delta E_{de} - \dfrac{K_3\,K_4}{1+K_3\,T'_{d0}\,s}\Delta\delta \\[2mm] \Delta M_e = K_1\Delta\delta + K_2\Delta E'_q \\[2mm] \Delta U_G = K_5\Delta\delta + K_6\Delta E'_q \\[2mm] \Delta\omega = \dfrac{\Delta M_m - \Delta M_e}{T_j s} \\[2mm] \Delta\delta = \dfrac{\omega_0}{s}\Delta\omega \end{cases} \qquad (3\text{-}59)$$

式中：$K_1 = \dfrac{\partial M_e}{\partial\delta}\Big|_{E'_q=E'_{q0}} = \dfrac{X_q-X'_d}{X'_d+X_e}I_{q0}U\sin\delta_0 + \dfrac{UE_{Q0}}{X_q+X_e}\cos\delta_0$，$K_2 = \dfrac{\partial M_e}{\partial E'_q}\Big|_{\delta=\delta_0} = \dfrac{X_q+X_e}{X'_d+X_e}I_{q0}$，

$K_3 = \dfrac{X'_d+X_e}{X_d+X_e}$，$K_4 = \dfrac{1}{K_3}\times\dfrac{\Delta E'_q}{\Delta\delta}\Big|_{\Delta E_{de}=0} = \dfrac{X_d-X'_d}{X'_d-X_e}U\sin\delta_0$，$K_5 = \dfrac{\Delta U_G}{\Delta\delta}\Big|_{E'_q=E'_{q0}} = \dfrac{U_{dG0}X_q}{U_{G0}(X_q+X_e)}$

$U\cos\delta_0 - \dfrac{U_{qG0}X'_d}{U_{G0}(X'_d+X_e)}U\sin\delta_0$，$K_6 = \dfrac{\Delta U_G}{\Delta E'_q}\Big|_{\delta=\delta_0} = \dfrac{U_{qG0}X_e}{U_{G0}(X'_d+X_e)}$

由 $K_1\sim K_6$ 的表达式可见，K_3 只与外接串联阻抗有关，与发电机的运行工况无关，而其他系数均随运行点的改变而变化。根据式（3-59）可得同步发电机传递函数框图如图 3-59所示。

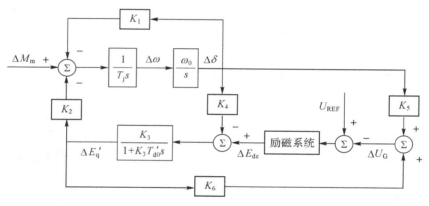

图 3-59　经外阻抗接于无限大母线的同步发电机的传递函数框图

上述数学模型由于保留了同步发电机在小扰动过程中的重要变量，并且物理概念十分清楚，所以被广泛采用。

3.6.2　励磁控制对电力系统静态稳定的影响

在分析远距离输电系统稳定性时，图 3-60 的传递函数框图是讨论问题的主要依据。我们首先讨论没有励磁控制时，同步发电机的动态特性，然后分析励磁控制对发电机的动态特性的影响，进一步研究励磁控制与电力系统静态稳定间的关系和改善系统静态稳定的措施。

1. 同步发电机的固有特性

所谓同步发电机的固有特性，是指不计励磁调节时发电机所具有的动态特性。为了研究的方便，暂不考虑转子相位角变化所引起的去磁效应，即认为 $\Delta E'_q = 0$。这样，图 3-59 可简化成图 3-60，其特征方程为 $T_j s^2 + K_1\omega_0 = 0$，特征方程的根为

$$s = \pm \mathrm{j} \sqrt{\frac{K_1 \omega_0}{T_j}}$$

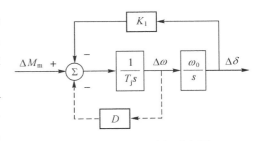

图 3-60　发电机的固有振荡框图

十分明显，K_1 必须大于零，否则发电机就是不稳定的。当 $K_1 > 0$ 时，发电机处于稳定的边界。它的动态特性是振荡的，其振荡频率称为同步发电机的固有振荡频率，可以从方程直接求得。

假设在框图中增加虚线所示部分，则特征方程中将增加一项 D。D 称为阻尼系数，它反映了实际存在于发电机转子上的阻尼作用。引入阻尼系数后，特征方程变为

$$T_j s^2 + D + K_1 \omega_0 = 0$$

其根为

$$s = -\frac{D \pm \sqrt{D^2 - 4 K_1 \omega_0 T_j}}{2 T_j}$$

由此可以得出两点结论：

（1）$K_1 > 0$，即同步功率系数必须大于零，否则同步发电机将以滑动方式失去稳定；

（2）$D > 0$，即阻尼系数必须大于零，否则同步发电机将以振荡方式失去稳定。

现在考虑转子相位角变化所引起的去磁效应对稳定的影响，即取消 $\Delta E_q' = 0$ 的限制，于是可得图 3-61 所示的发电机传递函数框图。

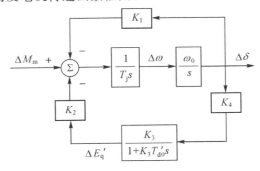

图 3-61　计及励磁绕组动态特性的同步发电机传递函数框图

系统的闭环传递函数是

$$\frac{\Delta \delta(s)}{\Delta M(s)} = \frac{(1 + K_3 T_{d0}' s) \omega_0}{(T_j s^2 + K_1 \omega_0)(1 + K_3 T_{d0}' s) - K_2 K_3 K_4 \omega_0}$$

由闭环传递函数得到的系统特征方程为

$$s^3 + \frac{1}{K_3 T_{d0}'} s^2 + \frac{K_1 \omega_0}{T_j} + \frac{\omega_0}{T_j K_3 T_{d0}'} (K_1 - K_2 K_3 K_4) = 0$$

运用劳斯判据，同步发电机稳定运行的条件为

$$\begin{cases} K_1 - K_2 K_3 K_4 > 0 \\ K_2 K_3 K_4 > 0 \end{cases}$$

由此可见，在计及转子相位角变化所引起的去磁效应后，同步发电机稳定运行的条件发生了变化。下面讨论这两个条件的物理意义。

当外加的励磁电压不变时,即 $\Delta E_{de}=0$,由式(3-59)可得

$$\Delta E'_q = -\frac{K_3 K_4}{1+K_3 T'_{d0} s}\Delta\delta$$

根据同步发电机电磁转矩偏差方程得

$$\Delta M_e = K_1\Delta\delta - \frac{K_2 K_3 K_4}{1+K_3 T'_{d0} s}\Delta\delta \qquad (3\text{-}60)$$

设 $\Delta\delta$ 以角频率 ω_d 振荡,按反馈电路频率特性可求得 ΔM_e 的幅值及相角关系。将 $s=j\omega_d$ 代入式(3-60),得

$$\begin{aligned}\Delta M_e &= \left(K_1 - \frac{K_2 K_3 K_4}{1+j\omega_d K_3 T'_{d0}}\right)\Delta\delta \\ &= (K_1 - \frac{K_2 K_3 K_4}{1+K_3^2 T'^2_{d0}\omega_d^2})\Delta\delta + j\frac{\omega_d K_2 K_3^2 K_4 T'_{d0}}{1+K_3^2 T'^2_{d0}\omega_d^2}\Delta\delta \\ &= \Delta M_s + j\Delta M_D \end{aligned} \qquad (3\text{-}61)$$

式中:ω_d 为由转子机械转动惯量决定的振荡频率,ΔM_s 为同步转矩增量,ΔM_D 为阻尼转矩增量。

可见,当 $\Delta\delta$ 以 ω_d 角频率振荡时,反馈至发电机的输入转矩可以分解为两个分量,其中与 $\Delta\delta$ 同相位的分量为同步转矩,与 $\Delta\delta$ 成 90°的分量为阻尼转矩。阻尼转矩的阻尼作用与电机本身固有阻尼系数 D 的作用一致的为正阻尼,相反的为负阻尼。式(3-61)中等号右边第二项中的系数 K_2、K_3、K_4 恒为正值,因此稳态(即 $\omega_d=0$)时,这一去磁转矩分量为 $-(K_2 K_3 K_4)\Delta\delta$,与第一项同步转矩 $K_1\Delta\delta$ 符号相反,所以稳定运行的条件变为 $K_1 - K_2 K_3 K_4 > 0$,即同步转矩系数必须大于零,只不过由于计及电枢反应,使 $\Delta E'_q$ 发生了变化,同步转矩系数下降了。式(3-61)中虚部是阻尼转矩分量,其中 $K_2 K_3 K_4 > 0$,即在这种情况下的阻尼转矩大于零。计及同步发电机本身所具有的阻尼作用后,这一条件变为 $D + K_2 K_3 K_4 > 0$。可见,机组的正阻尼转矩加大了,因而机组运行更稳定。

2. 计及励磁调节后的系统特性

现在进一步讨论励磁控制对电力系统静态稳定的影响。励磁调节器是通过改变 $\Delta E'_q$ 来改变转矩增量 ΔM 的,在框图上则表示为因 $\Delta\delta$ 变化而产生的转矩变化,如图 3-62 所示。图中 G_e 代表励磁系统的传递函数。

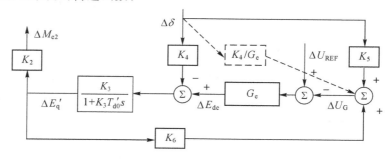

图 3-62   计及励磁系统发电机反馈传递函数

在图 3-62 中,根据相加点前移的规则将 K_4 输出的相加点移至 G_e 的前面,如虚线所示,这样就可求出计及励磁系统后,它的反馈回路的传递函数为

$$\frac{\Delta M_{e2}(s)}{\Delta\delta(s)} = -\frac{K_2 G_3 (K_4 + K_5 G_e)}{1 + G_3 G_e K_6} \tag{3-62}$$

式中：$G_3 = K_3 / (1 + K_3 T'_{d0} s)$。

图 3-62 所示整个系统的闭环传递函数为

$$\frac{\Delta\delta(s)}{\Delta M_e(s)} = \frac{\omega_0 (1 + G_3 G_e K_6)}{(T_j s^2 + K_1 \omega_0)(1 + G_3 G_e K_6) - K_2 G_3 \omega_0 (K_4 + K_5 G_e)}$$

由闭环传递函数可得系统的特征方程为

$$T_j T'_{d0} s^3 + T_j \left(\frac{1}{K_3} + G_e K_6\right) s^2 + K_1 T'_{d0} \omega_0 s + K_1 K_6 \omega_0 G_e + \frac{K_1 \omega_0}{K_3} - K_2 K_4 \omega_0$$
$$- K_2 K_5 \omega_0 G_e = 0 \tag{3-63}$$

在讨论励磁控制对电力系统稳定的影响时，如果将图 3-52 所示的励磁系统框图引入图 3-62 中分析，将会遇到较大的困难。在不影响其主要特征的条件下，可以对励磁系统进行简化，将其简化成一个等值的一阶惯性环节，它的等值放大系数为 K_e，时间常数为 T_e，即

$$G_e(s) = \frac{K_e}{1 + T_e s} \tag{3-64}$$

在快速励磁控制系统中，K_e 的值较大，而时间系数 T_e 很小，以 $G_e = K_e$ 代入式(3-63)并写成一般形式，式(3-63)转化成

$$a_0 s^3 + a_1 s^2 + a_2 s + a_3 = 0 \tag{3-65}$$

式中：a_0、a_1、a_2、a_3 与式(3-63)各相应项的系数对应。

运用劳斯判据，稳定运行条件是

$$\begin{cases} a_0 > 0, a_1 > 0, a_2 > 0, a_3 > 0 \\ a_1 a_2 - a_0 a_3 > 0 \end{cases}$$

因 ω_0、T_j、T'_{d0} 恒为正值，又根据各系数的定义，其中 K_2、K_3、K_4、K_6、K_e 总是大于零，而 K_1、K_5 有可能小于零。上面劳斯判据对应于式(3-63)中的相应系数，于是计及励磁调节后的系统稳定判据为

$$\begin{cases} K_1 > 0 \\ \left(\dfrac{K_1}{K_3} - K_2 K_4\right) + K_e (K_1 K_6 - K_2 K_5) > 0 \\ K_4 + K_e K_5 > 0 \end{cases} \tag{3-66}$$

上述三个判据的意义如下：

(1) $K_1 > 0$，即具有自动励磁调节器的发电机组可以在人工稳定区域运行，一般能达到 110°左右。

(2) 自动励磁调节器的放大倍数最低值为 K_{emin}，有

$$K_{emin} = \frac{-\left(\dfrac{K_1}{K_3} - K_2 K_e\right)}{K_1 K_6 - K_2 K_5}$$

若放大倍数 $K_e < K_{emin}$，机组将滑行（非周期）失去稳定。

(3) $K_4 + K_e K_5 > 0$，即自动励磁调节器的最大放大倍数 K_{emax} 为 $-\dfrac{K_4}{K_5}$，若放大倍数 $K_e > K_{emax}$，机组将振荡失去稳定。

式(3-66)的物理意义仍是同步转矩系数及阻尼转矩系数必须大于零。用前面所述的

方法，可以推导出图 3-62 所示的励磁系统反馈回路的同步转矩及阻尼转矩表示式为

$$\Delta M_{s2} = \frac{-\left[\dfrac{K_2 K_4}{K_6 K_e} + \dfrac{K_2 K_5}{K_6}\right]}{1 + \left(\dfrac{T'_{d0}}{K_6 K_e}\right)^2 \omega_d^2} \Delta\delta \approx \frac{-\dfrac{K_2 K_5}{K_6}}{1 + \left(\dfrac{T'_{d0}}{K_6 K_e}\right)^2 \omega_d^2} \Delta\delta \tag{3-67}$$

$$\Delta M_{d2} = \frac{\dfrac{K_2 K_4}{K_6 K_e} + \dfrac{K_2 K_5}{K_6}}{1 + \left(\dfrac{T'_{d0}}{K_6 K_e}\right)^2 \omega_d^2} \times \frac{T'_{d0}\,\omega_d}{K_6 K_e} \Delta\delta \approx \frac{\dfrac{K_2 K_5}{K_6}}{1 + \left(\dfrac{T'_{d0}}{K_6 K_e}\right)^2 \omega_d^2} \times \frac{T'_{d0}}{K_6 K_e} \omega_d \Delta\delta \tag{3-68}$$

计及发电机本身所具有的同步转矩分量 $K_1\Delta\delta$ 及阻转矩系数 D 的作用后，参照式(3-67)和式(3-68)可以得出同步发电机不发生滑动失步及振荡失步的条件为

$$\Delta M_s = K_1\Delta\delta + \Delta M_{s2} = \left[K_1 - \frac{K_2 K_5 / K_6}{1 + (T'_{d0}/K_6 K_e)^2 \omega_d^2}\right]\Delta\delta > 0 \tag{3-69}$$

$$\Delta M_D = D\Delta\delta + \Delta M_{d2} = \left[D + \frac{K_2 K_5 / K_6}{1 + (T'_{d0}/K_6 K_e)^2 \omega_d^2} \times \frac{T'_{d0}}{K_6 K_e} \omega_d\right]\Delta\delta > 0 \tag{3-70}$$

下面再讨论远距离输电情况下，发电机同步转矩与阻尼转矩的变化。

①输电线路轻负荷运行

当输电线路输送功率较小时，此时 $K_5 > 0$。由式(3-67)可知，$\Delta M_{s2} < 0$。但因机组本身的同步转矩系数 K_1 较大，故仍能保证 $\Delta M_s > 0$。所以在输电线输送功率较小时，即在发电机的功率角较小时，不会因励磁调节器的作用使 $\Delta M_s < 0$ 而发生滑行失步。

另外，由式(3-68)可知，此时 $\Delta M_{d2} > 0$。这说明加入励磁调节器后，机组的阻尼转矩增大了，有利于电力系统的稳定运行。

②输电线路重负荷运行

当输电线路输送功率较大时，$K_5 < 0$。这样 $\Delta M_{s2} > 0$，即加入励磁调节器后，增强了系统的同步能力。

但是，由于 $K_5 < 0$ 使 $\Delta M_{d2} < 0$，即加入励磁调节器后，反而减小了机组的阻尼转矩，使机组平息振荡的能力减弱了，并且随着电压放大系数 K_e 的增加，ΔM_{d2} 也将增大〔见式(3-68)〕。当机组总阻尼转矩 $\Delta M_D < 0$ 时，系统将发生振荡。这就是励磁调节器恶化机组阻尼的后果。

上述分析表明，在远距离输电并且联系薄弱的电力系统中，采用励磁调节器后，由于 K_5 变负反而减弱了系统的阻尼能力，导致电力系统可能出现低频振荡现象。因此，必须采取适当的措施来改善电力系统运行的稳定性。

3.6.3 改善电力系统稳定性的措施

在远距离输电系统中，励磁控制系统会减弱系统的阻尼能力，引起低频振荡。其原因可以归结为两条：

(1)励磁调节器按电压偏差比例调节；

(2)励磁控制系统具有惯性。

当输电线路负荷较重、转子相位角发生振荡时，由于励磁调节器是采用按电压偏差比例调节方式，所以提供的附加励磁电流的相位具有使振荡角度加大的趋势。但是，励磁调节器维持电压是发电机运行中对其最基本的要求，又不能取消其维持电压的功能。研究表明，采

用电力系统稳定器(power system stabilizer,PSS)去产生正阻尼转矩以抵消励磁控制系统引起的负阻尼转矩,是一个比较有效的办法。

电力系统稳定器所采用的信号可以是发电机轴角速度偏差 $\Delta\omega$ 或机端电压频率偏差 Δf、电功率偏差 ΔP_e 和过剩功率 ΔP_m 及它们的组合等。由于这些信号相对于轴角速度的相位不同,为使 PSS 的输出信号具有产生正阻尼的合适的相位,一般 PSS 都要求配备相位为超前/滞后网络。如图 3-63(a)所示是 PSS 的框图,图 3-63(b)为 PSS 通用传递函数,图 3-63(c)为 PSS 引入后的励磁系统传递函数。不同的输入信号,超前/滞后环节阶数不同,时间常数也不同。

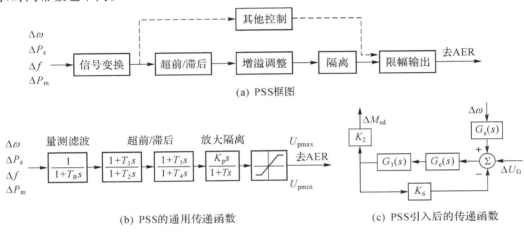

图 3-63　PSS 框图和通用传递函数

习　题

一、简答题

1. 自动励磁调节器有哪些主要作用?

2. 同步发电机的励磁系统有哪几种? 各有何特点?

3. 强励的基本作用是什么? 衡量强励性能的指标是什么?

4. 一般自动励磁调节器由哪几部分构成?

5. 励磁调节方式按什么原理调节,其特点是什么?

6. 何谓灭磁? 灭磁的方法有几种?

7. 简要给出静止励磁系统的优点。

8. 为何要调整同步发电机的外特性?

9. 同步发电机外特性调整有哪些内容? 如何实现?

10. 两台调差系数不相等的发电机组并联运行,当无功负荷增加时,哪台机组承担的无功增量多? 为什么?

11. 并列运行的发电机对调差系数有何要求? 为何负调差特性的机组不能直接参与并

联运行？

12. 如何使发电机退出运行时避免无功电流冲击？

13. 当发电机出现内部故障时，强励装置能否动作？为什么？

14. 什么是进相运行？为什么要进相运行？

15. 电压/频率限制器的功能和作用是什么？

16. 电力系统稳定性指的是哪方面的稳定？

二、绘图分析题

1. 绘图说明励磁调节器对同步发电机电压和无功功率的控制原理。

2. 绘图说明励磁控制系统对电力系统暂态稳定的影响。

3. 绘出静止励磁系统的原理接线图并说明其特点。

4. 绘出发电机无功调节特性曲线并说明调差系数的意义。

5. 绘出两相式负调差接线原理图及相量图。

三、计算题

1. 若要求在功率因数 $\cos \varphi = 0.9$ 工况时，发电机的励磁调节器调差系数采用正调差接线，调差系数为 6%，调差环节的参数为 $U_{ab} = 100\text{V}$，经调差后 $U'_{ab} = 105\text{V}$。绘出正调差接线相量图并求出调差电阻上的电压降。

2. 某电厂有两台发电机在公共母线上并联运行，1号机的额定功率为 30MW，2号机的额定功率为 60MW。两台机组的额定功率因数都是 0.9。励磁调节器的调差系数都为 0.06。若系统无功负荷波动使电厂无功增量为它们总无功容量的 30%，问各机组承担的无功负荷增量是多少？母线上的电压波动是多少？

第4章 电力系统频率及有功功率的自动调节

电力系统频率是电力系统中同步发电机产生的交流正弦电压的频率,是电力系统运行中重要的参数之一,是表征电能质量的重要指标之一。在稳态运行条件下各发电机同步运行,整个电力系统的频率是相等的。

电力系统中的发电与用电设备都是按照额定频率设计和制造的,只有在额定频率附近运行时,才能发挥最好的效能。系统频率过大的变动,对用户和发电厂的运行都将产生不利的影响。电力系统频率的变化对用户的不利影响主要有三个方面:

(1) 频率变化将引起异步电动机转速的变化,由这些电动机驱动(如纺织、造纸等)的机械的产品质量将受到影响,甚至出现残次品。

(2) 工业和国防部门使用的测量、控制等电子设备将因系统频率的波动而影响准确性和工作性能,频率过低时甚至无法工作。

(3) 系统频率降低将使电动机的转速和功率降低,导致传动机械的出力降低。

实际上,当电力系统频率过低时,将对发电厂和系统的安全运行带来影响。因此,根据我国《电力工业技术管理法规》规定,正常运行时电力系统的频率应保持在(50 ± 0.2)Hz范围内。当采用现代自动调频装置时,频率误差不超过 $0.05\sim0.15$Hz。

4.1 电力系统的频率特性

4.1.1 概　述

在稳态条件下,电力系统的频率是一个全系统一致的运行参数。系统频率 f 与发电机组转速 n 的关系式为

$$f=\frac{pn}{60}\tag{4-1}$$

式中:p 为发电机组转子极对数;n 为发电机组每分钟转数,单位为 r/min。

设系统中有 m 台机组,各机组原动机的输入总功率为 $\sum\limits_{i=1}^{m}P_{Ti}$,各机组的电功率总输出为 $\sum\limits_{i=1}^{m}P_{Gi}$。当忽略机组内部损耗时,$\sum\limits_{i=1}^{m}P_{Ti}=\sum\limits_{i=1}^{m}P_{Gi}$,输入、输出功率平衡。

如果这时由于系统中的负荷突然变动而使发电机组输出功率增加 ΔP_{L},而由于机械的

惯性,输入功率还来不及做出反应,这时

$$\sum_{i=1}^{m} P_{Ti} < \sum_{i=1}^{m} P_{Gi} + \Delta P_{L}$$

则机组输入功率小于负荷要求的电功率。为了保持功率平衡,机组只有把转子的一部分动能转换成电功率,致使机组转速降低,系统频率下降。其关系式为

$$\sum_{i=1}^{m} P_{Ti} = \sum_{i=1}^{m} P_{Gi} + \Delta P_{L} + \frac{d}{dt}\left(\sum_{i=1}^{m} W_{Ki}\right) \tag{4-2}$$

式中:W_{Ki} 为机组的动能。

可见,系统频率的变化是由于发电机的负荷与原动机输入功率之间失去平衡所致,因此调频与有功功率调节是分不开的。电力系统负荷是不断变化的,而原动机输入功率的改变较缓慢,因此系统中频率的波动是难免的。图 4-1 是电力系统中负荷瞬时变动情况的示意图。从图中可以看出,负荷的变动情况可以分成几种不同的分量:第一种是频率较高的随机分量,其变化周期一般小于 10s。第二种为脉动分量,变化幅度较大,变化周期为 10s～3min,其变化幅度比随机分量要大些,如液压机械、电炉和电力机车等。第三种为变化很缓慢的持续分量并带有周期规律的负荷,大多是由于工厂的作息制度、人们的生活习惯和气象条件的变化等原因造成的。这是负荷变化中的主体,负荷预测中主要就是预报这一部分。

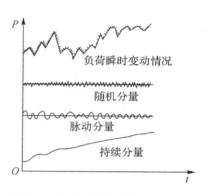

图 4-1　电力系统负荷变动情况

第一种负荷变化引起的频率偏移,一般利用发电机组上装设的调速器来控制和调整原动机的输入功率,以维持系统的频率水平,称为频率的一次调整。第二种负荷变化引起的频率偏移较大,仅仅靠调速器的控制作用往往不能将频率偏移限制在允许范围之内,这时必须由调频器参与控制和调整,这种调整称为频率的二次调整。第三种负荷变化可以用负荷预测的方法预先估计得到。调度部门预先编制的系统日负荷曲线主要反映这部分负荷的变化规律。在满足系统有功功率平衡的条件下,将这部分负荷按照经济分配原则在各发电厂间进行分配。

负荷的变化必将导致电力系统频率的变化,由于电力系统本身是一个惯性系统,所以对频率的变化起主要影响的是负荷变动的第二、三种分量。

电力系统频率的变化,对生产效率以及发电厂间的负荷分配都有直接的影响。例如频率变化时,使发电机组和厂用电辅机等设备偏离额定工况,因而它们的效率降低,电厂在不经济的状况下运行,还影响整个电网的经济运行。大容量汽轮发电机组对运行频率的偏离幅值和持续时间有着更严格的要求。频率过低时,还会危及全系统的安全运行。

所以,电力系统运行中的主要任务之一,就是对频率进行监视和控制。当系统机组输入功率与负荷功率失去平衡而使频率偏离额定值时,控制系统必须调节机组的出力,以保证电力系统频率的偏移在允许范围之内(一般允许偏差不得超过 ±0.2Hz,我国某些电力系统以 ±0.1Hz 作为频率偏差合格范围的考核指标)。

调节频率或调节发电机组转速的基本方法,是改变单位时间内进入原动机的动力元素

（即蒸汽或水）。当用一台或几台机组来调节频率时还会引起机组间负荷分配的改变,这就涉及电力系统经济运行问题。因此,频率的调节与电力系统负荷的经济分配有密切的关系。在调整系统频率时,要求将系统频率维持在规定范围内。此外,还要力求使系统负荷在安全运行约束条件下实现经济运行,发电机组之间实现经济分配。

为了分析电力系统频率调节系统的特性,首先要讨论调节系统各单元的数学表达式。其中负荷和发电机组是两个最基本的单元。

4.1.2　电力系统负荷的功率-频率特性

当系统频率变化时,整个系统的有功负荷也要随着改变,即

$$P_L = F(f)$$

这种有功负荷随频率而改变的特性叫作负荷的功率-频率特性,是负荷的静态频率特性。

电力系统中各种有功负荷与频率的关系,可以归纳为以下几类:

（1）与频率变化无关的负荷,如照明、电弧炉、电阻炉、整流负荷等。

（2）与频率成比例的负荷,如切削机床、球磨机、往复式水泵、压缩机、卷扬机等。

（3）与频率的二次方成比例的负荷,如变压器中的涡流损耗,但这种损耗在电网有功损耗中所占比重较小。

（4）与频率的三次方成比例的负荷,如通风机、静水头阻力不大的循环水泵等。

（5）与频率的更高次方成比例的负荷,如静水头阻力很大的给水泵等。

负荷的功率-频率特性一般可表示为

$$P_L = a_0 P_{LN} + a_1 P_{LN}\left(\frac{f}{f_N}\right) + a_2 P_{LN}\left(\frac{f}{f_N}\right)^2 + a_3 P_{LN}\left(\frac{f}{f_N}\right)^3 + \cdots + a_n P_{LN}\left(\frac{f}{f_N}\right)^n$$

$$(4-3)$$

式中:f_N 为额定频率,P_L 为系统频率为 f 时整个系统的有功负荷,P_{LN} 为系统频率为额定值 f_N 时整个系统的有功负荷,a_0、a_1、$\cdots$、a_n 为上述各类负荷占 P_{LN} 的比例系数。

将式（4-3）除以 P_{LN},则得标幺值形式,即

$$P_{L*} = a_0 + a_1 f_* + a_2 f_*^2 + \cdots + a_n f_*^n \tag{4-4}$$

显然,当系统的频率为额定值时,$P_{L*} = 1$,$f_* = 1$,于是

$$a_0 + a_1 + a_2 + \cdots + a_n = 1 \tag{4-5}$$

在一般情况下,应用式（4-3）及式（4-4）计算时,通常取到三次方项即可,因为系统中与频率高次方成比例的负荷很小,一般可忽略。

式（4-3）或式（4-4）称为电力系统有功负荷的静态频率特性方程。当系统负荷的组成及性质确定后,负荷的静态频率特性方程也就确定了,因此也可用曲线来表示,如图 4-2 所示。

由图 4-2 可知,在频率为额定频率 f_N 时,系统负荷功率为 P_{LN}（图中 a 点）。当频率下降到 f_b 时,系统负荷功率由 P_{LN} 下降到 P_{Lb}（图中 b 点）。如果系统的频率升高,负荷功率将增大。也就是说,当系统内机组的输入功率 $\sum\limits_{i=1}^{m} P_{Ti}$ 和负荷功率间失去平衡时,系统负荷也参与了调节作用,它的特性有利于系统中有功功率在另一频率值下重新平衡。这种现象称为负荷

的频率调节效应。通常用

$$\frac{\mathrm{d}P_{L*}}{\mathrm{d}f_*} = K_{L*}$$

来衡量调节效应的大小。K_{L*} 称为负荷的频率调节效应系数。

$$K_{L*} = \frac{\mathrm{d}P_{L*}}{\mathrm{d}f_*} = a_1 + 2a_2 f_* + 3a_3 f_*^2 + \cdots + na_n f_*^{n-1}$$

$$= \sum_{m=1}^{n} ma_m f_*^{m-1} \qquad (4\text{-}6)$$

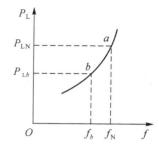

图 4-2　负荷静态频率特性

由式(4-6)可知，系统的 K_{L*} 取决于负荷的性质，它与各类负荷所占总负荷的比例有关。

在电力系统运行中，允许频率变化的范围是很小的，在此允许频率变化的较小范围内，例如 48～51Hz，根据国内外一些系统的实测，有功负荷与频率的关系曲线接近于直线，如图 4-3 所示。

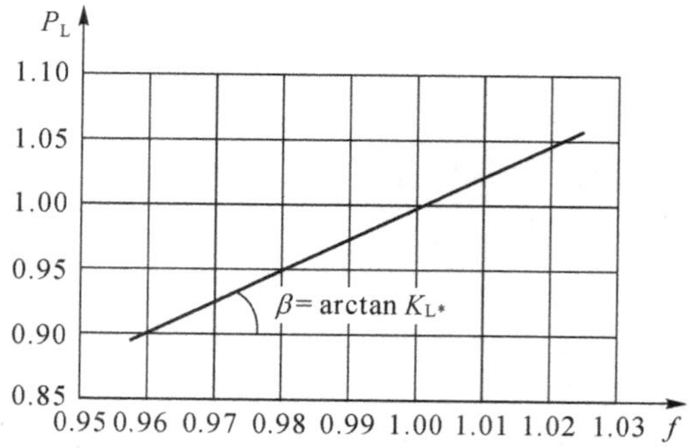

直线的斜率为

$$K_{L*} = \tan\beta = \frac{\Delta P_{L*}}{\Delta f_*} \qquad (4\text{-}7)$$

也可用有名值表示为

$$K_L = \frac{\Delta P_L}{\Delta f} (\mathrm{MW/Hz}) \qquad (4\text{-}8)$$

有名值与标幺值间的换算关系为

$$K_{L*} = K_L \frac{f_N}{P_{LN}} \qquad (4\text{-}9)$$

图 4-3　有功负荷静态频率特性

K_L 和 K_{L*} 都是负荷的频率调节系数，K_{L*} 是系统调度部门要求掌握的一个数据，需要经过测试求得，也可根据负荷统计资料分析估算确定。对于不同的电力系统，因负荷的组成不同，K_{L*} 值也不相同，一般为 1～3。同时每个系统的 K_{L*} 值亦随季节及昼夜交替而有所变化。

K_{L*} 是无量纲的常数，它表明系统频率变化 1% 时负荷功率变化的百分数。

【例 4-1】　某电力系统中，与频率无关的负荷占 30%，与频率一次方成比例的负荷占 40%，与频率二次方成比例的负荷占 10%，与频率三次方成比例的负荷占 20%。求系统频率由 50Hz 下降到 47Hz 时，负荷功率变化的百分数及相应的 K_{L*} 值。

解　当 $f = 47\mathrm{Hz}$ 时，$f_* = \dfrac{47}{50} = 0.94$。

由式(4-4)可求出当频率下降到 47Hz 时系统的负荷为

$$P_{L*} = a_0 + a_1 f_* + a_2 f_*^2 + a_3 f_*^3$$
$$= 0.3 + 0.4 \times 0.94 + 0.1 \times 0.94^2 + 0.2 \times 0.94^3$$
$$= 0.3 + 0.376 + 0.088 + 0.166 = 0.930$$

则由式(4-7)可得

$$K_{L*} = \frac{\Delta P_{L*}}{\Delta f_*} = \frac{1 - 0.93}{1 - 0.94} = \frac{7}{6} \approx 1.17$$

【例 4-2】　某电力系统总有功负荷为 3200MW(包括电网的有功损耗),系统的频率为 50Hz。若 $K_{L*}=1.5$,求负荷频率调节效应系数 K_L 值。

解　由式(4-9)得

$$K_L=K_{L*}\times\frac{P_{LN}}{f_N}=1.5\times\frac{3200}{50}=96(\text{MW/Hz})$$

若系统的 K_{L*} 值不变,负荷增长到 3650MW 时,则

$$K_L=1.5\times\frac{3650}{50}=109.5(\text{MW/Hz})$$

即此时频率降低 1Hz,系统负荷减少 109.5MW。由此可知,K_L 的数值与系统的负荷大小有关。调度部门只要掌握了 K_{L*} 值后,能很容易求出 K_L 的值,从而得到频率偏移量与功率调节量间的关系。

4.1.3　发电机组的功率-频率特性

发电机组转速的调整是由原动机的调速系统来实现的。因此,发电机组功率-频率特性取决于调速系统特性。当系统的负荷变化引起频率改变时,发电机组调速系统工作,改变原动机进汽量(或进水量),调节发电机的输入功率以适应负荷的需要。通常把由于频率变化而引起发电机组输出功率变化的关系称为发电机组的功率-频率特性或调节特性。

1. 调速器简介

调速器按元器件结构通常分为机械液压型调速器和电气液压型调速器(简称电液调速器)两类,电液调速器又分模拟型和微机型两类。机械液压型调速器于 20 世纪 30 年代已相当完善,但因其死区较大、动态性能较差,且难于综合其他信号参与调节,于 1944 年出现了第一台电气液压型调速器,20 世纪 70 年代出现了数字式调速器(微机型调速器)。现在投运的大型汽轮发电机组已广泛采用数字式电液控制(digital electro-hydraulic control)。

调速器的原理框图如图 4-4 所示。图 4-4(a)所示为机械液压型调速器,通过调频器(同步器)输出设定汽轮机转速,与气阀开度的机械杠杆反馈量和飞摆测速机械的反馈量进行比较后,通过错油门机构驱动油动机调节进气管路的气阀开度,达到控制和调节汽轮机转速及输出功率的效果。图 4-4(b)所示为模拟型电液调速器,它由转速测量、功率测量及其给定环节、电量放大器和电液转换器、液压系统、位移传感器等部件组成。图 4-4(c)所示为微机型电液调速器,它与模拟型电液调速器的主要区别是控制电路部分的功能由微机来实现,主机与控制对象发电机组(包括原动机)间输入、输出过程通道和模拟式电液调速器相同,辅以 A/D 和 D/A 转换电路与主机接口交换信息。相关部件及电路的详细介绍,可参阅相关教材。

微机型电液调速器可充分发挥计算机高速运算和逻辑判断的优势,除完成调速和负载控制功能外,还可实现机组自启动控制功能;在接近额定转速时,可使发电机转速跟踪电网频率快速同期并列等;如果是汽轮机,在启动过程中还附有热应力管理功能等,从而极大地提高了电厂自动化程度。

2. 发电机的功率-频率特性

如图 4-5 所示,若发电机以额定频率 f_N 运行时,其输出功率为 P_{Ga};当系统负荷增加而使频率下降到 f_1 时,则发电机组由于调速器的作用,使输出功率增加到 P_{Gb}。可见,对应于

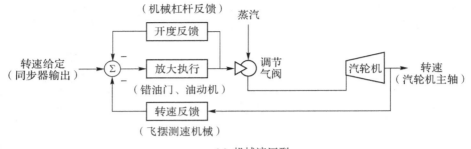

(a) 机械液压型

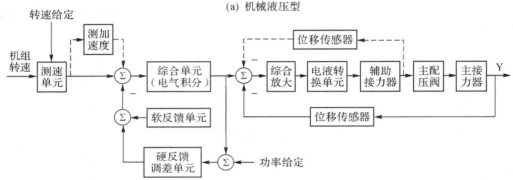

(b) 模拟电液型

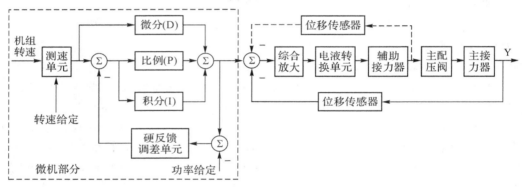

(c) 微机电液型

图 4-4 调速器的原理框图

频率下降 Δf,发电机组的输出功率增加 ΔP_G。很显然,这是一种有差调节,其特性称为有差调节特性。特性曲线的斜率为

$$R = -\frac{\Delta f}{\Delta P_G} \tag{4-10}$$

式中:R 为发电机组的调差系数。负号表示发电机输出功率的变化和频率的变化符号相反。

调差系数 R 的标幺值表示式为

$$R_* = -\frac{\Delta f/f_N}{\Delta P_G/P_{GN}} = -\frac{\Delta f_*}{\Delta P_{G*}} \tag{4-11}$$

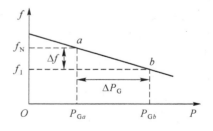

图 4-5 发电机组的功率-频率特性

或写成

$$\Delta f_* + R_* \Delta P_{G*} = 0 \tag{4-12}$$

式(4-12)又称为发电机组的静态调节方程。

在计算功率与频率的关系时,常采用调差系数的倒数 K_{G*},即

$$K_{G*} = \frac{1}{R_*} = -\frac{\Delta P_{G*}}{\Delta f_*} \tag{4-13}$$

即

$$K_{G*} \Delta f_* + \Delta P_{G*} = 0 \tag{4-14}$$

式中:K_{G*} 为发电机组的功率-频率静特性系数,或原动机的单位调节功率。

K_{G*} 也可用有名值表示为

$$K_G = -\frac{\Delta P_G}{\Delta f} \tag{4-15}$$

一般发电机组调差系数或单位调节功率,可采用下列数值:

对汽轮发电机组,$R_* = 4\% \sim 6\%$ 或 $K_{G*} = 16.6 \sim 25$;

对水轮发电机组,$R_* = 2\% \sim 4\%$ 或 $K_{G*} = 25 \sim 50$。

发电机组功率-频率特性的调差系数主要决定于调速器的静态调节特性,它与机组间有功功率的分配密切相关,而调节特性的失灵区又造成机组间有功功率分配的不确定性。下面分别加以讨论。

3. 调差特性与机组间有功功率分配的关系

调差特性与机组间有功功率分配的关系,可用图 4-6 来说明。图中表示两台发电机并联运行的情况,曲线 ① 代表 1 号发电机组的调节特性,曲线 ② 代表 2 号发电机组的调节特性。假设此系统总负荷为 $\sum P_L$,如线段 CB 的长度所示,系统频率为 f_N 时,1 号机承担的负荷为 P_1,2 号机承担的负荷为 P_2。于是有

$$P_1 + P_2 = \sum P_L$$

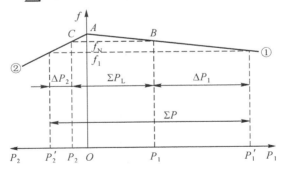

图 4-6　两台发电机并联运行的情况

当系统负荷增加,经过调速器的调节后,系统频率稳定在 f_1,这时 1 号发电机组的负荷为 P'_1,增加了 ΔP_1;2 号发电机组的负荷为 P'_2,增加了 ΔP_2,两台发电机组增量之和等于 ΔP_L。

根据式(4-12),可得

$$\frac{\Delta P_{1*}}{\Delta P_{2*}}=\frac{R_{2*}}{R_{1*}} \tag{4-16}$$

式(4-16)表明,发电机组的功率增量用各自的标幺值表示时,在发电机组间的功率分配与机组的调差系数成反比。调差系数小的机组承担的负荷增量标幺值要大,而调差系数大的机组承担的负荷增量标幺值要小。

上述结论可以推广到系统中多台发电机并联运行的情况,按式(4-12),得系统中第 i 台发电机组的调节方程为

$$\Delta P_{Gi}=-\frac{1}{R_{i*}}\times\frac{\Delta f}{f_N}P_{GiN} \quad (i=1,2,\cdots,n) \tag{4-17}$$

对式(4-17)求总和,并考虑到稳态时整个系统内频率的变化 Δf 是相同的,则得

$$\Delta P_\Sigma=\sum_{i=1}^n\Delta P_{Gi}=-\frac{\Delta f}{f_N}\sum_{i=1}^n\frac{P_{GiN}}{R_{i*}} \tag{4-18}$$

如用一台等值机组来代替,则有

$$\Delta P_\Sigma=-\frac{1}{R_{\Sigma*}}\times\frac{\Delta f}{f_N}P_{\Sigma N} \tag{4-19}$$

式中:$P_{\Sigma N}$ 为全系统总额定容量,即 $P_{\Sigma N}=\sum_{i=1}^n P_{GiN}$;$R_{\Sigma*}$ 为系统等值机组的调差系数(或称平均调差系数)。

比较式(4-18)和式(4-19),可得系统的等值调差系数为

$$R_{\Sigma*}=\frac{P_{\Sigma N}}{\displaystyle\sum_{i=1}^n\frac{P_{GiN}}{R_{i*}}} \tag{4-20}$$

由式(4-17)及式(4-19),得

$$-\Delta f_*=\frac{R_{1*}\Delta P_1}{P_{G1N}}=\frac{R_{2*}\Delta P_2}{P_{G2N}}=\cdots=\frac{R_{\Sigma*}\Delta P_\Sigma}{P_{\Sigma N}} \tag{4-21}$$

所以,当系统中负荷变化后,每台发电机所承担的功率可确定为

$$\Delta P_{Gi}=\frac{R_{\Sigma*}\Delta P_\Sigma}{P_{\Sigma N}}\cdot\frac{P_{GiN}}{R_{i*}} \tag{4-22}$$

应当指出,在应用式(4-20)求系统的等值调差系数时,对没有调节容量的机组应以 P_{GiN}/R_{i*} 为零代入。因为对这些机组即使系统频率变化 Δf,但其输出功率仍不变化,即调节功率 ΔP_{Gi} 为零,亦即毫无调节能力,相当于其调差系数趋于无限大。

在电力系统中,如果多台机组调差系数等于零是不能并联运行的,其理由在第 3 章讨论并联运行机组间无功功率的分配时业已阐明。而并联运行机组间有功功率的分配与此完全类似。如果其中一台机组的调差系数等于零,其余机组均为有差调节,这样虽然可以运行,但是由于目前系统容量很大,一台机组的调节容量已远远不能适应系统负荷波动的要求,因此也是不现实的。所以,在电力系统中,所有机组的调速器都为有差调节,由它们共同承担负荷的波动。

4. 调节特性的失灵区

以上讨论中,我们都是假定机组的调节性是一条理想的直线。但是实际上,由于测量元件的不灵敏性,对微小的转速变化不能做出反应,特别是机械式调速器尤为明显。调速器具

有一定的失灵区,因而调节特性实际上是一条具有一定宽度的带子,如图 4-7 所示。

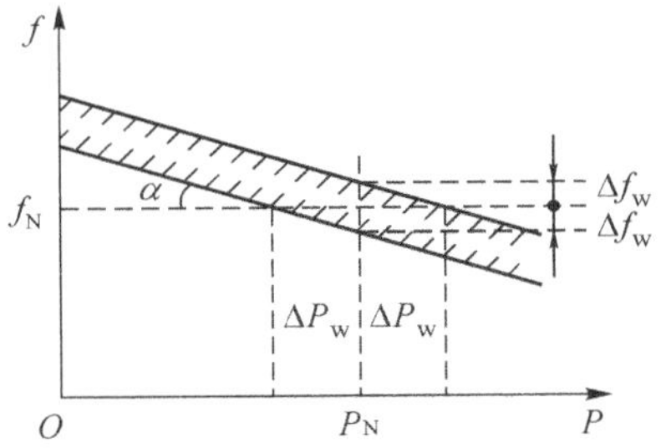

不灵敏区的宽度可以用失灵度 ε 来描述,即

$$\varepsilon = \frac{\Delta f_{\mathrm{w}}}{f_{\mathrm{N}}} \qquad (4\text{-}23)$$

式中:Δf_{w} 为调速器的最大频率呆滞。

由于调速器的频率调节特性是条带子,因此导致并联运行的发电机组间有功功率分配产生误差。从图 4-7 中可以看出,对应于一定的失灵度 ε 来说,最大误差功率与调差系数存在如下关系:

$$\frac{\Delta f_{\mathrm{w}}}{\Delta P_{\mathrm{w}}} = \tan\alpha = R \qquad (4\text{-}24)$$

以标幺值表示为

$$\frac{\Delta f_{\mathrm{w}*}}{\Delta P_{\mathrm{w}*}} = R_* \qquad (4\text{-}25)$$

或

$$\frac{\varepsilon}{\Delta P_{\mathrm{w}*}} = R_* \qquad (4\text{-}26)$$

图 4-7　调速器的不灵敏区

式中:$\Delta P_{\mathrm{w}*}$ 为机组的最大误差功率。

由式(4-26)可知,$\Delta P_{\mathrm{w}*}$ 与失灵度 ε 成正比,而与调差系数 R_* 成反比。过小的调差系数将会引起较大的功率分配误差,所以 R_* 不能太小。

实际上,不灵敏区的存在虽然会引起一定的功率误差或频率误差,但如果不灵敏区太小或完全没有,那么当系统频率发生微小波动时,调速器也要调节,这样会使阀门的调节过分频繁,因而在一些非常灵敏的电液调速器(如数字电液调节)中,通常要采用外加措施,形成一个人为(例如±2r/min)的不灵敏区。

通常,汽轮发电机组调速器的不灵敏区为 0.1%～0.5%,水轮发电机组调速器的不灵敏区为 0.1%～0.7%。

4.1.4　电力系统的频率特性

电力系统主要是由发电机组、输电网络及负荷组成,如果把输电网络的功率损耗看成是负荷的一部分,则电力系统功率-频率关系可以简化为图 4-8(a)。在稳态频率为 f 的情况下,P_{T}、P_{G} 和 P_{L} 都相等,因此在讨论它们的功率-频率特性曲线时,就可以看成由两个环节构成的一个闭环系统。发电机组的功率-频率特性与负荷的功率-频率特性曲线的交点就是电力系统频率的稳定运行点,例如图 4-8(b)中的 a 点。

如果系统中的负荷增加 ΔP_{L},则总负荷静态频率特性变为 P_{L1},假设这时系统内的所有机组均无调速器,机组的输入功率恒定为 P_{T} 且等于 P_{L},则系统频率将逐渐下降,负荷所取用的有功功率也逐渐减小。依靠负荷调节效应系统达到新的平衡,运行点移到图中 b 点,频率稳定值下降到 f_3,系统负荷所取用的有功功率仍然为原来的 P_{L} 值。在这种情况下,频率偏差值 Δf 决定于 ΔP_{L} 值的大小,一般是相当大的。但是,实际上各发电机组都装有调速器,当系统负荷增加,频率开始下降后,调速器即起作用,增加机组的输入功率 P_{T}。经过一段时间后,运行点稳定在 c 点,这时系统负荷所取用的功率为 P_{L2},小于额定频率下所需的

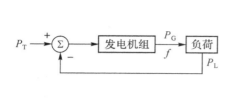

(a) 电力系统功率-频率关系

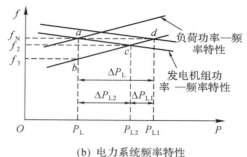

(b) 电力系统频率特性

图 4-8　电力系统的功率-频率关系及频率特性

功率 P_{L1}，频率稳定在 f_2，此时的频率偏差 Δf 要比无调速器时小得多。由此可见，调速器对频率的调节作用是很明显的。调速器的这种调节作用通常称为一次调频。

由图 4-8(b)可见，负荷功率减少量 ΔP_{L1} 可由式(4-7)或式(4-8)求得；发电机组功率增量 ΔP_{L2} 可用式(4-11)或式(4-15)求得，二者之和必然等于负荷在额定频率时所需要的增量 ΔP_L。

在图 4-8(b)中，运行到 c 点并没有满足负荷增加 ΔP_L 的需要，而且频率还因为新增功率 ΔP_{L2} 而下降到 f_2。这表明负荷功率虽然增加了一部分，但仍不能使频率恢复到额定值。因此，需要自动调频装置自动操作调频系统的整定机构，使发电机的频率静态特性曲线向上平移，直至系统发电机组的输入功率能满足负荷功率增长 ΔP_L 的需要。此时运行点移到 d 点，频率恢复到额定值。这种移动调速系统特性曲线使频率恢复到额定值的调节，称为二次调节，即调频装置的调节是二次调节。

电力系统中所有并列运行的发电机组都装有调速器，当系统负荷变化时，有可调容量的发电机组均按各自的频率调节特性参加频率的一次调节。而频率的二次调节只有部分发电厂(或发电机组)承担。电力系统中将所有发电厂分为调频厂和非调频厂。调频厂承担电力系统频率的二次调节任务；而非调频厂只参加频率的一次调节任务，或只按调度中心预先安排的负荷曲线运行，不参加频率的二次调节。

4.2　调频与调频方程式

前面已经谈到，调频是二次调节，自动改变功率给定值 ΔP_c，用上下平移调速器的调节特性的办法，使频率恢复到额定值。调速器的控制电动机称为同步器或调频器，它是一个积分环节，只有在输入信号为零时，才不转动，停止调节。

控制调频器的信号有比例、积分、微分三种基本形式。

(1) 比例调节，按频率偏移的大小，控制调频器按比例地增、减机组功率，即 $\Delta P_c \propto \Delta f$。这种调频方式只能减小而不能消除系统频率偏移。

(2) 积分调节，按频率偏移对时间的积分控制调频器，即 $\Delta P_c \propto \int \Delta f \mathrm{d}t$。这种方式可以实现频率的无差调节，但在负荷变动最初阶段，因控制信号不大而延缓了调节过程。

（3）微分调节，按频率偏移对时间的微分控制调频器，即 $\Delta P_c \propto \dfrac{\mathrm{d}\Delta f}{\mathrm{d}t}$。在负荷变动最初阶段，增、减调节较快，但随着时间推移 Δf 趋于稳定时，调节量也就趋于零，在稳态时它就不起作用。

上述三种形式各有优缺点，应取长补短综合利用。将综合后的信号作为调频器控制信号，改变功率设定值 ΔP_c，直到控制信号为零时为止。电力系统中实现频率和有功功率自动调节的方法大致有如下几种。

4.2.1　有差调频法

有差调频法指系统中的调频机组用有差调频器并联运行，达到系统调频的目的。有差调频器的稳态工作特性可以用式（4-27）表示，即

$$\Delta f + R\Delta P_c = 0 \quad (\Delta f = f - f_N) \tag{4-27}$$

式中：Δf、ΔP_c 分别为调频过程结束时系统频率的增量与调频机组有功功率的增量，R 为有差调频器的调差系数。

应该明确，只有式（4-27）得到满足时，调频器才结束其调节过程。调频器的调整是向着满足调频方程式的方向进行的。

下面根据有差调频器的稳态方程式（4-27）来分析装有有差调频器的发电机的工作情况。先假定发电机工作在图 4-9 的点 1，其对应的系统频率为 f_1，发电机功率为 P_{c1}。这时式（4-27）被满足，即 $\Delta f_1 + R\Delta P_{c1} = 0$（$\Delta f_1 < 0$，$\Delta P_{c1} > 0$）。现在系统负荷增加了，则系统频率低于 f_1，式（4-27）左端新出现了负值，破坏了原有的

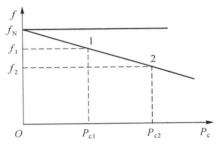

图 4-9　有差调频器的调频特性

平衡状态，于是调频器就向满足式（4-27）的方向进行调整，使 ΔP_c 获得新的正值，即增加进入机组的动力元素，直至式（4-27）重新得到满足时，调节过程才能结束。由图 4-9 的调频特性，发电机必稳定在新的稳态工作点 2，该点的系统频率为 f_2（低于 f_1），发电机的功率为 P_{c2}（大于 P_{c1}），$\Delta f_2 + R\Delta P_{c2} = 0$ 又重新得到了满足。由以上分析还可以看出，运用稳态方程式（4-27）可以准确地分析调频过程及有差调频器的最终特性，式（4-27）又称为调频方程式或调节方程式。

不涉及调频器的具体电路，而用调频方程式来分析各种调频方法的特性与优缺点是本章所采用的基本方法。下面就用调频方程式（4-27）来分析有差调频并联调频时的优缺点。

当系统中有 n 台机组参加调频，每台机组各配有一套式（4-27）表示的有差调频器时，全系统的调频方程式可用下面的联立方程组来表示

$$\left.\begin{array}{l}\Delta f + R_1\Delta P_{c1} = 0 \\ \Delta f + R_i\Delta P_{ci} = 0 \\ \cdots\cdots \\ \Delta f + R_n\Delta P_{cn} = 0\end{array}\right\} \tag{4-28}$$

式中：Δf 为系统的频率增量，R_i 为第 i 台机组的调差系数，ΔP_{ci} 为第 i 台机组的有功功率增量（调频功率）。

设系统的负荷增量(即计划外的负荷)为 ΔP_L,则调节过程结束时,必有

$$\Delta P_L = \Delta P_{c1} + \Delta P_{c2} + \cdots + \Delta P_{cn} = -\Delta f\left(\frac{1}{R_1} + \frac{1}{R_2} + \cdots + \frac{1}{R_n}\right) = -\frac{\Delta f}{R_x} \qquad (4\text{-}29)$$

式中:$R_x = \dfrac{1}{\dfrac{1}{R_1} + \dfrac{1}{R_2} + \cdots + \dfrac{1}{R_n}}$,是系统的等值调节系数。

式(4-29)也可以写为

$$\Delta f + R_x \Delta P_L = 0 \qquad (4\text{-}30)$$

联立式(4-30)和式(4-28),可以求得每台调频机组所承担的计划外负荷为

$$\Delta P_{ci} = \frac{R_x}{R_i}\Delta P_L = \frac{\Delta P_L}{R_i\left(\dfrac{1}{R_1} + \dfrac{1}{R_2} + \cdots + \dfrac{1}{R_n}\right)} \quad (i = 1,2,3,\cdots,n) \qquad (4\text{-}31)$$

式(4-27)、式(4-28)、式(4-31)说明有差调频器具有下述优缺点:

(1) 各调频机组同时参加调频,没有先后之分。式(4-28)说明,当系统出现新的频率差值时,各调频器方程式的原有平衡状态同时被打破,因此各调频器都向着同一个满足方程式的方向进行调整,同时发出改变有功出力增量 ΔP_{ci} 的命令。调频器动作的同时性,可以在机组间均衡地分担计划外负荷,有利于充分利用调频容量。

(2) 计划外负荷在调频机组间是按一定的比例分配的。式(4-31)说明各调频器机组最终负担的计划外负荷 ΔP_{ci} 与其调差系数成反比。要改变各机组间调频容量的分配比例,可以通过改变调差系数来实现。负荷的分配是可以控制的,这是有差调节器固有的优点。

(3) 频率稳定值的偏差较大。式(4-27)说明有差调节器不能使频率稳定为额定值,负荷增量越大,频率的偏差值也越大,这是有差调节器固有的缺点。如系统的等值调差系数 $R_x = 3\%$,当计划外负荷 $\Delta P_L = 20\%$ 时,频率稳定值的偏差值 $\Delta f = 0.6\%$,即 0.3Hz,大大超过自动调频的允许范围。

4.2.2 主导发电机法

为了克服有差调频的缺点,很自然地会想到运用无差调频器。无差调频器的调节方程式为

$$\Delta f = 0$$

无差调频器虽具有频率偏差值为零的优点,但无差调频器不能并联运行。为此,只可在一台主要的调频机组上使用无差调频器,而在其余的调频机组上均只安装功率分配器,这样的调频方法称为主导发电机法,其调节方程组为

$$\left.\begin{array}{ll} \Delta f = 0 & (\text{发电机 1,主导发电机}) \\ \Delta P_{c2} = K_1 \Delta P_{c1} & (\text{发电机 2}) \\ \qquad\cdots\cdots \\ \Delta P_{ci} = K_i \Delta P_{c1} & (\text{发电机 } i) \\ \qquad\cdots\cdots \\ \Delta P_{cn} = K_{n-1} \Delta P_{c1} & (\text{发电机 } n) \end{array}\right\} \qquad (4\text{-}32)$$

式中:ΔP_{ci} 为第 i 台调频发电机的有功增量,K_i 为功率分配系数。

无差调频系统的原理示意如图 4-10 所示,其调频过程如下。

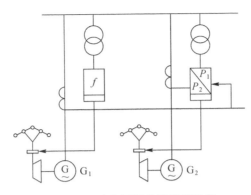

图 4-10　无差调频系统原理示意

设系统负荷有了新的增量 ΔP_L，在调频器动作前，频率必然出现新的差值，即 $\Delta f \neq 0$，这时，式(4-32)中主导发电机调频器的调节方程的原有平衡状态被首先打破，无差调频器向着满足其调节方程的方向对机组的有功出力进行调整，随之出现了新的 ΔP_{c1} 值，于是式(4-32)中其余 $n-1$ 个调频机组的功率分配方程式的原有平衡状态跟着均被打破，它们都会向着满足其功率分配方程的方向对各自机组的有功出力进行调节，即出现了"成组调频"的状态。调频过程一直要到 ΔP_{c1} 不再出现新值时才告结束，此时必有

$$\left. \begin{array}{l} \Delta P_L = \sum_{i=1}^{n} \Delta P_{ci} = (1 + K_1 + \cdots + K_{n-1})\Delta P_{c1} \\ \Delta f = 0 \end{array} \right\} \tag{4-33}$$

而各调频机组分担的功率为

$$\Delta P_{ci} = \frac{K_{i-1}}{1 + K_1 + \cdots + K_{n-1}} \Delta P_L = \frac{K_{i-1}}{K_x} \Delta P_L \tag{4-34}$$

式中：$K_x = 1 + K_1 + \cdots + K_{n-1}$。

式(4-34)说明各调频机组间的出力也是按照一定的比例分配的。

以无差调频器为主导调频器的主导发电机法的主要缺点，是各机组在调频过程中的作用有先有后，缺乏"同时性"，这必然导致调频容量不能充分利用，而且使整个调频过程变得较为缓慢。所以其稳定特性虽然比较好，但动态特性是不够理想的。

4.2.3　积差调频法

积差调频法是一种现在用得比较普遍的调频方法，它兼有无差调频法和有差调频法的优点。

积差调频法（或称同步时间法）是根据系统频率偏差的累积值进行工作的。为了对积差调频法获得一个明确的概念，可先研究单机组频率积差调节的工作过程。单机组频率积差调节的工作方程式为

$$\int \Delta f \mathrm{d}t + K\Delta P_c = 0 \quad (\Delta f = f - f_N) \tag{4-35}$$

式中：K 为调频功率比例系数。

图 4-11 说明了积差调频过程。假定 $t=0$ 时，$f=f_N$，$\int \Delta f \mathrm{d}t = 0$，$\Delta P_c = 0$，式(4-35)是

得到满足的。在 t_1 瞬间，由于负荷增大，系统频率开始下降，出现 $\Delta f < 0$，于是式（4-35）左端第一项 $\int \Delta f \mathrm{d}t$ 不断增加其负值，使该式的原有平衡状态遭到破坏，于是调节器向着满足式（4-35）方向进行调整，即增加机组的输出功率 ΔP_c。只要 $\Delta f \neq 0$，不论 Δf 多么小，$\int \Delta f \mathrm{d}t$ 都会不断地累积出新值，式（4-35）就不会被满足，调节过程就不会终止，直到系统频率恢复到额定值，即 $\Delta f = 0$，也就是图 4-11 中的 t_A 点，这时 $f = f_N$，$\int \Delta f \mathrm{d}t = A$（常数），式（4-35）才能得到满足，调节过程才会结束。此时 $\Delta P_c = P_{cA} = -\dfrac{A}{K}$ 保持不变。

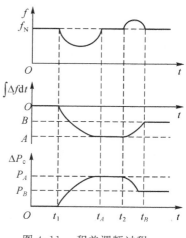

图 4-11　积差调频过程

假如到 t_2 瞬间，由于负荷减小，系统频率又开始升高，$\Delta f > 0$，$\int \Delta f \mathrm{d}t$ 就向正值方向积累，使其负值减小，于是平衡状态又被破坏，调节器动作，减小 ΔP_c，直到机组发送功率与负荷消耗功率重新相等，频率又恢复到 f_N，即达到图 4-11 中的 t_B 时，调节过程结束。这时又有 $f = 0$，$\int \Delta f \mathrm{d}t = B$（常数），发电机的出力为 $\Delta P_c = P_{cB} = -\dfrac{B}{K} < P_{cA}$。

由此可见，积差调节法的特点是调节过程只能在 $\Delta f = 0$ 时结束，当 $\Delta f \neq 0$ 时，$\int \Delta f \mathrm{d}t$ 就不断积累，其值就不断变化，式（4-35）就不能平衡，调节过程就要继续下去。当调节过程结束时，$\Delta f = 0$，而 $\int \Delta f \mathrm{d}t = -K \Delta P_c$ 为一常数，此常数与计划外负荷成正比，计划外负荷越大，频率累积误差也越大，这个频率累积误差是个有限值。

在电力系统中，多台机组用积差法实现调频时，可采用集中制、分散制两种方式，其示意框图见图 4-12。其调频方程组如下：

$$
\left\{
\begin{array}{l}
\displaystyle\int \Delta f \mathrm{d}t + K_1 \Delta P_{c1} = 0 \\[2mm]
\displaystyle\int \Delta f \mathrm{d}t + K_2 \Delta P_{c2} = 0 \\[2mm]
\cdots\cdots \\[2mm]
\displaystyle\int \Delta f \mathrm{d}t + K_n \Delta P_{cn} = 0
\end{array}
\right.
\tag{4-36}
$$

由于系统中各点的频率是相同的，所以各机组的 $\int \Delta f \mathrm{d}t$ 也可以认为是相等的，各机组是同时进行调频的。系统的调频方程式为

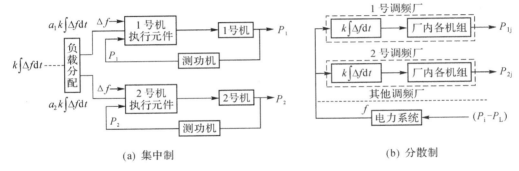

图 4-12　多台机组积差法调频示意图

$$\sum_{i=1}^{n} P_{ci} = - \int \Delta f \mathrm{d}t \left(\sum_{i=1}^{n} \frac{1}{K_i} \right)$$

$$\int \Delta f \mathrm{d}t = - \frac{\displaystyle\sum_{i=1}^{n} P_{ci}}{\displaystyle\sum_{i=1}^{n} \left(\frac{1}{K_i} \right)} = - K_x \left(\sum_{i=1}^{n} P_{ci} \right) \quad\quad (4\text{-}37)$$

$$K_x = \frac{1}{\displaystyle\sum_{i=1}^{n} \left(\frac{1}{K_i} \right)}$$

每台调频机组分担的计划外负荷为

$$\Delta P_{ci} = \frac{K_x}{K_i} \left(\sum_{i=1}^{n} \Delta P_{ci} \right) \quad\quad (4\text{-}38)$$

式(4-38)说明,按积差调频法实现调频时,各机组的出力也是按照一定比例自动进行分配的。

频率积差调节法的优点是能使系统频率维持额定,计划外的负荷能在所有参加调频的机组间按一定的比例进行分配。其缺点是频率积差信号滞后于频率瞬时值的变化,因此调节过程缓慢。

4.2.4　改进的积差调频法

当频率偏差较大时,调整速度就应该快些。为此,在频率积差调节的基础上增加频率瞬时偏差的信息,这样就得到改进的频率积差调节方程式为

$$\Delta f + R_i \left(\Delta P_{ci} + \alpha_i \int K \Delta f \mathrm{d}t \right) = 0 \quad (i = 1, 2, \cdots, n) \quad\quad (4\text{-}39)$$

式中:ΔP_{ci} 为第 i 台机组承担的功率调节量;R_i 为第 i 台机组的调差系数;α_i 为第 i 台机组调节功率的分配系数,且 $\sum_{1}^{n} \alpha_i = 1$;$K$ 为功率频率换算系数。

在式(4-39)中,可认为 $\int K \Delta f \mathrm{d}t$ 代表了系统计划外负荷的数值(K 是一个转换常数),在调频结束时,计划外负荷是按一定比例在调频机组间进行分配的。

上述概念也有利于说明积差调节过程中调速器与调频器的关系。当系统频率变化时,按 Δf 启动的调速器会比按积差工作的调频器先进行大幅度的调整,但远不会达到额定频率,

等频差积累到一定值时,调频器会取代调速器的工作特性,使调频过程按式(4-36)进行,有比例地分配调频功率并使频率稳定为 f_N。因此,一般称调速器的作用为一次调频,积差调频器的作用为二次调频。

我们再来看一下图 4-12(a)所示的集中制调频,调度中心把频差积分信号 $\int K\Delta f dt$ 通过远动通道送到各调频电厂,厂内配置一台负荷分配器和各机组执行单元,用于控制全厂调频机组的功率给定值增量 ΔP,它的输入信息除了调度所送来的频差积分信号外,还有当地产生的频差 Δf 和厂内各调频机组的输出功率 $P_1,P_2,\cdots,P_n$。按照满足式(4-39)的方程给出输出信号 ΔP_{ci},接到相应机组的控制电动机,调节它们的功率给定值。集中制调频的主要优点是各机组的功率分配是有比例的,也即式(4-39)中的 α_i 是按照经济分配的原则给出的。α_i 的确定在下一节做详细介绍。

图 4-12(b)所示分散制调频的主要缺点是各调频装置的误差会带来系统内无休止的功率交换。实际上各厂调频器内的标准信号 f_{Ni} 是不会完全相等的,即

$$f_{N1} \neq f_{N2} \neq \cdots \neq f_{Nn}$$

虽然系统的频率各点都相同,但各厂的 Δf_i 却不能同时为零。第 $n-1$ 个厂的调频器努力要将系统的频率稳定在 $f_{N(i-1)}$ 上,而第 i 个厂又要将频率稳定在 f_{Ni} 上,它们各不相让,没有一个能终止各厂调频作用的共同的频率值 f。虽然可以将各厂的标准信号 f_{Ni} 的误差减至很小,但积差调频器又将这些小误差不断地进行积累,以改变各厂的出力,致使系统中无谓的功率交换无休止地进行下去,这显然是十分有害的。由于 f_{Ni} 分布在各厂,较难统一地进行纠正,这是推广分散制调频的主要障碍之一。

4.2.5 分区调频法

1. 分区控制误差(area control error,ACE)

当多个省级甚至协作区级电力系统联合成一个大的电力系统时,为了配合分区调度的管理制度,也为了避免集中制调频的范围过大而产生的技术困难,在联合系统中一般均采用分区调频法。分区调频法的特点是,区内负荷的非计划负荷变动,主要由该区内的调频厂来负担,其他区的调频厂只是支援性质,因此区间联络线上的功率基本上应该维持为计划的数值。所以,分区调频方程式必须能判断当时负荷的变动是否发生在本区之内,并采取相应的调节措施。

现以图 4-13 的联合电力系统为例,先说明负荷变动是否发生在本区之内的判别原理。设经联络线由 A 端流向 B 端的功率为 P_{AB},由 B 端流向 A 端的功率为 P_{BA},则必有 $P_{AB}+P_{BA}=0$。当 B 区内负荷突然增长,A 区负荷不变时,整个系统的频率都会下降,即有 $\Delta f<0$。A、B 两区内的调频器随即动作,增加各机组的出力,联络线上就会出现由 A 端流向 B 端的功率增量,即 $\Delta P_{AB}>0$(还应该说明,即使不考虑调速器的动作,此时也仍有 $\Delta P_{AB}>0$)且与 Δf 异号,同时在另一端必有 $\Delta P_{BA}<0$ 且与 Δf 同号。这说明在联合电力系统中可以用流出某区功率增量的正或负与系统频率增量的符号进行比较,来判断负荷变动是否发生在该区之内。图 4-13 中如 A 区负荷突增或突减,上述判断方法同样也适用,不再赘述。

其次要使得非负荷变化区内的调频机组在系统调频过程中尽可能少输出调频功率,这当然也要利用该区流出功率增量与频差异号的关系;在调频过程中,非负荷变化区的 Δf 与

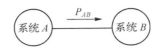

图 4-13　联合电力系统示意

联络线功率变化 ΔP_{tie} 之间的关系不但是非线性的,而且是随时间变化的,取决于系统的一次调频特性、二次调频特性及负荷的组成等因素。虽然如此,但还是可以找到某个常数,如在图 4-13 中 A 区是 K_A,使得 $K_A \Delta f + \Delta P_{\text{tie}\cdot A}$ 在整个调频过程中取值虽不为零,但也不大。于是就可以运用如下的 A 区调频方程式:

$$K_A \Delta f + \Delta P_{\text{tie}\cdot A} + \Delta P_A = 0$$

其中 P_A 为 A 区机组输出的调频功率,可为正,也可为负。仍以图 4-13 系统为例,当 B 区负荷增加时,$\Delta f < 0$,$\Delta P_{\text{tie}\cdot A} > 0$;由于有适当因子 K_A,致使 $K_A \Delta f + \Delta P_{\text{tie}\cdot A} \approx 0$,于是调频器向满足调频方程式的方向进行调节,必有 $\Delta P_A \approx 0$,最终结果 A 区机组基本不向 B 区输出调频功率。而当 A 区负荷增加时,Δf 与 $\Delta P_{\text{tie}\cdot A}$ 为负,于是调频器向增大 P_A 的方向进行调整,这样就可以达到分区调频的目的。由此可见,$K_i \Delta f + \Delta P_{\text{tie}\cdot i}$ 是实现分区调频的重要因子,一般称为分区控制误差 ACE,即

$$\text{ACE} = K_i \Delta f + \Delta P_{\text{tie}\cdot i}$$

2. 分区调频方程式

实际中最普遍使用的"ACE 积差"调节法,其分区调频方程式为

$$\int (\text{ACE}) \mathrm{d}t + \Delta P_i = 0$$

即

$$\int (K_i \Delta f_i + \Delta P_{\text{tie}\cdot i\cdot a} - \Delta P_{\text{tie}\cdot i\cdot s}) \mathrm{d}t + \Delta P_i = 0 \qquad (4\text{-}40)$$

式中:Δf_i 为系统频率的偏差,即 $\Delta f_i = f_i - f_N$;$\Delta P_{\text{tie}\cdot i\cdot a}$ 为 i 区联络线功率和的实际值,以该区输出的联络线功率为正,输入该区的联络线功率为负;$\Delta P_{\text{tie}\cdot i\cdot s}$ 为 i 区联络线功率和的计划值,功率的正负方向规定同 $\Delta P_{\text{tie}\cdot i\cdot a}$;$\Delta P_i$ 为 i 区调频机组的出力增量。

一般将式(4-40)写成如下形式:

$$\int (K_i \Delta f_i + \Delta P_{\text{tie}\cdot i}) \mathrm{d}t + \Delta P_i = 0 \qquad (4\text{-}41)$$

式中:$\Delta P_{\text{tie}\cdot i}$ 为 i 区联络线功率对计划值的偏差,联络线功率的正负方向与式(4-40)相同。

由于式(4-41)中包含了积差项,在调频过程结束时必有

$$\text{ACE} = K_i \Delta f_i + \Delta P_{\text{tie}\cdot i} = 0 \qquad (4\text{-}42)$$

式(4-42)一般称为联络线调频方程式。分区调频过程结束时,分区控制误差 ACE 为零,并使系统频率恢复到额定。

仍以图 4-13 所示电力系统为例,说明频率恢复为额定值的原理。图 4-13 所示电力系统分区调频方程组为

$$\begin{cases} \int\int (K_A \Delta f_A + \Delta P_{\text{tie}\cdot A}) \mathrm{d}t + \Delta P_A = 0 \\ \int\int (K_B \Delta f_B + \Delta P_{\text{tie}\cdot B}) \mathrm{d}t + \Delta P_B = 0 \end{cases} \qquad (4\text{-}43)$$

各区的调频系统都向满足式(4-43)的方向进行调整,按照积差调节的法则,到分区调频结束时,各区的控制误差 ACE 都等于零。任何调频机组都不再出现新的功率增量。对图 4-13 所示电力系统,即有

$$\left.\begin{aligned} \mathrm{ACE}_A = K_A \Delta f_A + (P_{\mathrm{tie} \cdot A \cdot a} - P_{\mathrm{tie} \cdot A \cdot s}) = 0 \\ \mathrm{ACE}_B = K_B \Delta f_B + (P_{\mathrm{tie} \cdot B \cdot a} - P_{\mathrm{tie} \cdot B \cdot s}) = 0 \end{aligned}\right\}$$

由于 $P_{\mathrm{tie} \cdot A \cdot a} + P_{\mathrm{tie} \cdot B \cdot a} = 0$,对于 n 个分区的调频方程式,如果各区调频中心都没有装置误差,即

$$\left.\begin{aligned} f_{\mathrm{N}1} = f_{\mathrm{N}2} = \cdots = f_{\mathrm{N}n} = f_{\mathrm{N}} \\ \sum_{i=1}^{n} P_{\mathrm{tie} \cdot i \cdot s} = 0 \end{aligned}\right\} \tag{4-44}$$

则按式(4-43)进行分区调频的结果是,系统频率必须维持在 f_{N},并有 $\Delta P_{\mathrm{tie} \cdot i} = 0$。

4.3 电力系统的经济调度与自动调频

电力系统的频率调节涉及系统中有功功率的平衡和潮流分布。在保证频率质量和系统安全运行前提下,如何使电力系统运行具有良好的经济性,这就是电力系统经济调度控制(economic dispatch control,EDC)的任务。它是联合自动调频的重要目标之一,因此也有人把 EDC 列为 AGC 功能的一部分,称之为 AGC/EDC 功能。可见,EDC 是按数学模型编制的程序,调用时需一定的时间开销,但它可以较长时间启动一次(一般在 5min 上)。有人也称 EDC 为三次经济调整。

4.3.1 等微增率分配负荷的基本概念

在很久以前,曾误认为最经济的分配负荷是:当系统负荷增加时,使效率最好的机组先增加负荷,直至其最高效率,然后再让效率次之的机组也增加负荷直到其最高效率时的负荷为止,以此类推。这种方法已被证明并不经济,最经济的分配是按等微增率分配负荷。这种方法至今还被广泛应用。

微增率是指输入耗量微增量与输出功率微增量的比值。对发电机组来说,为燃料消耗量(或消耗费用)的微增量与发电机输出功率微增量的比值。所谓等微增率法则,就是运行的发电机组按微增率相等的原则来分配负荷,这样就可使系统总的燃料消耗(或费用)为最小,从而是最经济的。

一台发电机组常包括了锅炉、汽轮机和发电机三个单元,它们在单位时间内所消耗的能量与输出功率之间的关系,称为耗量特性。典型的耗量特性如图 4-14(a)、(b)、(c)所示。对应于某一输出功率时的微增率就是耗量特性曲线上对应于该功率点切线的斜率,即

$$b = \frac{\Delta F}{\Delta P} \tag{4-45}$$

式中:b 为耗量微增率(简称微增率),ΔF 为输入耗量微增量,ΔP 为输出耗量微增量。

锅炉的耗量特性如图 4-14(a)所示,它的微增率特性如图 4-14(d)所示。节流式汽轮机的耗量特性如图 4-14(c)所示,它的微增率特性如图 4-14(f)所示,其微增率随着负荷增大而

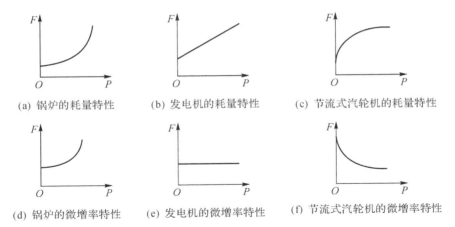

(a) 锅炉的耗量特性　　(b) 发电机的耗量特性　　(c) 节流式汽轮机的耗量特性

(d) 锅炉的微增率特性　　(e) 发电机的微增率特性　　(f) 节流式汽轮机的微增率特性

图 4-14　三种典型的耗量特性及其微增率特性

减小。至于锅炉 - 汽轮机 - 发电机组成的单元机组的耗量特性,由于汽轮机的微增率变化不大和发电机的效率接近于 1,所以整个机组的耗量特性和微增率特性可以认为为如图 4-14(a) 和图 4-14(d) 所示的形状。这种特性随着输出增加,其耗量增量大于输出功率的增量,因此耗量微增率随输出功率的增加而增大。

为了说明等微增率法则,我们以最简单的两台机组并联运行为例。图 4-15 中示出了两台发电机组最初所带的负荷,机组 1 为 P_1,微增率为 b_1,机组 2 为 P_2,微增率为 b_2,而且 $b_1 > b_2$。如果使机组 1 的功率减小 ΔP,即功率变为 P'_1,相应的微增率减小到 b'_1。而机组 2 增加相同的 ΔP,其功率变为 P'_2,微增率增至 b'_2,此时总的负荷不变。由图 4-15 可知,机组 1 减小的燃料消耗(图中 P_1、b_1、b'_1、P'_1 所围的面积) 大于机组 2 增加的燃料消耗

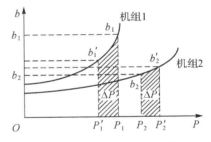

图 4-15　机组负荷改变时耗量的变化示意图

(图中 P_2、b_2、b'_2、P'_2 所围的面积)。这两个面积的差即为减少(或增加)的燃料消耗量。如果上述过程是使总的燃料消耗减小,则这样的转移负荷过程就继续下去,总的燃料消耗将继续减小,直至两台机组的微增率相等时为止,即 $b_1 = b_2$ 时,总的燃料消耗为最小。

但是,图 4-14(f) 的微增率曲线,由于微增率随负荷增加而减小,用上述同样方法可以证明,把机组负荷加到最大时则最经济。

当然,等微增率准则的严格证明应由数学推导来获得。

4.3.2　不考虑网损时发电机组之间负荷的经济分配

设有 n 台机组,每台机组承担的负荷为 $P_1, P_2, \cdots, P_n$,对应的燃料消耗为 $F_1, F_2, \cdots, F_n$,则总的燃料消耗为

$$F = \sum_{i=1}^{n} F_i \tag{4-46}$$

而总负荷功率 P_L 为

$$P_L = \sum_{i=1}^{n} P_i \tag{4-47}$$

现在要使发电机组总的输出在满足负荷的条件下,总的燃料消耗为最小,即使 $F = F_{min}$。这时,可应用拉格朗日乘子法则来求解。

取拉格朗日方程

$$L = F - \lambda \Psi \tag{4-48}$$

式中:F 为总燃料消耗,λ 为拉格朗日乘子,Ψ 为约束因数。

这里功率平衡就是相应的约束条件,即

$$P_1 + P_2 + \cdots + P_n - P_L = 0$$

或

$$\psi(P_1, P_2, \cdots, P_n) = \sum_{i=1}^{n} P_i - P_L = 0$$

因此,使总燃料消耗最小的条件是式(4-48)对功率的偏导数为零,即

$$\frac{\partial L}{\partial P_i} = \frac{\partial F}{\partial P_i} - \lambda \frac{\partial \Psi}{\partial P_i} = 0 \quad (i = 1, 2, \cdots, n) \tag{4-49}$$

因 P_L 是常数,同时各机组的输出功率又是相互无关的,所以

$$\frac{\partial L}{\partial P_i} = \frac{\partial F}{\partial P_i} - \lambda \frac{\partial}{\partial P_i} \Big[\sum_{i=1}^{n} P_i - P_L \Big] = 0$$

$$\frac{\partial F}{\partial P_i} - \lambda [1 - 0] = 0$$

$$\frac{\partial F}{\partial P_i} - \lambda = 0$$

或

$$\frac{\partial F}{\partial P_i} = \lambda \tag{4-50}$$

设每台机组都是独立的,那么每台机组燃料消耗只与本身的输出功率有关。因此,式(4-50)可写成

$$\frac{dF}{dP_i} = \lambda \tag{4-51}$$

由此可得

$$\frac{dF_1}{dP_1} = \frac{dF_2}{dP_2} = \cdots = \frac{dF_n}{dP_n} = \lambda$$

即

$$b_1 = b_2 = \cdots = b_n = \lambda \tag{4-52}$$

因此,发电厂内并联运行机组的经济调度准则为:各机组运行时微增率 $b_1, b_2, \cdots, b_n$ 相等,并等于全厂的微增率 λ。图 4-16 为发电厂内 n 台机组按等微增率运行分配负荷的示意图。

4.3.3 考虑网损时发电厂之间负荷的经济分配

由于发电厂之间通过输电线路相连,所以考虑发电厂之间的负荷经济分配时,要计及线路功率损耗因素。

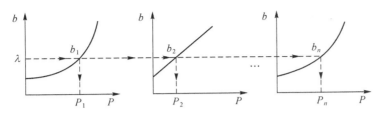

图 4-16 多台机组间按照等微增率分配负荷示意图

设有 n 个发电厂,每个发电厂承担的负荷分别为 $P_1, P_2, \cdots, P_n$,对应的燃料消耗为 F_1, $F_2, \cdots, F_n$,则系统总的燃料消耗为

$$F_1 + F_2 + \cdots + F_n = \sum_{i=1}^{n} F_i \tag{4-53}$$

总的发电功率与总负荷 P_L 及线损 P_e 相平衡,即

$$\Psi = \sum_{i=1}^{n} P_i - P_L - P_e = 0 \tag{4-54}$$

同样,应用拉格朗日乘子法求解,取拉格朗日方程式(4-48)对功率 P_i 的偏导数为零,得

$$\frac{\partial L}{\partial P_i} = \frac{\partial F}{\partial P_i} - \lambda\left(1 - \frac{\partial P_e}{\partial P_i}\right) = 0 \quad (i = 1, 2, \cdots, n) \tag{4-55}$$

或

$$\lambda = \frac{\partial F}{\partial P_i} \Big/ \left(1 - \frac{\partial P_e}{\partial P_i}\right) = \frac{\partial F_i}{\partial P_i} L_i \tag{4-56}$$

式中:L_i 为线损修正系数,$L_i = \dfrac{1}{1 - \dfrac{\partial P_e}{\partial P_i}}$;$\lambda$ 为系统微增率;$\dfrac{\partial F_i}{\partial P_i} = b_i$,为电厂微增率。

所以在考虑线损条件下,负荷经济分配的准则是每个电厂的微增率与相应的线损修正系数的乘积相等。

为了求得各电厂的微增率 b_i,必须计算出线损 P_e(一般事先根据运行工况而选定的线损系数求得),然后算出各电厂的线损微增率 σ_i,即

$$\sigma_i = \frac{\partial P_e}{\partial P_i}$$

在 λ 和 σ_i 已知后,就可以求出 b_i,即

$$b_i = (1 - \sigma_i)\lambda \tag{4-57}$$

由式(4-57)得

$$\frac{b_1}{1 - \sigma_1} = \frac{b_2}{1 - \sigma_2} = \cdots = \frac{b_n}{1 - \sigma_n} = \lambda \tag{4-58}$$

调频电厂按式(4-58)运行是最经济的负荷分配方案。

4.3.4 自动发电控制(AGC/EDC)

1. 概述

电力系统中发电量的控制,一般分为三种情况:一是由同步发电机的调速器实现的控制;二是由自动发电控制(AGC)实现的控制;三是按照经济调度(EDC)要求实现的控制。

第一种情况通常称为频率的一次调整控制，第二种情况称为频率的二次调整控制，而第三种则称为频率的三次调整控制。这三种调整控制频率的方式是有差别的。由调速器实现调频以控制发电机组的输出功率，其响应速度较快，可适应小负荷短时间的波动；对周期在10s 至 2～3min 以内而幅度变化较大的负荷，已经不能由调速器本身的调频特性来进行调整控制，需要由电力系统控制中心根据系统的频率以及其他地区相连的输电线路的功率的偏移程度，启动 AGC 来控制负荷；对于周期在 3min 以上的负荷波动，可以根据以往实测的负荷变化情况（即所谓的负荷曲线）和预测几分钟后总负荷变化趋势，由计算机算出发电机组最经济的输出功率，然后发出控制命令到各发电厂进行调整，即按经济调度(EDC)实现负荷分配控制。

AGC 是以控制调整发电机组输出功率来适应负荷波动的反馈控制。电力系统中功率的不平衡将导致频率的偏移，所以电网的频率可以作为控制发电机输出功率的一个信息。发电机组的调速器能根据电力系统频率变化自动地调节发电机的输出功率，所以从某种意义上讲也具有自动发电控制的功能，但通常不称为自动发电控制。这里的 AGC 是指一种控制性能比较完善和作用较好的发电机输出功率的自动控制。它利用电子计算机来实现控制功能，是一个小型的计算机闭环控制系统，有时也称为 AGC 系统。

2. 自动发电控制的基本原理

最简单的 AGC 系统的结构如图 4-17 所示，它是具有一台发电机组和联络线的 AGC 系统。

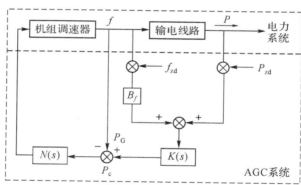

图 4-17　单台发电机组的 AGC 系统

图中 P_{zd} 为输电线路功率的整定值；f_{zd} 为系统频率整定值；P 为输电线路功率的实际值；f 为系统频率的实际值；B_f 为频率修正系数；$K(s)$ 为外部控制回路，用来根据电力系统频率偏差和输电线路上的功率偏差来确定输出控制信号；P_c 为系统要求调整的控制信号功率；$N(s)$ 为内部控制回路，用来控制调整调速器阀门开度，以达到所需的输出功率。

对于具有多个联络点和发电机组的实际电力系统，则 AGC 将变为包含许多并联发电机组控制回路的形式，如图 4-18 所示。其内部控制回路和外部控制回路的基本结构并未改变。G_1、G_2、G_3 为发电机组；区域控制误差(CAE)，用来根据系统频率偏差以及输电线路功率偏差来确定输出控制信号；负荷分配器根据输入的控制信号大小并且根据等微增率准则或其他原则来控制各台发电机输出功率的大小。

自动发电控制系统具有四个基本任务目标：

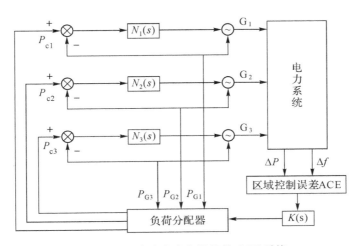

图 4-18　具有多台发电机组的 AGC 系统

（1）使全系统的发电机输出功率和总负荷功率相匹配；

（2）将电力系统的频率偏差调整控制到零，保持系统频率为额定值；

（3）控制区域间联络线的交换功率与计划值相等，以实现各个区域内有功功率和负荷功率的平衡；

（4）在区域网内各发电厂之间进行负荷的经济分配。

自动发电控制系统包括两大部分：

（1）负荷分配器。根据电力系统频率和其他有关测量信号，按照一定的调节控制准则确定各发电机组的最佳设定输出功率。

（2）发电机组控制器。根据负荷分配器所确定的各发电机组最佳输出功率，控制调速器的调节特性，使发电机组在电力系统额定频率下所发出的实际功率与设定的输出功率相一致。

自动发电控制系统中的负荷分配器是根据所测量的发电机实际输出功率和频率偏差等信号，按照一定的准则分配各台发电机组输出功率。决定各台发电机组设定的功率 P_{ci} 的负荷分配器，目前广泛采用以"基点经济功率 P_{bi}"和"分配系数 α_i"来表示每台发电机组的输出功率的方法，即各台发电机组的设定调整功率按以下公式分配：

$$P_{ci} = P_{bi} + \alpha_i \left(\sum_{i=1}^{n} P_{Gi} + \text{ACE} - \sum_{i=1}^{n} P_{bi} \right) \tag{4-59}$$

式中：P_{ci} 为各台发电机组的设定调整功率，P_{bi} 为各台发电机的基点经济功率，P_{Gi} 为每台发电机的实际输出功率，α_i 为分配系数。

也就是说，系统各台发电机组的设定功率，取决于系统发电机组总的实际输出功率 P_{Gi} 和每台发电机组的基点经济功率 P_{bi}，以及系统频率偏差和功率偏差（ACE）。偏差越大，各发电机组的设定调整功率的变动就越大。当频率偏差和功率偏差趋于零时，AGC 系统发电机组总的设定调整功率就与发电机总的实际输出功率相等。分配到每台发电机组的设定功率值则由分配系数 α_i 来决定。这种方法把自动调频与经济功率分配联系了起来。其中 P_{bi} 和 α_i 的值可以在每次经济分配计算时加以修正。

经济负荷分配每隔 5min 修改一次 P_{bi} 和 α_i 的值，以适应经济调度的要求。有时为了增大加到发电机组上的误差信号信息,可以使用一个或者多个附加的负荷分配回路,如图 4-19 所示。这样的附加分配回路可以用一个分配系数 β_i 来表示,但它与按经济调度调整负荷的分配系数 α_i 不同,它不受经济调度的约束,所以称为调整分配。

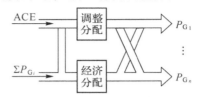

图 4-19　具有一个并联附加分配回路的 AGC 控制系统示意图

自动发电功率的分配方式为

$$P_{ci} = P_{bi} + \alpha_i (\sum_{i=1}^{n} P_{Gi} + \text{ACE} - \sum_{i=1}^{n} P_{bi}) + \beta_i \cdot \text{ACE} \tag{4-60}$$

或

$$P_{ci} = P_{bi} + \alpha_i (\sum_{i=1}^{n} P_{Gi} - \sum_{i=1}^{n} P_{bi}) + (\alpha_i + \beta_i) \cdot \text{ACE} \tag{4-61}$$

当 ACE 信息为零时,系统负荷完全按经济调度(EDC)的要求进行分配。当系统中负荷变化时,功率平衡遭到破坏,将产生 ACE 信息,ACE 信息的功率将按 $(\alpha_i + \beta_i)$ 的系数来分配,而当系统功率恢复平衡时,ACE 信息消失,这时总的发电功率仍然以经济调度为原则进行分配。所以它是一种比较理想的分配方式。

早期的 AGC 系统多采用模拟式的控制设备,近几年来由于数字系统的灵活性和可靠性使模拟式的 AGC 系统逐渐被数字系统所取代。在设备上采用了数字遥控装置和电子计算机,将发电机控制回路和负荷分配回路的数据都设置在集中调度用的计算机中,因而所需要的数据在计算机的存储器中都可以直接得到。采用计算机的数字遥测遥控形式的发电机组控制系统如图 4-20 所示。

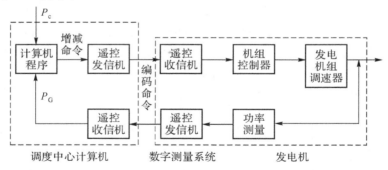

图 4-20　计算机数字遥测遥控发电机组控制系统

在现代数字电力系统(digital power system,DPS)中,AGC 的执行要求每隔 $2 \sim 4s$ 测量一次联络线功率、系统频率和发电功率等数据,并通过遥测装置送到 AGC 的发电机控制回路和负荷分配回路,使这两个回路的程序计算开始工作;然后计算出需要增加或减少发电量的信息,再由遥控装置将此信息发送到发电机组以完成对发电机功率的控制和调整。

AGC 系统的任务是针对变化周期为 $10s \sim 3min$ 的负荷进行调整。控制调整可以全部由计算机来承担,一台负责经济运行计算,另一台负责将计算结果以及控制信号送至各被控制发电厂。由于要解决周期为 10s 的负荷波动,因此 AGC 所发出的指令循环周期必须小于 10s,这对计算机的运算速度提出了较高的要求。

AGC 的任务不仅可以维持电力系统的频率在额定值上,而且可以维持和控制地区电网联络线上的交换功率在一定的范围内,如图 4-21 所示。

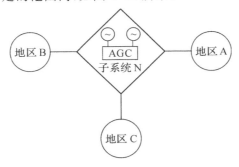

图 4-21　联合电力系统的 AGC 控制

图 4-21 中包括一个较小的系统 N(称为子系统)和三个地区电力网 A、B、C。N 通过联络线与 A、B、C 相连。P_A、P_B、P_C 为联络线上的净交换功率。N 除满足地区间规定的净交换功率 $P_A + P_B + P_C$ 之外,还要保持本系统的频率为额定值。在联合电力系统中的每个子系统都有类似的发电控制要求。而按联络线上进行交换功率所围成的各个子系统称为控制区域,图中子系统 N 就是一个控制区域。

在控制区域内没有 AGC 的情况下,区域内任何负荷变化或扰动,都将使联合电力系统经联络线向控制区域供给所需要的功率。这将使净交换功率偏离其预定的数值。而有 AGC 时,区域内负荷变动将由 AGC 来控制调整,由控制区域内部的发电机组输出功率来适应,并可以保持交换功率及频率不变。

4.4　电力系统低频减载

4.4.1　概　述

通常电力系统均具有热备用容量,正常运行时,如系统产生正常的有功缺额,可以通过对有功功率的调节来保持系统频率在额定值附近。但是在事故情况下,系统可能产生严重的有功缺额,因而导致系统频率大幅度下降。这是因为所缺功率已经大大超过系统热备用容量,系统已无可调出力以资利用,因此只能在系统频率降到某个值以下时,采取切除相应用户的办法来减少系统的有功缺额,使系统频率保持在事故允许的限额之内。这种办法称为按频率自动减负荷("ZPJH",或 UFLS——under frequency load shedding)。

当电力系统因事故而出现严重的有功功率缺额时,其频率将随之急剧下降,其下降值与功率缺额有关,根据负荷频率特性曲线不难求得下降频率的稳态值。

频率降低较大时,对系统运行极为不利,甚至会造成系统崩溃的严重后果,现依次介绍。

1. 对汽轮机的影响

运行经验表明,某些汽轮机在长时期低于频率49～49.5Hz以下运行时,叶片容易产生裂纹,当频率低到45Hz附近时,个别叶片可能发生共振而引起断裂事故。

2. 发生频率崩溃现象

当频率下降到47～48Hz时,火电厂的厂用机械(如给水泵等)的出力将显著降低,使锅炉出力减少,导致发电厂输出功率进一步减少,致使功率缺额更为严重。于是系统频率进一步下降,这样恶性循环将使发电厂运行受到破坏,从而造成所谓"频率崩溃"现象。

3. 发生电压崩溃现象

当频率降低时,励磁机、发电机等的转速相应降低,由于发电机的电动势下降和电动机转速降低,加剧了系统无功不足情况,使系统电压水平下降。运行经验表明,当频率降至45～46Hz时,系统电压水平受到严重影响,当某些中枢点电压低于某一临界值时,将出现所谓"电压崩溃"现象,系统运行的稳定性遭到破坏,最后导致系统瓦解。

一旦发生上述恶性事故,将会引起大面积停电,而且需要较长时间才能恢复系统正常供电。世界上一些大型电力系统曾发生过这种不幸事故,应该引起我们高度重视。

自动低频减载装置是防止发生上述事故的重要对策之一,当频率下降时,采用迅速切除不重要负荷的办法来制止频率下降,以保障电力系统安全,防止事故扩大。

综上所述,运行规程要求电力系统频率不能长时期地运行在49～49.5Hz以下,事故情况下不能较长时间地停留在47Hz以下,瞬时值则不能低于45Hz。所以在电力系统发生有功功率缺额的事故时,必须迅速断开相应的用户,使频率维持在运行人员可以从容处理事故的水平上,然后再逐步恢复到正常值。由此可见,按频率自动减负荷是电力系统的一种有力的反事故措施。

4.4.2 系统频率的动态特性

电力系统由于有功功率平衡遭到破坏而引起系统频率发生变化,频率从正常状态过渡到另一个稳定值所经历的时间过程,称为电力系统的动态频率特性。当系统中出现功率缺额时,系统中旋转机组的动能都为支持电网的能耗做出贡献,频率随时间变化的过程主要决定于有功功率缺额的大小与系统中所有转动部分的机械惯性,其中包括汽轮机、同步发电机、同步补偿机、电动机及电动机拖动的机械设备。

电力系统出现功率缺额时,系统的稳定频率 f_∞ 必然低于额定频率 f_N,系统频率从 f_N 变化到 f_∞ 的过程就反映出电力系统的动态频率特性,如图4-22所示。可以看出,系统频率变化不是瞬间完成的,而是按指数规律变化,其表示式为

$$f = f_\infty + (f_N - f_\infty)e^{-\frac{1}{T_f}} \tag{4-62}$$

式中:f_∞ 为由功率缺额引起的另一个稳定运行频率;T_f 为系统频率变化的时间常数,它与系统等值机组惯性常

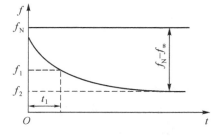

图4-22 电力系统的动态频率特性

数以及负荷调节效应系数 K_L 有关,一般为4～10s,大系统 T_f 较大,小系统 T_f 较小。

4.4.3　自动低频减载的工作原理

当发电机功率与负荷功率失去平衡时，系统频率 f_x 按指数曲线变化。系统功率缺额 ΔP_{h*} 值是一个随机的不定数，但系统频率 f_x 的变化总可归纳为如下几种情况：

（1）由于 $\Delta f_{*\infty}$ 的值与功率缺额 ΔP_{h*} 成比例，当 ΔP_{h*} 不同时，系统频率特性分别如图 4-23 中曲线 a、b 所示。这两条曲线表明，在事故初期，频率的下降速率与功率缺额的标幺值成比例，即 ΔP_{h*} 值越大，频率下降的速率也越大。它们的频率稳定值分别为 $f_{a\infty}$ 和 $f_{b\infty}$。

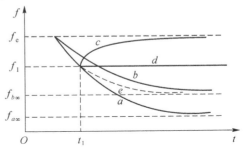

图 4-23　电力系统频率的变化过程

（2）设系统功率缺额为 ΔP_h，当频率下降至 f_1 时切除负荷功率 ΔP_L，如果 ΔP_L 等于 ΔP_h，则发电机组发出的功率刚好与切除后的系统负荷功率平衡。系统频率按指数曲线恢复到额定频率 f_N 运行，如图 4-23 中曲线 c 所示。

（3）在上述事故情况下，如果在 f_1 时切除负荷功率 ΔP_L 小于功率缺额值 ΔP_h，则系统的稳态频率就低于额定值。设切除负荷 ΔP_{L1} 后，正好使系统频率 f_x 维持在 f_1 运行，那么它的频率特性如图 4-23 中直线 d 所示。

（4）设频率下降至 f_1 时切除的负荷功率为 ΔP_{L2}，且 ΔP_{L2} 小于上述情况的 ΔP_{L1}，这时系统频率 f_x 将继续下降，如果这时系统功率缺额对应的稳态频率也为 $f_{b\infty}$，于是系统频率的变化过程如图 4-23 中曲线 e 所示。比较 b、e 两曲线也可说明，如能及早切除负荷功率，可延缓系统频率下降过程。

4.4.4　最大功率缺额的确定

当系统发生严重功率缺额时，自动低频减载装置的任务是迅速断开相应数量的用户负荷，使系统频率在不低于某一允许值的情况下，达到有功功率的平衡，以确保电力系统安全运行，防止事故扩大。因此其是防止电力系统发生频率崩溃的系统性事故的保护装置。

在电力系统中，自动低频减载装置是用来对付严重功率缺额事故的重要措施之一，它通过切除负荷功率（通常是比较不重要的负荷）的办法来制止系统频率的大幅度下降，以取得逐步恢复系统正常工作的条件。因此，必须考虑即使在系统发生最严重事故的情况下，即出现最大可能的功率缺额时，接至自动低频减载装置的用户功率量也能使系统频率恢复在可运行的水平，以避免系统事故的扩大。可见，确定系统事故情况下的最大可能功率缺额，以及接入自动低频减载装置的相应的功率值，是系统安全运行的重要保证。确定系统中可能发生的功率缺额涉及对系统事故的设想，为此应做具体分析。一般应根据最不利的运行方式下发生事故时，实际可能发生的最大功率缺额来考虑，例如按系统中断开最大机组或某一电厂来考虑。如果系统有可能列成几个子系统（即几个部分）运行时，还必须考虑各子系统可能发生的最大功率缺额。

系统功率最大缺额确定以后，就可以考虑接于按频率自动减负荷装置上的负荷的总数。因为在自动减负荷动作后，并不希望系统频率完全恢复到额定频率 f_N，而是恢复到低于额定频率的某一频率数值 f_{hf}，约为 $49.5 \sim 50\mathrm{Hz}$，考虑负荷调节效应后，接于减负荷装置上的

负荷总功率 P_{JH} 可以比最大缺额功率 P_{qe} 小些。根据负荷调节效应系数公式

$$K_{L*} = \frac{(P_{fhf} - P_{fhe})/P_{fhe}}{(f - f_N)/f_N} = \frac{\Delta P_{fhf*}}{\Delta f_*} = \frac{\Delta P_{fhf}\%}{\Delta f\%}$$

可以得到

$$\frac{P_{qe} - P_{JH}}{P_x - P_{JH}} = K_{L*}\frac{f_N - f_{hf}}{f_N} = K_{L*}\Delta f_{hf*}$$

或

$$P_{JH} = \frac{P_{qe} - K_{L*} \cdot P_x\Delta f_{hf*}}{1 - K_{L*}\Delta f_{hf*}} \tag{4-63}$$

式中：Δf_{hf*} 为恢复频率偏差的相对值，$\Delta f_{hf*} = \dfrac{f_N - f_{hf}}{f_N}$；$P_x$ 为减负荷前系统用户的总功率。式(4-63)中所有功率都是额定频率下的数值。

【例 4-3】 如图 4-24 所示，某系统的用户总功率为 $P_{fhe} = 2800\text{MW}$，负荷调节效应系数 $K_{L*} = 2$，自动减负荷动作后，希望恢复频率值 $f_{hf} = 48\text{Hz}$，求接入减负荷装置的负荷总功率 P_{JH}。

解 减负荷动作后，残留的频率偏差相对值

$$\Delta f_{hf*} = \frac{50 - 48}{50} = 0.04$$

由式(4-63)得

$$P_{JH} = \frac{900 - 2 \times 0.04 \times 2800}{1 - 2 \times 0.04}$$

$$\approx 735\text{(MW)}$$

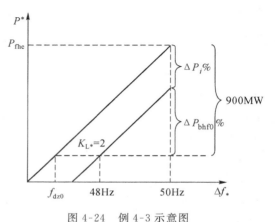

图 4-24　例 4-3 示意图

4.4.5　各轮动作频率的选择

1. 自动低频减载装置的动作顺序

在电力系统发生事故的情况下，被迫采取断开部分负荷的办法确保系统的安全运行，这对于被切除的用户来说，无疑会造成不少困难，因此应力求尽可能少地断开负荷。

如上所述，接于自动低频减载装置的总功率是按系统最严重事故的情况来考虑的。然而，系统的运行方式很多，而且事故的严重程度也有很大差别，对于各种可能发生的事故，都要求自动低频减载装置能做出恰当的反应，切除相应数量的负荷功率，既不过多又不能不足，只有分批断开负荷功率，采用逐步修正的办法，才能取得较为满意的结果。

自动低频减载装置是在电力系统发生事故后系统频率下降过程中，按照频率的不同数值按顺序地切除负荷。也就是将接至低频减载装置的总功率 ΔP_{Lmax} 分配在不同启动频率值来分批地切除，以适应不同功率缺额的需要。根据启动频率的不同，低频减载可分为若干级，也称为若干轮。

为了确定自动低频减载装置的级数，首先应定出装置的动作频率范围，即选定第一级启动频率 f_1 和最末一级启动频率 f_n 的数值。

（1）第一级启动频率 f_1 的选择

由图 4-23 系统频率动态特性曲线所示的规律可知，在事故初期如能及早切除负荷功率，这对于延缓频率下降过程是有利的。因此第一级的启动频率值宜选择得高些，但又必须计及电力系统动用旋转备用容量所需的时间延迟，避免因暂时性频率下降而不必要地断开负荷的情况，所以一般第一级的启动频率整定在 48.5～49Hz。在以水电厂为主的电力系统中，由于水轮机调速系统动作较慢，所以第一级启动频率宜取低值。

（2）末级启动频率 f_n 的选择

电力系统允许最低频率受"频率崩溃"或"电压崩溃"的限制，对于高温高压的火电厂，当频率低于 46～46.5Hz 时，厂用电已不能正常工作。在频率低于 45Hz 时，就有"电压崩溃"的危险。因此，末级的启动频率以不低于 46～46.5Hz 为宜。

（3）频率级差

当 f_1 和 f_n 确定以后，就可在该频率范围内按频率级差 Δf 分成 n 级断开负荷，即

$$n=\frac{f_1-f_n}{\Delta f}+1 \tag{4-64}$$

级数 n 越大，每级断开的负荷越小，这样装置所切除的负荷量就越有可能接近于实际功率缺额，具有较好的适应性。

2. 频率级差 Δf 的选择

关于频率级差 Δf 的选择问题，当前有两种截然不同的原则。

（1）按选择性确定级差

强调各级动作的次序，要在前一级动作以后还不能制止频率下降的情况下，后一级才动作。

设频率测量元件的测量误差为 $\pm\Delta f_\sigma$，最严重的情况是前一级启动频率具有最大负误差，而本级的测频元件为最大正误差，如图 4-25 所示。设第 i 级在频率为 $f_i-\Delta f_\sigma$ 时启动，经 Δt 时间后断开负荷，这时频率已下降至 $f_i-\Delta f_\sigma-\Delta f_t$。第 i 级断开负荷后如果频率不继续下降，则第 $i+1$ 级就不切除负荷。这才算是有选择性。这时考虑选择性的最小频率级差为

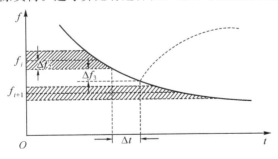

图 4-25　频率选择性级差的确定

$$\Delta f=2\Delta f_\sigma+\Delta f_t+\Delta f_y \tag{4-65}$$

式中：Δf_σ 为频率测量元件的最大误差频率；Δf_t 为对应于 Δt 时间内的频率变化，一般可取 0.15Hz；Δf_y 为两级间留有的频率裕度值，一般可取 0.05Hz。

按照各级有选择地顺序切断负荷功率，级差 Δf 值主要决定于频率测量元件的最大误差 Δf_σ 和 Δt 时间内频率的下降数值 Δf_t。模拟式频率继电器的频率测量元件本身的最大误差为

$\pm 0.15\mathrm{Hz}$ 时,选择性级差 Δf 一般取 $0.5\mathrm{Hz}$,这样整个低频减载装置只可分成 $5\sim 6$ 级。

现在数字式频率继电器已在电力系统中广泛采用,其测量误差($0.015\mathrm{Hz}$ 甚至更低)已大为减小且动作延时也已缩短,为此频率级差可相应减小为 $0.2\sim 0.3\mathrm{Hz}$。

(2)级差不强调选择性

由于电力系统运行方式和负荷水平是不固定的,针对电力系统发生事故时功率缺额有很大分散性的特点,低频减载装置遵循逐步试探求解的原则分级切除少量负荷,以求达到较佳的控制效果,这就要求减小级差 Δf,增加总的频率动作级数 n,同时相应地减少每级的切除功率。这样即使两轮无选择性启动,系统恢复频率也不会过高。

在电力系统中,自动低频减载装置总是分设在各个地区变电所中,前面已讲到在系统频率下降的动态过程中,如果计及暂态频率修正项 Δf_i,各母线电压的频率并不一致,所以分散在各地的同一级低频减载装置,事实上也有可能不同时启动。因此如果增加级数 n,减小各级的切除负荷功率,则两级间的选择性问题也并不突出。

4.4.6 各轮最佳断开功率的计算

ZPJH 装置动作后,系统频率应恢复到较高的水平,以防止事故的扩大。如果不论系统功率缺额的大小和动作的轮数多少,ZPJH 装置动作后,系统频率总是准确地恢复到同一数值 f_{hflx},这样的 ZPJH 装置的选择性应该是最理想的。但是实际上这样高度准确的 ZPJH 装置是不存在的。目前 ZPJH 装置在第 i 轮动作后,只能做到系统频率的最后稳定值在 f_{hflx} 值上下的某一个范围内,即在最大恢复频率 $f_{\mathrm{hf \cdot max} \cdot i}$ 与最小恢复频率 $f_{\mathrm{hf \cdot min} \cdot i}$ 之间。可以认为 $(f_{\mathrm{hf \cdot max} \cdot i} - f_{\mathrm{hf \cdot min} \cdot i})$ 是正比于 ZPJH 第 i 次的计算误差的。要消灭这个误差是不可能的。但应使整个 ZPJH 装置的误差 $(f_{\mathrm{hf \cdot max}} - f_{\mathrm{hf \cdot min}})$ 为最小。当 ZPJH 动作后,可能出现的最大误差为最小时,ZPJH 就具有最高的选择性。

现在的 ZPJH 装置都设置有特殊轮(其作用在后面讨论),$f_{\mathrm{hf \cdot min}}$ 事实上等于特殊轮动作频率 f_{dzts}。所以在研究 ZPJH 的选择性时,可以只研究各轮恢复频率的最大值 $f_{\mathrm{hf \cdot max} \cdot i}$。一般情况下,各轮的 $f_{\mathrm{hf \cdot max} \cdot i}$ 是不同的,而 ZPJH 的最终计算误差则应按其中最大者计算。根据极值原理,显而易见,要使 ZPJH 装置的误差为最小的条件是

$$f_{\mathrm{hf \cdot max} \cdot 1} = f_{\mathrm{hf \cdot max} \cdot 2} = \cdots = f_{\mathrm{hf \cdot max} \cdot i} = f_{\mathrm{hf0}} \tag{4-66}$$

这就是说,当各轮恢复频率的最大值相等(令其值为 f_{hf0})时,则 ZPJH 装置的选择性最高。

各轮恢复频率的最大值 f_{hf0} 可作如下考虑:当系统频率缓慢下降,并正好稳定在第 i 轮继电器的动作频率 f_{dzi} 时,第 i 轮继电器动作,并断开了相应的用户功率 ΔP_i,于是频率回升到这一轮的最大恢复频率 $f_{\mathrm{hf \cdot max} \cdot i}$。

图 4-26 说明了第 i 轮动作前后,系统频率稳定值与功率平衡的关系。特性 a 表示第 i 轮动作前的系统负荷调节特性,特性 b 表示第 i 轮动作后的系统负荷调节特性。按上述假定,第 i 轮动作前频率正好稳定在 f_{dzi},图中表示此时负荷调节效应的补偿功率为 ΔP_{bi}。根据负荷调节效应系数公式,有

$$\frac{\Delta P_{\mathrm{b}i}}{P_{\mathrm{x}} - \sum_{k=1}^{i-1} \Delta P_k} = K_{\mathrm{L}*} \Delta f_{\mathrm{dzi}} / f_{\mathrm{N}}$$

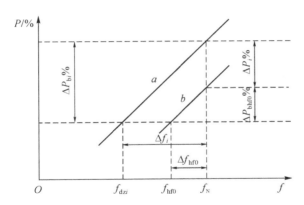

图 4-26 第 i 轮动作后系统频率稳定值与功率平衡的关系

式中：$\sum\limits_{k=1}^{i-1}\Delta P_k$ 为 ZPJH 装置前 $i-1$ 轮断开的总负荷功率。

为了简化起见，把所有功率都以 ZPJH 装置动作前的系统总负荷 P_x 的百分值来表示，则

$$\Delta P_{bi}\% = \left(100 - \sum_{k=1}^{i-1}\Delta P_k\%\right) K_{L*} \Delta f_{dzi}/f_N$$

如果此时第 i 轮动作了，频率就会回升到 f_{hf0}，负荷调节效应的补偿功率 $\Delta P_{bhf0}\%$ 相应为

$$\Delta P_{bhf0}\% = \left(100 - \sum_{k=1}^{i}\Delta P_k\%\right) K_{L*} \Delta f_{hf0}/f_N$$

由于 $\qquad \Delta P_{bi}\% = \Delta P_{bhf0}\% + \Delta P_i\%$

所以

$$\Delta P_i\% = \left(100 - \sum_{k=1}^{i-1}\Delta P_k\%\right)\left[\frac{K_{L*}(f_{hf0}-f_{dzi})}{f_N - K_{L*}(f_N - f_{hf0})}\right] \qquad (4\text{-}67)$$

利用式（4-67）将各轮断开功率整理后列于表 4-1。

表 4-1 各轮断开功率

轮次	动作频率	断开功率
1	f_{dz1}	$\Delta P_1\% = \dfrac{K_{L*}(f_{hf0}-f_{dz1})}{f_N - K_{L*}(f_N - f_{hf0})}$
2	f_{dz2}	$\Delta P_2\% = (100 - \Delta P_1\%)\dfrac{K_{L*}(f_{hf0}-f_{dz2})}{f_N - K_{L*}(f_N - f_{hf0})}$
3	f_{dz3}	$\Delta P_3\% = \left(100 - \sum\limits_{k=1}^{2}\Delta P_k\%\right)\dfrac{K_{L*}(f_{hf0}-f_{dz3})}{f_N - K_{L*}(f_N - f_{hf0})}$
…	…	…
n	f_{dzn}	$\Delta P_n\% = \left(100 - \sum\limits_{k=1}^{n-1}\Delta P_k\%\right)\dfrac{K_{L*}(f_{hf0}-f_{dzn})}{f_N - K_{L*}(f_N - f_{hf0})}$

ZPJH 装置各轮断开功率之和 $\sum\limits_{i=1}^{n}\Delta P_k\%$ 应等于 ZPJH 装置总的减负荷功率 $P_{\mathrm{JH}}\%$，由式(4-63)得，ZPJH 装置总的减负荷分量用系统全部负荷 P_x 的百分值表示时，为

$$P_{\mathrm{JH}}\% = \frac{P_{\mathrm{qe}}\% - K_{\mathrm{L}*}\cdot\Delta f_{\mathrm{hf0}*}}{1 - K_{\mathrm{L}*}\cdot\Delta f_{\mathrm{hf0}*}} = \sum_{i=1}^{n}\Delta P_i\% \tag{4-68}$$

联立表 4-1 诸式及式(4-68)可解出 f_{hf0} 然后满足条件式(4-66)，故 ZPJH 装置的选择性最高各轮断开功率的地点，应经系统协调后统一安排。

图 4-27 所示是用图解求 f_{hf0} 的例子，对应于 $K=2$ 选择性极差为 $0.5\mathrm{Hz}$，ZPJH 装置共七轮，各轮的动作频率在 $45\sim48\mathrm{Hz}$ 间均匀分布的情况。图中曲线 I 是由表 4-1 在假定不同的 f_{hf0} 下求得的 $\sum\limits_{i=1}^{n}\Delta P_i\%$；曲线组 II 是在不同的缺额功率 $P_{\mathrm{qe}}\%$ 时，根据式(4-68)画出的。

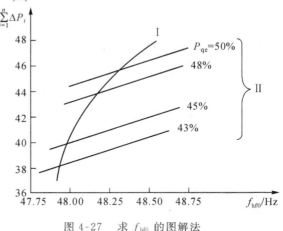

图 4-27 求 f_{hf0} 的图解法

曲线 I 和曲线 II 交点的横坐标就是所求的 f_{hf0}。为保证第一轮继电器的动作，应有 $f_{\mathrm{hf0}} > f_{\mathrm{dz1}}$，所以只有在 $P_{\mathrm{qe}}\% > 43\%$ 的系统($K=2$)里，用 $0.5\mathrm{Hz}$ 极差时，采用七轮才是必要的。当系统最大功率缺额小于 43% 时，可以将 ZPJH 装置的轮数减少到六轮或者五轮；增多动作轮数，这对提高整个系统动作选择性是有利的。

4.4.7 特殊轮的功用与断开功率的选择

在自动减负荷装置动作的过程中，可能出现这样的情况：第 i 轮动作后，系统频率稳定在低于恢复频率的低限 $f_{\mathrm{hf\cdot min}\cdot i}$，但又不足以使 $i+1$ 轮减负荷装置动作。

前已指出系统频率长期低于 $47\mathrm{Hz}$ 是不允许的，为了使系统频率恢复到 $f_{\mathrm{hf\cdot min}}$（一般可取 $47\mathrm{Hz}$）以上，可采用带时限的特殊轮。特殊轮的动作频率为 $f_{\mathrm{dzts}} = f_{\mathrm{hf\cdot min}}$，它是在系统频率已比较稳定时动作的，因此其动作时限可以取系统频率时间常数 T_f 的 $2\sim3$ 倍，一般为 $15\sim25\mathrm{s}$。特殊轮断开功率可按以下两个极限条件来选择：

(1) 当倒数第二轮即 $n-1$ 轮动作后，系统频率不回升反而降到最后一轮即第 n 轮动作频率 f_{dzn} 附近，但又不足使第 n 轮动作时，则在特殊轮动作断开其所接用户功率后，系统频率应恢复到 $f_{\mathrm{fh\cdot min}}$ 以上。因此特殊轮应断的用户功率为

$$\Delta P_{\mathrm{ts}}\% \geqslant \left(100 - \sum_{k=1}^{n-1}\Delta P_k\%\right)\left[\frac{K_{\mathrm{L}*}\cdot(f_{\mathrm{hf\cdot min}} - f_{\mathrm{dzn}})}{f_{\mathrm{N}} - K_{\mathrm{L}*}\cdot(f_{\mathrm{N}} - f_{\mathrm{hf\cdot min}})}\right] \tag{4-69}$$

(2) 当系统频率在第 i 轮动作后稳定在稍低于特殊轮的动作频率 f_{dzts}，特殊轮动作并断开其用户后，系统频率不应高于 f_{hf0}，因此

$$\Delta P_{\mathrm{ts}}\% \geqslant \left(100 - \sum_{k=1}^{i}\Delta P_k\%\right)\left[\frac{K_{\mathrm{L}*}\cdot(f_{\mathrm{hf0}} - f_{\mathrm{dzts}})}{f_{\mathrm{N}} - K_{\mathrm{L}*}\cdot(f_{\mathrm{N}} - f_{\mathrm{hf0}})}\right] \tag{4-70}$$

只有在按式(4-70)算出 $\Delta P_{\mathrm{ts}}\%$ 小于式(4-69)的数值时，才按式(4-69)选择 $\Delta P_{\mathrm{ts}}\%$。

4.4.8　自动减载装置的时限及防止误动作措施

为了防止在系统发生振荡或系统电压短时间下降时 ZPJH 装置误动作,要求装置能带有一些时限,但时限太长,将使系统发生严重事故时,频率会危险地降低到临界值以下。因此一般时限可以取为 0.2～0.3s。

参加自动减载的一部分负荷允许带稍长一些的时限,例如带 5s 时限,但是这部分负荷功率的数量必须控制在这样的范围内,即其余部分动作以后,保证系统频率不低于临界频率 45Hz。

以上所述对自动减载装置的一些计算方法不是绝对的,各个系统结合具体情况可以有不同的处理方法。例如有的系统减少自动减负荷的轮数,每轮带大量的用户功率,同一轮中不同用户用时限加以区别。有的大容量系统不考虑很严格的自动减负荷的频率选择性,各轮的动作频率相差很小,把自动减载的轮数分得很多,各轮的断开功率也选得较小等。这样实现起来比较简单,对大容量系统并不会带来其他矛盾。

自动低频减载装置是通过测量系统频率来判断系统是否发生功率缺额事故的,在系统实际运行中往往会出现装置误动作的例外情况,例如地区变电所某些操作可能造成短时间供电中断,该地区的旋转机组如同步电动机、同步调相机和异步电动机等的动能仍短时反馈输送功率,且维持一个不低的电压水平,而频率则急剧下降,因而引起低频减载装置的错误启动。当该地区变电所很快恢复供电时,用户负荷已被错误地断开了。

当电力系统容量不大、系统中有很大冲击负荷时,系统频率将瞬时下跌,同样也可能引起低频减载装置启动,错误地断开负荷。

在上述自动低频减载装置误动作的例子中,可引入其他信号进行闭锁,防止其误动作,如电压过低和频率急剧变化率闭锁等。有时可简单地采用自动重合闸来补救,即当系统频率恢复时,将被自动低频减载装置所断开的用户按频率分批地进行自动重合闸,以恢复供电。

按频率进行自动重合以恢复对用户的供电,一般都是在系统频率恢复至额定值后进行,而且采用分组自动投入的方法(每组的用户功率不大)。如果重合后系统频率又重新下降,则自动重合就停止进行。

习　题

一、简答题

1. 电力系统频率和有功功率自动控制的内容有哪些?

2. 电力系统的频率特性包括几个方面的内容?

3. 何谓调节特性失灵区? 发电机组调节器为什么可以没有失灵区?

4. 何谓有差、无差调频法? 并说明其各自特点。

5. 何谓积差、改进的积差调频法? 并说明其各自特点。

6. 何谓分区调频法? 其原理是什么?

7. 如何做到电力系统负荷的经济分配？

8. 自动发电控制系统的任务是什么？

9. 什么是按频率自动减负荷装置？其作用是什么？

10. 什么是系统频率的动态特性？

11. 什么是负荷调节效应？在系统出现有功缺额时，有何作用？

12. 如何确定低频减载装置动作后的恢复频率？

13. 如何考虑低频减载装置第一级的动作频率？

14. 低频减载装置的最后一级动作频率如何确定？

15. 低频减载装置为何要分级实现？

二、绘图分析题

1. 绘图说明分区调频中如何判断负荷波动发生在本区域。

2. 绘图说明单台发电机组的自动发电控制系统框图。

3. 绘图说明低频减载的工作原理，并考虑各种情况的发生。

三、计算题

1. 某电力系统中，与频率无关的负荷占 30%，与频率一次方成比例的负荷占 40%，与频率二次方成比例的负荷占 10%，与频率三次方成比例的负荷占 20%。求负荷的 K_{L*} 值，并求系统频率由 50Hz 下降到 47Hz 时负荷的变化百分数；如果总功率为 3200MW，系统的频率为 50Hz，求负荷调节效应系数 K_L。

2. 在某电力系统中，系统原先在额定频率下运行，如发生功率缺额 P_{qe} 为 10% 的总负荷功率（$10\%P_{LN}$），符合调节效应系数 $K_{L*}=2$。试问：

(1) 此时系统稳定频率是多少？

(2) 此时若低频减载装置动作，切除 P_{JH} 负荷，为原负荷的 5%（$5\%P_{LN}$），则系统的稳定频率又是多少？

3. 某系统的负荷总功率 $P_L=5000MW$，设想系统最大功率缺额 $\Delta P_{hmax}=1200MW$，设负荷调节效应系数 $K_{L*}=2$，自动低频减载装置动作后，希望恢复频率为 $f_h=48Hz$，求接入低频减载装置的功率总数 ΔP_{Lmax}。

4. 某系统在某一运行方式下，运行机组的总额定容量为 450MW，总负荷是 430MW，负荷调节效应系数 $K=1.5$，运行于额定频率下。设这时发生事故，突然切除额定容量为 100MW 的发电机组，如不采取任何措施，求事故情况下的稳定频率值，其结果说明了什么？

5. 某系统发电机的出力保持不变，负荷调节效应系数 K 不变，系统原工作于额定频率下：①再投入相当于 30% 负荷；②切除相当于 30% 负荷的发电功率。两种情况下系统的稳定频率是否相等？试说明。

第5章 电力系统电压和无功功率控制技术

电力系统中的有功功率电源是集中在各类发电厂中的发电机,而无功功率电源除发电机外,还有调相机、电容器和静止补偿器等,它们被分散安装在各个变电所。一旦无功功率电源设置好,就可以随时使用,而无需像有功功率电源那样消耗能源。由于电网中的线路以及变压器等设备均以感性元件为主,因此系统中无功功率损耗远大于有功功率损耗。电力系统正常稳定运行时,全系统频率相同。频率调整集中在发电厂,调频控制手段只有调整原动机功率一种。而电压水平在全系统各点不同,并且电压控制可分散进行,调节控制电压的手段也多种多样。所以,电力系统的电压控制和无功功率调整与频率及有功功率调节有很大的不同。本章将讨论除第3章所述发电机端电压控制调整方法之外,电力系统各点的电压调节控制规律及相关措施,亦即本章相关讨论均以电源电压 $\dot{U}_G$ 恒定为前提条件。

5.1 电压控制的意义

电压是衡量电能质量的一个重要指标,质量合格的电压应该在供电电压偏移、电压波动和闪变、高次谐波和三相不对称程度(负序电压系数)这四个方面都能满足国家有关标准规定的要求。保证用户电压质量是电力系统运行调度的基本任务之一。

各种用电设备都是按额定电压进行设计和制造的,在额定电压下运行才能取得最佳效果。电压过高,偏离额定值,将对用户产生不良影响,直接影响工农业生产产品的质量和产量,甚至会使各种电气设备的绝缘受损,设备损坏。变压器,电动机等的铁损增大,温升增加,寿命缩短,特别是对各种白炽灯的寿命影响更大。

当系统电压降低时,对用户的不利影响主要有四个方面:

(1) 各类负荷中所占比例最大的异步电动机的转差率增大,定子电流随之增大,发热增加,绝缘加速老化,这些均影响着电动机的使用寿命。异步电动机的电磁转矩是与其端电压平方成正比的,当电压降低 10% 时,转矩大约降低 19%。当电压太低时,电动机可能由于转矩太小,带不动所拖动的机械而停转。

(2) 电动机的起动过程大为延长,甚至可能在起动过程中因温度过高而烧毁。

(3) 电炉等电热设备的出力大致与电压的平方成正比,因此电压降低会延长电炉的冶炼时间,从而影响产量。

(4) 使网络中的功率损耗加大,电压过低还可能危及电力系统运行的稳定性。

电压偏移过大不仅影响用户的正常工作,对电力系统本身也有不利的影响。在系统中无功功率不足、电压水平低下的情况下,某些枢纽变电所会发生母线电压在微小扰动下顷刻之间大幅度下降的"电压崩溃"现象,这更可能导致一种极为严重的后果,即导致发电厂之间失步、整个系统瓦解的灾难性事故。

在电力系统的正常运行中,随着用电负荷的变化和系统运行方式的改变,网络中的电压损耗也随之发生变化。要严格使用户在任何时刻都有额定电压是不可能,也是没有必要的。实际上,大多数用电设备在稍许偏离额定值的电压下运行仍然可以正常工作。因此,根据需要和可能,从技术和经济两方面综合考虑,为各类用户规定一个合理的允许电压偏移是完全必要的。目前,我国《电能质量 供电电压偏差》(GB/T 12325—2008)对正常情况下各类用户的允许电压偏差的限值规定如下:

① 35kV 及以上供电电压正、负偏差绝对值之和不超过标称电压的 10%;

② 20kV 及以下三相供电电压偏差为标称电压的 ±7%;

③ 220V 单相供电电压偏差为标称电压的 -10%~+7%。

在事故后的运行状态下,由于部分网络元件退出运行,网络等值阻抗增大,电压损耗将比正常时大,考虑到事故不会经常发生,非正常运行的时间不会很久,所以允许电压偏移比正常值再多 5%,但电压升高总计不允许超过 10%。

综上所述,电力系统电压控制是非常必要的。采取各种措施,保证各类用户的电压偏移在上述范围内,这就是电力系统电压控制的目标。

5.2 无功功率平衡与系统电压的关系

5.2.1 电力系统中的无功功率负荷

电力系统中的无功功率主要消耗在异步电动机、变压器和输电线路这三类电气元件中,分述如下。

1. 异步电动机

异步电动机在电力系统负荷中所占比重最大,也是无功功率的主要消耗者。当异步电动机满载时,其功率因数可达 0.8,但是当轻载时,功率因数却很低,可能只有 0.2~0.3,这时消耗的无功功率在数值上比有功功率多。

异步电动机消耗的无功功率与所受端电压的关系,如图 5-1 所示。

图 5-1 中 β 是电动机的受载系数,即实际拖带的机械负荷与其额定负荷之比。由图可见,在额定电压附近,异步电动机所消耗的无功功率随端电压上升而增加,随端电压下降而减少,但是当端电压下降到 70%~80% 额定电压时,异步电动机所消耗的无功功率反而增加。这一特性对电力系统运行的稳定性有重要影响。

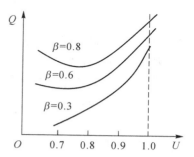

图 5-1 异步电动机的无功功率
与端电压的关系曲线

2. 变压器

变压器损耗的无功功率数值也相当可观。假如一台空载电流为 2.5%，短路电压为 10.5% 的变压器在额定满载下运行时，其无功功率的消耗可达到额定容量的 13% 左右。如果从电源到用户要经过 4 级变压，则这些变压器中总的无功功率消耗会达到通过的视在功率的 50%～60%，而当变压器不满载运行时，所占的比例就更大。

3. 输电线路

电力线路上的无功功率损耗可正可负。因为除了线路电抗要消耗无功功率之外，线路对地电容还能发出无功功率。当线路较短，电压较低时，线路电容及其发出的无功功率很小，所以线路是消耗无功功率的。当线路长，电压高时，线路对地电容及其发出的无功功率将会很大，甚至超过了线路电抗所吸收的无功功率，这时线路就发出无功功率了。

一般来说，35kV 及以下电压的架空线路都是消耗无功功率的。110kV 及以上电压的架空线路在传输功率较大时，也还会消耗无功功率；当传输的功率较小时，则可能成为向外供应无功功率的无功电源。

5.2.2　电力系统中的无功功率电源

电力系统中的无功功率电源向系统发出滞后的无功功率，一般有以下几类无功电源：一是同步发电机和过激运行的同步电动机；二是无功补偿设备，包括同步调相机、并联电容器、静止无功补偿装置等；三是 110kV 及以上电压输电线路的充电功率。

1. 同步发电机

同步发电机既是电力系统中唯一的有功功率电源，同时也是最基本的无功功率电源。它所提供给电力系统的无功功率与同时输出的有功功率有一定的关系，由同步发电机的 P-Q 曲线（又称为发电机的安全运行极限）决定，如图 5-2 所示。

同步发电机只有运行在额定状态（即额定电压、电流和功率因数）下的 N 点，视在功率才能达到额定值 S_{GN}，发电机容量才能得到最充分的利用。同步发电机低于额定功率因数运行时，发电机的输出视在功率受制于励磁电流不超过额定值的条件，从而将低于额定视在功率 S_{GN}。同步发电机高于额定

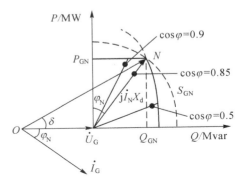

图 5-2　同步发电机的 P-Q 曲线

功率因数运行时，励磁电流的大小不再是限制的条件，而原动机的输出功率又成了它的限制条件。因此，同步发电机允许的有功功率输出和允许的无功功率输出的关系曲线大致沿图 5-2 中的实线连线变化。

同步发电机发出的无功功率为

$$Q_{GN} = S_{GN}\sin\varphi_N = P_{GN}\tan\varphi_N \tag{5-1}$$

式中：S_{GN} 为发电机的额定容量，MVA；P_{GN} 为发电机的额定有功功率，MW；Q_{GN} 为发电机的额定无功功率，Mvar。

根据我国的行业标准，同步发电机的额定功率因数为 0.8（滞后），这就意味着当同步发

电机运行于额定工况时，所发的无功功率为有功功率的 3/4，例如一台 10 万 kW 的发电机，当有功出力为 10 万 kW，其无功出力即为 7.5 万 kvar。大型发电机受制造上的制约，额定功率因数随容量的增大而增高，因而额定无功功率相对下降。

同步发电机以超前功率因数运行时，定子电流和励磁电流大小都不再是限制条件，而此时并联运行的稳定性或定子端部铁芯等的发热成了限制条件。由图 5-2 可知，当电力系统中有一定备用有功电源时，可以将离负荷中心近的发电机低于额定功率因数运行，适当降低有功功率输出而多发一些无功功率，这样有利于提高电力系统电压水平。当发电机有功出力降为零而励磁电流保持额定时，发电机可有最大的无功出力。

2. 同步调相机

同步调相机（synchronous condenser，SC）是专门用来产生无功功率的同步电机，可视为不带有功负荷的同步发电机或是不带机械负荷的同步电动机。当过激运行时，它向电力系统提供感性无功功率而起无功电源的作用，能提高系统电压；欠激运行时，从电力系统中吸收感性无功功率而起无功负荷的作用，可降低系统电压。因此，改变同步调相机的励磁，可以平滑地改变它的无功功率的大小及方向，从而平滑地调节所在地区的电压。但是在欠激状态下运行时，由于运行稳定性的要求，欠励磁时转子励磁电流不得小于过励磁时最大励磁电流的 50%，相应地，欠激运行时其输出功率为过激运行时输出功率的 50%～65%。同步调相机在运行时要产生有功功率损耗，一般在满负荷运行时，有功功率损耗为额定容量的 1.5%～5%，容量越小，有功损耗所占的比重越大。在轻负荷运行时，有功功率损耗也要增大。

同步调相机一般装设有自动电压调节器，根据电压的变化可自动调节励磁电流，以达到改变输出无功功率的作用，使节点电压在允许的范围内。调相机的优点是，它不仅能输出无功功率，还能吸收无功功率，具有良好的电压调节特性，对提高系统运行性能和稳定性有一定的作用。同步调相机适宜于大容量集中使用，安装于枢纽变电站中，以便平滑地调节电压和提高系统稳定性，一般不安装容量小于 5MVA 的调相机。

自 20 世纪 20 年代以来的几十年中，同步调相机在电力系统无功功率控制中一度发挥着主要作用。然而，由于它是旋转电机，因此损耗和噪声较大，运行维护复杂，而且响应速度慢，在很多情况下已无法适应快速无功功率控制的需要。所以自 20 世纪 70 年代以来，同步调相机开始逐渐被静止无功补偿装置（static var compensator，SVC）所取代，目前有些国家甚至已不再使用同步调相机。

3. 静电电容器

静电电容器可以按三角形接法或星形接法成组地连接到变电站的母线上，其从电力系统中吸收容性的无功功率，也就是说可以向电力系统提供感性的无功功率，因此可视为无功功率电源。由于单台容量有限，它可根据实际需要由许多电容器连接组成。因此，容量可大可小，既可集中使用，又可分散使用，并且可以分相补偿，随时投入、切除部分或全部电容器组，运行灵活。电容器的有功功率损耗较小（约占额定容量的 0.3%～0.5%），其单位容量的投资费用也较小。

静电电容器输出的无功功率 Q_C 与其端电压的平方成正比，即

$$Q_C = \frac{U^2}{X_C} = U^2 \omega C$$

(5-2)

式中:X_C为电容器的容抗,ω为交流电的角频率,C为电容器的电容量。

由式(5-2)可知,当电容器安装处节点电压下降时,其所提供给电力系统的无功功率也将减少,而此时正是电力系统需要无功功率电源的时候,这是其不足之处。

由于静电电容器价格便宜,安装简单,维护方便,因而在实际中仍被广泛使用。目前电力部门规定各用户功率因数不得低于0.95,所以一般均采取就地装设并联电容器的办法来改善功率因数。

4. 静止无功补偿装置

并联电容器阻抗是固定的,不能跟踪负载无功需求的变化,也就是不能实现对无功功率的动态补偿。而随着电力系统的发展,对无功功率进行快速动态补偿的需求越来越大。

早期的静止无功补偿装置是饱和电抗器(saturated reactor,SR)型的,如图5-3(a)所示。1967年,英国GEC公司制成了世界上第一批饱和电抗器型静止无功补偿装置。饱和电抗器与同步调相机相比,具有静止型的优点,响应速度快;但是由于其铁芯需磁化到饱和状态,因而损耗和噪声都很大,而且存在非线性电路的一些特殊问题,又不能分相调节以补偿负荷的不平衡,所以未能占据静止无功补偿装置的主流。

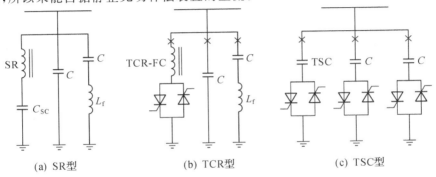

(a) SR型　　　　　　(b) TCR型　　　　　　(c) TSC型

图 5-3　静止无功补偿装置

1977年美国GE公司首次在实际电力系统中演示运行了其使用晶闸管的静止无功补偿装置。1978年,在美国电力研究院(Electric Power Research Institute,EPRI)的支持下,西屋电气公司(Westinghouse Electric Corp)制造的使用晶闸管的静止无功补偿装置投入实际运行。

由于使用晶闸管的静止无功补偿装置具有优良的性能,所以近40年来,在世界范围内其市场一直在迅速而稳定地增长,已占据了静止无功补偿装置的主导地位。因此,静止无功补偿装置(SVC)这个词往往专指使用晶闸管的静止无功补偿装置,包括:晶闸管控制电抗器(thyristor controlled reactor,TCR),如图5-3(b)所示;晶闸管投切电容器(thyristor switched capacitor,TSC),如图5-3(c)所示;这两者的混合装置(TCR＋TSC),或者晶闸管控制电抗器与固定电容器(fixed capacitor,FC)或机械投切电容器(mechanically switched capacitor,MSC)混合使用的装置(如TCR＋MSC等)。

随着电力电子技术的发展,20世纪80年代以来,出现了一些更为先进的静止型无功补偿装置,如静止无功发生器(static var generator,SVG)、静止补偿器(static compensator,STATCOM)等。SVG主体是电压源型逆变器,适当控制逆变器的输出电压,就可以灵活地改变 SVG 的运行工况,使其处于容性负荷、感性负荷或零负荷状态。与 SVC 相比,SVG 具有响应快、运行范围宽、谐波电流含量少等优点。尤其是当电压较低时仍可向系统注入较大的无功电流。

5. 高压输电线路的充电功率

高压输电线的充电功率可以由式(5-3)求出

$$Q_L = U^2 B_L \tag{5-3}$$

式中:B_L 为输电线路的对地总的电纳,U 为输电线路的实际运行电压。

高压输电线路,特别是分裂导线,其充电功率相当可观,是电力系统所固有的无功功率电源。

6. 各种无功功率电源的比较

各种无功功率电源性能的比较列于表 5-1 中。

表 5-1　各种无功功率电源性能比较

类型	投资	无功调节性能	安装地点	无功出力与电压关系	对系统短路电流的影响	有功损耗
同步发电机	不需要额外投资	可发可吸平滑调节	各发电厂	不受影响	使短路电流增大	不必考虑
同步电动机	不需要额外投资	可发可吸平滑调节	某些大用户	不受影响	影响很小	不必考虑
同步调相机	大	可发可吸平滑调节	枢纽变电站	不受影响	使短路电流增大	大
静止补偿器	较大	可发可吸平滑调节	枢纽变电站	不受影响	不增大	中等
静电电容器	小	只能发出可分级调节	分散在各变电站及大用户处	与电压平方成正比是缺点	不增大	小
并联电抗器	小	只能吸收	高压远距离线路中间或末端	与电压平方成正比是优点	不增大	小

5.2.3　无功功率与电压的关系

在电力系统中,大多数网络元件的阻抗是电感性的,不仅大量的网络元件和负荷需要消耗一定的无功功率,同时电网中各种输电设备也会引起无功功率损耗。因此,电源所发出的无功功率必须满足它们的需要,这就是系统中无功功率的平衡问题。对于运行中的所有设备,系统无功功率电源所发出的无功功率与无功功率负荷及无功功率损耗相平衡,即

$$Q_G = Q_D + Q_L \tag{5-4}$$

式中:Q_G 为电源供应的无功功率,Q_D 为负荷所消耗的无功功率,Q_L 为电力系统总的无功功率损耗。

并且,Q_G 可以分解为

$$Q_G = \sum Q_{Gi} + \sum Q_{C1} + \sum Q_{C2} + \sum Q_{C3} \tag{5-5}$$

式中：$Q_{Gi}(i=1,2,\cdots,m)$ 为发电机供应的无功功率综合，m 为发电机组数量；Q_{C1}、Q_{C2}、Q_{C3} 分别为调相机、并联电容器、静止补偿器所供应的无功功率。

　　负荷所消耗的无功功率 Q_D 可以按负荷的功率因数来计算。Q_L 可以表示为

$$Q_L = \Delta Q_T + \Delta Q_X - \Delta Q_B \tag{5-6}$$

式中：ΔQ_T、ΔQ_X、ΔQ_B 分别为变压器、线路电抗、线路电纳中的无功功率损耗。

　　电力系统无功功率平衡与电压水平有着密切的关系，如图 5-4 所示。

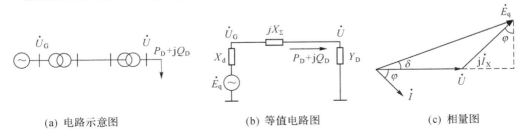

(a) 电路示意图　　　　　　(b) 等值电路图　　　　　　(c) 相量图

图 5-4　电力系统接线图

　　设电源电压为 $\dot{U}_G$，负荷端的电压为 $\dot{U}$，负荷以等值导纳 $Y_D = G_D + jB_D$（B_D 为感性负荷）来表示，用 X_Σ 表示线路、变压器以及发电机等值电抗总和，$\dot{E}_q$ 表示发电机电势。由图 5-4 可知，负荷处的电压 U 大小取决于发电机电源电压 U_G 大小及电网总的电压损耗 ΔU 两个量。U_G 的大小可以通过改变发电机的励磁电流，即改变发电机送出的无功功率来控制，但是受设备容量限制。ΔU 可以分解成电阻电压损耗分量和电抗电压损耗分量

$$\Delta U = \frac{P_D R + Q_D X_\Sigma}{U_N} \tag{5-7}$$

　　如果在起始的正常运行状态下电力系统已达到无功功率平衡，满足式(5-4)，保持在额定电压 U_N 水平上。现由于某种原因使负荷无功功率 Q_D 增加，则 ΔU 随之增加，此时如果增加发电机的励磁电流，使 U_G 增加，其所增加量 ΔU_G 正好补足电网总的电压损耗 ΔU，则将使 U 维持在原有的电压 U_N 水平上。这样，由于系统的无功功率负荷增加，使发电机的无功功率输出增加，它们会在新的状态下达到平衡：$Q'_G = Q'_D + Q'_L$。此时的电压水平仍可以维持在原有的额定电压 U_N 下。

　　如果发电机输出电压增量 ΔU_G 大于 ΔU 的增量，将会使 U 升高并且超过 U_N，负荷在 $U_H > U_N$ 下运行，电力系统所需要的无功功率也在增加，此时整个电力系统在新的电压水平下达到新的无功功率平衡：$Q_{GH} = Q_{DH} + Q_{LH}$。反之，如果因为发电机励磁的限制，U_G 不能增加足够的量以补偿 ΔU 的增加，则负荷端电压将下降，低于 U_N，此时负荷在低电压 U_L 水平下运行，系统所需的无功功率将减小，因此整个电力系统又会在新的电压水平下达到新的无功功率平衡：$Q_{GL} = Q_{DL} + Q_{LL}$。

　　总之，电力系统的运行电压水平取决于无功功率的平衡；无功功率总是要保持平衡状态，否则电压就会偏离额定值。当电力系统无功功率电源充足，可调节容量大时，电力系统可在较高电压水平上保持平衡；当电力系统无功功率电源不足，可调容量小甚至没有时，电力系统只能在较低电压水平上保证平衡。这一关系可以用电力系统负荷的无功功率-电压静态特性来进一步加以说明，如图 5-5 所示。

　　无功功率负荷主要是由异步电动机组成，其所需要的无功功率由励磁无功功率及漏抗

所需要的无功功率两部分组成。励磁无功功率与所供给的电压平方成正比；当电动机负载不变时由于电压降低，使滑差增大，电流增大，漏抗所需要的无功功率也会增大。这样，负荷无功功率-电压特性可以用二次曲线来表示，如图 5-5 中曲线 1 所示。当系统负荷增加时，曲线向上方移动（曲线 2）。

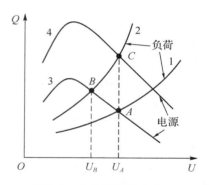

图 5-5　电力系统无功功率-电压的静态特性

　　由电力系统送至负荷无功功率的无功电压特性曲线可以由如下方法获得。由图 5-4(c)可知

$$P = UI\cos\varphi = U \cdot \frac{IX\cos\varphi}{X} = U \cdot \frac{E_q\sin\delta}{X}$$
$$= \frac{UE_q}{X}\sin\delta \tag{5-8}$$

而

$$Q = UI\sin\varphi = U \cdot \frac{IX\sin\varphi}{X}$$
$$= U \cdot \frac{E_q\cos\delta - U}{X} = \frac{UE_q\cos\delta}{X} - \frac{U^2}{X} \tag{5-9}$$

由式(5-8)可知

$$P^2 = \left(\frac{UE_q}{X}\right)^2\sin^2\delta = \left(\frac{UE_q}{X}\right)^2(1-\cos^2\delta)$$

即

$$\frac{UE_q}{X}\cos\delta = \sqrt{\left(\frac{UE_q}{X}\right)^2 - P^2} \tag{5-10}$$

将式(5-10)代入式(5-9)得

$$Q = \sqrt{\left(\frac{UE_q}{X}\right)^2 - P^2} - \frac{U^2}{X} \tag{5-11}$$

　　这就得到了无功功率和电压的关系式 $Q = f(U)$，它是一条向下开口的抛物线，如图 5-5 中曲线 3 所示（设有功功率 P 保持不变，以使问题简化）。这样电力系统送至负荷的无功功率的无功电压特性也近似为二次曲线，如果增加 E_q，则将使曲线向上移动（曲线 4）。

　　曲线 1 与 3 的交点 A 就确定了负荷节点的电压值 $U = U_A$，电力系统在此电压水平下可以达到无功功率的平衡。

　　当无功功率负荷增加时，曲线由 1 转移至 2，如果此时电力系统的无功功率电源能相应的增加 E_q，使曲线 3 移至曲线 4 位置，则表明电力系统在新的无功功率平衡状态下保持负荷处于电压水平为 U_A（C 点）。如果由于某种原因，电力系统无功功率电源不能随之增加，曲线 3 将保持不变，其与曲线 2 线的交点为 B，则意味着电力系统降低了供给负荷功率，使负荷处的电压 U_B 在一个新的水平上达到了无功功率平衡。如果此时仍然需要维持电压在原有的水平上，则必须采取其他增发无功功率的相应控制措施。

　　一般情况下，由于负荷的功率因数低于同步发电机的功率因数，电网中的无功功率损耗大于有功功率损耗，因此电力系统都要进行一定的无功功率补偿。考虑到无功功率的输送将引起电网中的有功功率损耗及电压损耗的增加，一般不宜远距离输送，因此一般无功功率补偿装置要在负荷中心地区设置。也就是说,为了维持电力系统应有的电压水平,除了在整个电力系统需要达到相应的无功功率平衡外,在负荷地区也需要基本上达到无功功率的平衡,以避免无功功率在电网中的大量传输。

5.2.4　无功功率平衡与系统电压稳定性

在电力系统中,人们把因扰动、负荷增大或系统变更后造成大面积、大幅度电压持续下降,并且运行人员和自动控制系统的控制无法终止这种电压衰落的情况称为电压崩溃。这种电压的衰落可能只需几秒,也可能长达 $10 \sim 20$ min,甚至更长,电压崩溃是电压失稳的最明显的特征,它会导致系统瓦解。

在无功功率严重不足,系统电压水平较低的系统中,很可能出现电压崩溃事故。简言之,这是由于系统无功不足和电压下降互相影响,激化,形成恶性循环所造成的。下面用图 5-6 予以说明。

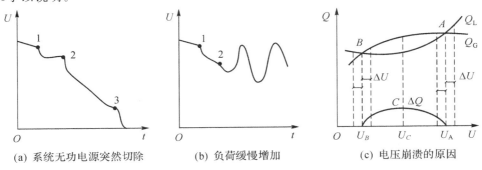

(a) 系统无功电源突然切除　　(b) 负荷缓慢增加　　(c) 电压崩溃的原因

图 5-6　电压崩溃的现象和原因

图 5-6(a)中的曲线表示由于系统无功电源突然被切除(点 1 时刻)而引起电压崩溃(从点 2 时刻开始)的情形,在点 3 时刻系统已经瓦解。

图 5-6(b)中的曲线表示负荷缓慢增加引起电压崩溃的情形,在点 1 时刻开始发生崩溃,在点 2 时刻已经引起系统异步振落。

图 5-6(c)中的曲线 Q_L 是系统中重要枢纽变电所高压母线所供出的综合负荷的无功-电压静态特性曲线,曲线 Q_G 是向该母线供电的系统等值发电机的无功-电压静特性曲线;这两条曲线相交于 A、B 两点,这两点看起来都是无功功率平衡点,但在电压波动时,情形却大不相同。

系统运行于 A 点时,当电压升高微小的 ΔU 时,综合负荷吸取的无功功率就大于等效发电机供出的无功功率,于是该母线(它是系统中的电压中枢点)处出现无功功率缺额,这促使发电机向中枢点传送更多的无功,进而在传输网络上产生更大的电压降,导致中枢点电压下降并恢复到原来的 U_A。当中枢点电压降低微小的 ΔU 时,情况则相反,但同样会使电压上升到原来的 U_A,因此 A 点是稳定的,具有抗电压波动的能力。

系统运行于 B 点的情况则不同了,当系统扰动使电压升高微小的 ΔU 时,无功供大于求,促使中枢点电压升得更高。如此循环下去,电压要一直升到 U_A 才能稳定下来,即运行点滑到了 A 点。当系统扰动使电压下降微小的 ΔU 时,无功供少于求,导致中枢点电压进一步下降,更加剧了无功的不足,这样就形成了恶性循环,最终导致电压急剧下降,即发生

"电压崩溃"。

从上面的分析可知，B 点是不能稳定运行的。实际上，运行于 A 点的电力系统若因扰动使电压下降到 U_C 以下就很危险，很可能发生电压崩溃。U_C 是中枢点母线电压的最低允许值，称为临界电压，它是系统电压稳定极限。在图 5-6 中，C 点位于 $\Delta Q = Q_G - Q_L$ 曲线的最高点。

当系统发生电压崩溃时，大批电动机减速乃至停转，大量甩负荷，各发电机有功出力也变化很大，可能引起系统失去同步运行，使系统瓦解。

5.3 电压管理及电压控制措施

5.3.1 电力系统的电压管理

1. 电压波动的限制措施

日常生活中经常会看到白炽灯（非节能灯）有时会一明一暗地闪动，这是由于电力系统中冲击性负荷所造成的电压波动。这类负荷主要有轧钢机械、电焊机、电弧炉等。其中电弧炉的影响最大，因为它的冲击性负荷电流可能高达数万安培。因此而带来的电压波动将会给用户带来不利影响，应当设法消除。

限制电压波动的措施有如图 5-7 所示的几种。

在图 5-7 中，负荷母线的电压等于电源电压减去输电系统（其中可能包括多级变压）中的电压损耗 ΔU。一般电源电压可能维持恒定，在负荷稳定时，ΔU 无大变化，因此负荷母线电压也比较平稳。

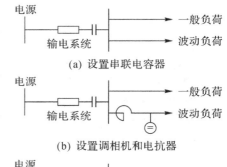

(a) 设置串联电容器

(b) 设置调相机和电抗器

但是由于冲击性负荷忽大忽小，使输电系统电压损耗 ΔU 也随之忽多忽少。这样，就造成了负荷母线的电压忽低忽高，而使用户大受其害。

图 5-7(a) 所示的措施是在输电线路上串入电容，使输电系统总的电抗 X 下降，由于 $\Delta U = \dfrac{PR + QX}{U}$，所以 X 的下降会使 ΔU 减少，负荷母线的电压波动幅度也会相应减少。

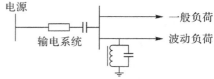

(c) 设置静止无功补偿装置

图 5-7 限制电压波动的措施

图 5-7(b) 的方法是就地装设调相机以供给负荷所需的无功功率，使通过输电系统送过来的无功功率 Q 减少，同样能使 ΔU 以及负荷母线电压波动幅度减小。

效果最好的措施如图 5-7(c) 所示，即在负荷母线处装设静止无功补偿装置（如 TCR）。在静止无功补偿装置的有效范围内，其端电压 U 可基本保持恒定，几乎消除了冲击负荷所引起的电压波动，使接于负荷母线上的用户大受其益。

2. 中枢点的电压管理

为保证电能质量,各负荷点的电压应当保持在允许的电压偏移范围之内,在整个电力系统中,负荷点数量极多且分布极广,要想对每个负荷点的电压都进行控制和调节肯定是办不到的,而只能监视和控制某些"中枢点"的电压水平。称为中枢点的节点有:区域性水、火电厂的高压母线,枢纽变电所的二次母线,有大量地方负荷供出的发电机电压母线。中枢点设置数量不少于全网 220kV 及以上电压等级变电所总数的 7%。

即使对这些有限数目的电压中枢点,也难以使其电压在负荷的不断变化中保持恒定,而只能控制这些中枢点电压的变化不超过一个合理的用户可以接受的范围。对中枢点的电压控制可以分为三种方式。

(1) 逆调压

在高峰负荷时升高中枢点电压(例如将电压调为 $1.05U_N$),而在低谷负荷时调低中枢点电压(例如将电压调为 U_N),这种做法称为逆调压。当高峰负荷时,由于中枢点到各种负荷点的线路电压损耗大,中枢点电压的升高就可以抵偿线路的较大压降,从而使负荷点电压不致过低;当低谷负荷时,由于中枢点到负荷点的线路电压损耗减少,将中枢点适当降低,就不至于使负荷点电压过高。这样,在其他部分时间里,负荷点的电压都会符合用户需要了。供电线路较长、负荷变动较大的中枢点往往要采用这种调压方法。一般而言,采用逆调压方式,在最大负荷时可保持中枢点电压比线路额定电压高 5%,在最小负荷时保持为线路额定电压。

但是,发电厂到中枢点之间也有线路电压损耗,若发电机电压一定,则大负荷时中枢点电压自然会低一些。而在小负荷时,中枢点电压自然会高一点,这种自然的变化规律正好与逆调压的要求相反。所以从调压的角度看,逆调压的要求是比较高和比较难实现的。

(2) 顺调压

在高峰负荷时,允许中枢点电压低一点,但不低于 $1.025U_N$,在低谷负荷时,允许中枢点电压高一点,但不超过 $1.075U_N$,这种调压的方式称为顺调压。顺调压符合电压变化的自然规律,因此实现起来较容易一些,对某些供电距离较近,负荷变动不大的变电所母线,按照调压要求控制电压变化范围后,用户处的电压变动也不会很大。

(3) 恒调压

介于上述两种调压方式之间的调压方式是恒调压(常调压),即在任何负荷时,中枢点电压始终保持为一基本不变的数值,一般为 $(1.02\sim1.05)U_N$。

以上所述均是系统正常时的调压要求。当系统发生事故时,可允许对电压质量的要求适当降低。通常允许事故时的电压偏移较正常情况下再增大 5%。

这些只是对中枢点电压控制的原则性要求,在规划设计阶段因为没有负荷的实际资料,只好如此。当一个中枢点通过几条线路给若干个完全确定的负荷供电时,就可以进行详细的电压计算。计算时只要选择如下两个极端情况即可:

① 在地区负荷最大时,应选择允许电压变化范围的下限为最低的负荷点进行电压计算,此最低允许电压加上线路损耗电压,就是中枢点的最低电压。

② 在地区负荷最小时,应选择允许电压变化范围的上限为最高的负荷点进行电压计算,此最高允许电压加上线路损耗电压,就是中枢点的最高电压。如果中枢点的电压能够满足这两个负荷点的要求,则其他各负荷点的电压要求也会得到满足。

当然,也有这种可能性,不论中枢点电压如何调节,总是顾此而失彼,无法同时满足各个负荷点的要求。这时只有在个别负荷点加装必要的调压设备才能解决。中枢点的电压控制计算很麻烦,人工计算无法保证电力系统所有中枢点电压都是最合理的。这个工作只有交给计算机去完成才能实现真正合理的电压控制。

下面举例说明中枢点电压计算过程。

【例 5-1】 如图 5-8(a)所示,由系统电压中枢点 O 向负荷点 A 和 B 供电,两负荷点电压 U_A 和 U_B 的允许变化范围都是$(0.95 \sim 1.05)U_N$。已知两个负荷 S_A 和 S_B 的日负荷曲线如图 5-8(b)所示,相应的电压损耗变化情况如图 5-8(c)所示。试求中枢点 O 的电压变动允许范围。

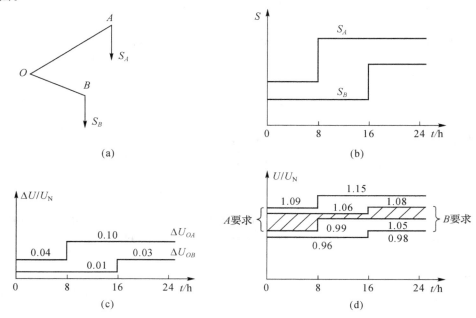

图 5-8 中枢点电压变动的允许范围

解 为满足负荷 A 的要求,中枢点 O 的电压 U_O 变动允许范围如下:

在 0~8 时,$U_O = U_A + \Delta U_{OA} = (0.95 \sim 1.05)U_N + 0.04U_N = (0.99 \sim 1.09)U_N$;

在 8~24 时,$U_O = U_A + \Delta U_{OA} = (0.95 \sim 1.05)U_N + 0.10U_N = (1.05 \sim 1.15)U_N$。

为满足负荷 B 的要求,中枢点 O 的电压 U_O 的变动允许范围如下:

在 0~16 时,$U_O = U_B + \Delta U_{OB} = (0.95 \sim 1.05)U_N + 0.01U_N = (0.96 \sim 1.06)U_N$;

在 16~24 时,$U_O = U_B + \Delta U_{OB} = (0.95 \sim 1.05)U_N + 0.03U_N = (0.98 \sim 1.08)U_N$。

将上述要求表示在同一幅图中,如图 5-8(d)所示。图中阴影部分就是同时满足两个负荷点 A 和 B 调压要求时,中枢点 O 应当保持的电压变动范围。

由图可见,尽管 A、B 两负荷点的电压可在$(0.95 \sim 1.05)U_N$ 的范围内变化,但是由于两处负荷大小和变化规律不同,两段线路的电压损耗数值及变化规律亦不同。为同时满足两负荷点的电压质量要求,中枢点电压的允许变化范围就大大地缩小了,最大时为 7%(在 0~8 时),最小时仅有 1%(在 8~16 时)。

若中枢点是发电机电压母线,则除了上述要求外,还受发电厂用电设备与发电机的最高允许电压以及为保持系统稳定的最低允许电压的限制。如果在某些时间段内，各用户的电压质量要求反映到中枢点的电压允许变化范围内没有公共部分，则仅靠控制中枢点的电压并不能保证所有负荷点的电压偏移都在允许范围内。为满足各负荷点的调压要求，就必须在某些负荷点增设其他必要的调压设备。

5.3.2　电力系统的电压控制措施

1. 电压控制的基本原理

在电力系统中，为了保证系统有较高的电压水平，必须要有充足的无功功率电源。但是要使所有用户处的电压质量都符合要求，还必须采用各种调压控制手段。下面以图 5-9 所示的简单电力系统为例，说明常用的各种调压控制措施的基本原理。

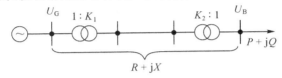

图 5-9　电力系统电压控制原理

同步发电机通过升压变压器、输电线路和降压变压器向负荷用户供电。要求采取各种不同的调整和控制方式来控制用户端的电压。为分析简便起见，略去输电线路的充电功率、变压器的励磁功率以及网络中的功率损耗。变压器的参数已经归算到高压侧，这样用户端的电压为

$$U_B = (U_G K_1 - \Delta U)/K_2 = (U_G K_1 - \frac{PR + QX}{U_N})/K_2 \tag{5-12}$$

式中：K_1、K_2 分别为升压和降压变压器的变比，R、X 分别为变压器和输电线路的总电阻和总电抗。

从式(5-12)可知，要想控制和调整负荷点的电压 U_B，可以采取以下的控制方式：

(1) 控制和调节发电机励磁电流，以改变发电机端电压 U_G；
(2) 控制变压器变比 K_1 及 K_2 调压；
(3) 改变输送功率的分布 $P + jQ$（主要是 Q），以使电压损耗减小；
(4) 改变电力系统网络中的参数 $R + jX$（主要是 X），以减小输电线路电压的损耗。

2. 发电机调压

现代同步发电机在端电压偏离额定值不超过 $\pm 5\%$ 的范围内，能够以额定功率运行。大中型同步发电机都装有自动励磁调节装置，可以根据运行情况调节励磁电流来改变其端电压。不同类型的供电网络，发电机调压所起的作用不同：

(1) 对于由孤立发电厂不经升压直接供电的小型电力网，因供电线路不长，输电线路上的电压损耗不大时，可以采用改变发电机端电压直接控制电压的方式（例如实行逆调压），以满足负荷点对电压质量的要求。它不需要增加额外的调压设备，是最经济合理的控制电压的措施，应该优先考虑。

(2) 对于输电线路较长、供电范围较大、有多电压等级的供电系统并且在有地方负荷的情况下，从发电厂到最远处的负荷点之间，电压损耗的数值和变化幅度都比较大，仅仅依靠

发电机控制调压已不能满足负荷对电压质量的要求。发电机调压主要是满足近处地方负荷的电压质量要求。

（3）对于由若干发电厂并列运行的电力系统,进行电压调整的电厂需有相当充裕的无功容量储备,一般不易满足。另外,调整个别发电厂的母线电压会引起无功功率的重新分配,可能同发电机的无功功率经济分配发生矛盾。所以在大型互联电力系统中,发电机调压一般只作为一种辅助性的控制措施。

3. 控制变压器变比调压

一般电力变压器都有可以控制调整的分接抽头,调整分接抽头的位置可以控制变压器的变比。通常分接抽头设在高压绕组(双绕组变压器)或中、高压绕组(三绕组变压器)。在高压电网中,各个节点的电压与无功功率的分布有着密切的关系,通过控制变压器变比来改变负荷节点电压,实质上是改变了无功功率的分布。变压器本身并不是无功功率电源,因此,从整个电力系统来看,控制变压器变比调压是以全电力系统无功功率电源充足为基本条件的,当电力系统无功功率电源不足时,仅仅依靠改变变压器变比是不能达到控制电压效果的。

双绕组变压器的高压绕组上设有若干个分接抽头以供选择,其中对应于额定电压 U_N 的称为主抽头。容量为 6300kVA 及以下的变压器,高压侧有 3 个分接抽头,分别为 $1.05U_N$、U_N、$0.95U_N$。容量为 8000kVA 及以上的变压器,高压侧有 5 个分接抽头,分别 $1.05U_N$、$1.025U_N$、U_N、$0.975U_N$、$0.95U_N$。变压器低压绕组不设分接抽头。

控制变压器的变比调压实际上就是根据调压要求适当选择变压器分接抽头。图 5-10 所示为一个降压变压器。

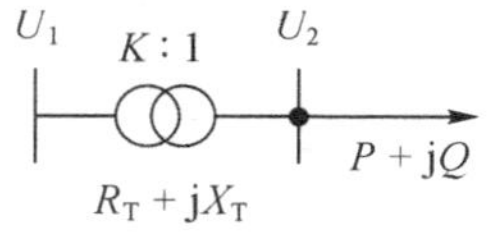

$$U_1 \quad K:1 \quad U_2$$
$$P+jQ$$
$$R_T+jX_T$$

图 5-10 降压变压器系统

若通过的功率为 $P+jQ$,高压侧实际电压为 U_1,归算到高压侧的变压器阻抗为 R_T+jX_T,归算到高压侧的变压器电压损耗为 ΔU_T,低压侧要求得到的电压为 U_2,则有

$$\Delta U_T = \frac{PR_T + QX_T}{U_1}$$

$$U_2 = \frac{U_1 - \Delta U_T}{K} \tag{5-13}$$

式中:K 为变压器的变比,即高压绕组分接抽头电压 U_{1t} 和低压绕组额定电压 U_{2N} 之比。

将 K 代入式(5-13),可以得到高压侧分接抽头电压为

$$U_{1t} = \frac{U_1 - \Delta U_T}{U_2} U_{2N} \tag{5-14}$$

普通双绕组变压器的分接抽头只能在停电的情况下改变。在正常的运行中无论负荷如何变化,只能使用一个固定的分接抽头。这时可以分别算出最大负荷和最小负荷下所要求的分接抽头电压为

$$\begin{cases} U_{1\mathrm{max}} = \dfrac{U_{1\mathrm{max}} - \Delta U_{\mathrm{Tmax}}}{U_{2\mathrm{max}}} U_{2\mathrm{N}} \\ U_{1\mathrm{min}} = \dfrac{U_{1\mathrm{min}} - \Delta U_{\mathrm{Tmin}}}{U_{2\mathrm{min}}} U_{2\mathrm{N}} \end{cases} \tag{5-15}$$

然后取它们的算数平均值,即

$$U_{1\mathrm{tav}} = \frac{U_{1\mathrm{tmax}} + U_{1\mathrm{tmin}}}{2} \tag{5-16}$$

可以根据 $U_{1\mathrm{tav}}$ 来选择一个与它最接近的分接抽头,然后再根据所选取的分接抽头校验最大负荷和最小负荷时低压母线上的实际电压是否符合用户的要求。

【例 5-2】　降压变压器及其等值电路如图 5-11 所示,变压器参数及负荷、分接抽头已标明,最大负荷时的电压为 110kV,最小负荷时的电压为 113kV,相应负荷的低压母线允许电压上下限为 $6\sim6.6$kV,试选择变压器分接抽头。

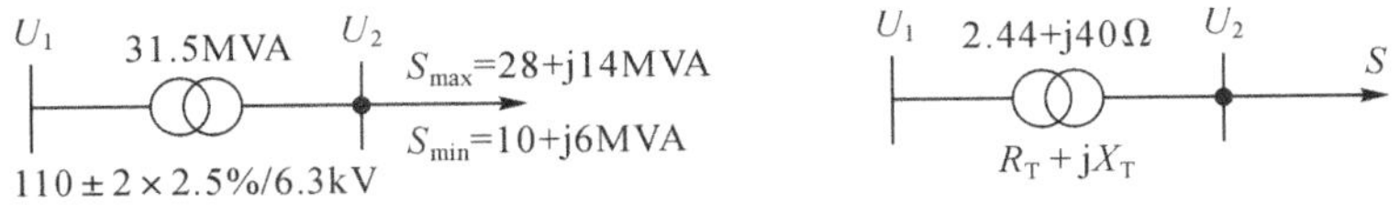

图 5-11　降压变压器及其等值电路

解　先计算最大负荷和最小负荷时变压器的电压损耗

$$\Delta U_{\mathrm{Tmax}} = \frac{28 \times 2.44 + 14 \times 40}{110} = 5.712(\mathrm{kV})$$

$$\Delta U_{\mathrm{Tmin}} = \frac{10 \times 2.44 + 6 \times 40}{113} \approx 2.34(\mathrm{kV})$$

假定变压器在最大负荷和最小负荷运行时低压侧的电压分别为 $U_{2\mathrm{max}} = 6\mathrm{kV}$ 和 $U_{2\mathrm{min}} = 6.6\mathrm{kV}$,则由式(5-15)、式(5-16)可得

$$U_{1\mathrm{max}} = (110 - 5.7) \times \frac{6.3}{6.0} = 109.515(\mathrm{kV})$$

$$U_{1\mathrm{min}} = (113 - 2.34) \times \frac{6.3}{6.6} = 105.63(\mathrm{kV})$$

$$U_{1\mathrm{tav}} = \frac{109.4 + 105.6}{2} = 107.5(\mathrm{kV})$$

可以选择最接近的分接抽头 $U_{1\mathrm{t}} = 107.25\mathrm{kV}$。然后按所选分接抽头校验是否满足低压负荷母线的实际电压。

$$U_{2\mathrm{max}} = (110 - 5.7) \times \frac{6.3}{107.25} \approx 6.13(\mathrm{kV}) > 6\mathrm{kV}$$

$$U_{2\mathrm{min}} = (113 - 2.34) \times \frac{6.3}{107.25} \approx 6.5(\mathrm{kV}) < 6.6\mathrm{kV}$$

可见所选择的分接抽头是能够满足电压控制要求的。

选择升压变压器分接抽头的方法与选择降压变压器的方法基本相同。三绕组变压器分接抽头的选择可以按如下方法来考虑:三绕组变压器一般在高压、中压绕组有分接抽头可供选择,而低压侧是没有分接抽头的。一般可先按高压、低压侧的电压要求来确定高压侧的分接抽头;再根据所选定的高压侧分接抽头,来考虑中压侧的电压要求;最后选择中压侧的分接抽头。

5.3.3　利用无功功率补偿设备调压

无功功率的产生基本上是不消耗能源的,但是无功功率沿输电线路传送却要引起有功功率损耗和电压损耗。合理的配置无功功率补偿设备和容量以改变电力网络中的无功功率分布,可以减少网络中的有功功率损耗和电压损耗,从而改善用户负荷的电压质量。

并联补偿设备有调相机、静止补偿器、电容器,它们的作用都是在重负荷时发出感性无功功率,补偿负荷的无功需要,减少由于输送这些感性无功功率而在输电线路上产生的电压降落,提高负荷端的输电电压。

具有并联补偿设备的简单电力系统如图 5-12 所示。

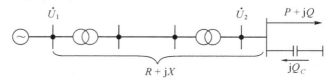

图 5-12　具有并联补偿设备的简单电力系统

发电机出口电压 U_1 和负荷功率 $P+jQ$ 给定,电力线路对地电容和变压器的励磁功率可以不考虑。当变电所低压侧没有设置无功功率补偿设备时,发电机出口电压可以表示为

$$U_1 = U'_2 + \frac{PR+QX}{U'_2} \tag{5-17}$$

式中:U'_2 为归算到高压侧的变电所低压母线电压。

当变电所低压侧设置容量为 Q_c 的无功功率补偿设备后,电力网络所提供给负荷的无功功率为 $Q-Q_c$,此时,归算到高压侧的变电所低压母线电压变为 U'_{2C},发电机输出电压可以表示为

$$U_1 = U'_{2C} + \frac{PR+(Q-Q_c)X}{U'_{2C}} \tag{5-18}$$

如果补偿前后发电机出口电压 U_1 保持不变,则有

$$U'_2 + \frac{PR+QX}{U'_2} = U'_{2C} + \frac{PR+(Q-Q_c)X}{U'_{2C}} \tag{5-19}$$

由此可以解出 U'_2 改变到 U'_{2C} 时所需要的无功功率补偿容量为

$$Q_c = \frac{U'_{2C}}{X}\left[(U'_{2C}-U'_2)+(\frac{PR+QX}{U'_{2C}}-\frac{PR+QX}{U'_2})\right] \tag{5-20}$$

式中中括号内的第二部分一般较小,可以略去,这样式(5-20)可以改写成

$$Q_c = \frac{U'_{2C}}{X}(U'_{2C}-U'_2) \tag{5-21}$$

如果变压器变比为 K,经无功功率补偿后变电所低压侧要求保持的实际电压为 U_{2C},则 $U'_{2C}=KU_{2C}$。代入式(5-21),有

$$Q_c = \frac{U_{2C}}{X}(U_{2C}-\frac{U'_2}{K})K^2 \tag{5-22}$$

可见,无功功率补偿容量与被控电压要求和降压变压器的变比选择有关。考虑到无功功率补偿设备的性能不同,所以选择变比的条件也不一样,现分别阐述如下。

（1）补偿设备为电容器组

电容器组只能发出感性无功功率,以提高电网电压;而不能吸收感性无功功率,以降低电网电压。变电所会在重负荷的条件下发生电压偏低,轻负荷条件下发生电压偏高现象。因此,为了充分利用无功功率补偿容量,电容器组只需要在重负荷时全部投入,轻负荷时全部退出。也就是说,变压器的变比应该按照最小负荷时电容器组全部退出运行时来选择。

假设 $U'_{2\min}$、$U_{2\min}$ 分别为最小负荷时低压母线电压归算到高压侧的电压和要求保持的实际电压,则 $U'_{2\min}/U_{2\min}=U_t/U_{2N}$,由此可算出变压器高压侧的分接抽头电压为

$$U_t = \frac{U'_{2\min}}{U_{2\min}} U_{2N} \tag{5-23}$$

在变压器高压侧选定与 U_t 最靠近的分接抽头 U_{1t},并由此可以确定出变压器的变比

$$K = \frac{U_{1t}}{U_{2N}} \tag{5-24}$$

变压器变比选定以后,参考式(5-22),再按最大负荷时变压器低压母线要求的电压确定应该设置的电容器组容量

$$Q_C = \frac{U_{2C\max}}{X} \left(U_{2C\max} - \frac{U'_{2\max}}{K} \right) K^2 \tag{5-25}$$

式中:$U'_{2\max}$ 为补偿前最大负荷时归算到高压侧的低压母线电压,$U'_{2C\max}$ 为补偿后最大负荷时低压母线电压要求保持的电压值。

这样可以充分利用电容器的设备容量,能够在满足负荷对控制电压要求的前提下,设置的电容器最少。按式(5-25)算得的补偿容量,从产品目录中选择合适的电容器设备。

(2) 补偿设备为同步调相机

调相机既能够过励运行,发出感性无功功率使电网电压升高,又能够欠励运行,吸收感性无功功率使电网电压降低。当调相机在最大负荷时按额定容量过励运行,在最小负荷时按 0.5~0.65 额定容量欠励运行,那么,调相机容量可以得到最佳的利用率。所以,最大负荷时,有

$$Q_C = \frac{U_{2C\max}}{X} \left(U_{2C\max} - \frac{U'_{2\max}}{K} \right) K^2 \tag{5-26}$$

用 α 代表数值范围 0.5~0.65,则最小负荷时,有

$$-\alpha Q_C = \frac{U_{2C\min}}{X} \left(U_{2C\min} - \frac{U'_{2\min}}{K} \right) K^2 \tag{5-27}$$

两式相除,得

$$-\alpha = \frac{U_{2C\max}(K U_{2C\max} - U'_{2\max})}{U_{2C\min}(K U_{2C\min} - U'_{2\min})} \tag{5-28}$$

解出 K 为

$$K = \frac{\alpha U_{2C\max} U'_{2\max} + U_{2C\min} U'_{2\min}}{\alpha U_{2C\max}^2 + U_{2C\min}^2} \tag{5-29}$$

按式(5-29)求出 K 值后,在变压器高压侧选择最接近的分接抽头电压值 U_{1t},并以此来确定降压变压器的实际变比 $K=U_{1t}/U_{2N}$,将其代入式(5-26)即可求出所需要的调相机容量。

【例 5-3】　输电系统如图 5-13 所示,降压变压器变比为$(110\pm2\times2.2\%/11)\mathrm{kV}$,变压器励磁支路和输电线路对地电容均被忽略,节点 1 归算到高压侧的电压为 118kV,且维持不

变,负荷端低压母线电压要求保持为 10.5kV。试确定受端装设如下的无功功率补偿设备容量:①电容器;②同步调相机。

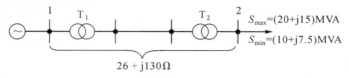

图 5-13 简单输电系统

解 由于发电机首端电压已知,因此可按末端功率来计算输电线路的电压损耗:

$$\Delta S_{max}=\frac{20^2+15^2}{110^2}\times(26+j130)=1.34+j6.72(MVA)$$

$$\Delta S_{min}=\frac{10^2+7.5^2}{110^2}\times(26+j130)=0.34+j1.68(MVA)$$

所以

$$S_{1max}=S_{max}+\Delta S_{max}=20+j15+1.34+j6.72=21.34+j21.72(MVA)$$

$$S_{1min}=S_{min}+\Delta S_{min}=10+j7.5+0.34+j1.68=10.3+j9.18(MVA)$$

利用首端功率求出最大、最小负荷时降压变压器归算到高压侧的低压母线电压

$$U'_{2max}=U_1-\frac{P_{1max}R+Q_{1max}X}{U_1}=118-\frac{21.34\times26+21.72\times130}{118}=89.37(kV)$$

$$U'_{2min}=U_1-\frac{P_{1min}R+Q_{1min}X}{U_1}=118-\frac{10.34\times26+9.18\times130}{118}=105.61(kV)$$

(1) 按最小负荷时电容器全部退出运行来选择降压变压器变比

$$U_t=\frac{U'_{2min}}{U_{2min}}U_{2N}=\frac{105.61}{10.5}\times11=110.69(kV)$$

规格化后,取 110+0% 分接抽头,即 $K=\frac{110}{11}=10$。

按式(5-25)求电容器补偿容量 Q_C 为

$$Q_C=\frac{U_{2Cmax}}{X}(U_{2Cmax}-\frac{U'_{2max}}{K})K^2=\frac{10.5}{130}(10.5-\frac{89.37}{10})\times10^2=12.62(Mvar)$$

(2) 按式(5-29)确定降压变压器的变比 K

$$K=\frac{\alpha U_{2Cmax}U'_{2max}+U_{2Cmin}U'_{2min}}{\alpha U_{2Cmax}^2+U_{2Cmin}^2}=\frac{\alpha\times10.5\times89.37+10.5\times105.61}{\alpha\times10.5^2+10.5^2}$$

$$=\frac{\alpha\times89.37+105.61}{(\alpha+1)\times10.5}$$

当 α 分别取 0.5 和 0.65 时,可算出相应的变比 K 分别为 9.54 和 9.45,规格化后取 $(110-2\times2.5\%/11)kV$,即 $K=9.5$,按式(5-26)确定调相机容量为

$$Q_C=\frac{U_{2Cmax}}{X}(U_{2Cmax}-\frac{U'_{2max}}{K})K^2=\frac{10.5}{130}(10.5-\frac{89.3}{9.5})\times9.5^2=7.96(Mvar)$$

选取最接近标准容量的同步调相机,其额定容量为 7.5MVA。

在以上求出 Q_C 后,从产品目录中选择合适的规格设备,再校验经过无功功率补偿后负荷电压是否满足质量要求。

5.3.4 利用串联电容器控制电压

在输电线路上串联接入电容器,利用电容器上的容抗补偿输电线路中的感抗,使电压损耗计算式中的QX/U分量减小,从而提高输电线路末端的电压,如图 5-14 所示。

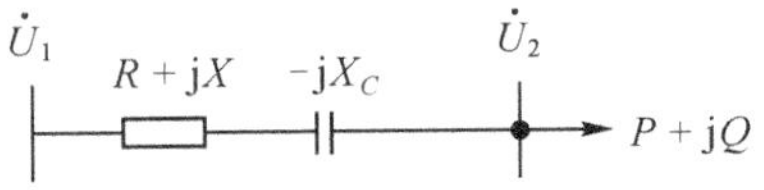

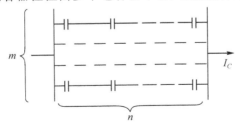

图 5-14 串联电容器控制调压

未接入串联电容器补偿前有

$$U_1 = U_2 + \frac{PR+QX}{U_2} \tag{5-30}$$

线路上串联了容抗 X_C 后就改变为

$$U'_1 = U_{2C} + \frac{PR+Q(X-X_C)}{U_{2C}} \tag{5-31}$$

假如补偿前后输电线路首端电压维持不变,即

$$U_1 = U'_1$$

则有

$$U_2 + \frac{PR+QX}{U_2} = U_{2C} + \frac{PR+Q(X-X_C)}{U_{2C}} \tag{5-32}$$

经过整理可以得到

$$X_C = \frac{U_{2C}}{Q}\left[(U_{2C}-U_2) + (\frac{PR+QX}{U_{2C}} - \frac{PR+QX}{U_2})\right] \tag{5-33}$$

式中中括号内的第二部分一般较小,可以略去,则有

$$X_C = \frac{U_{2C}}{Q}(U_{2C}-U_2) \tag{5-34}$$

如果近似认为 U_{2C} 接近输电线路额定电压 U_N,则有

$$X_C = \frac{U_N}{Q}\Delta U \tag{5-35}$$

式中:ΔU 为经串联电容补偿后输电线路末端电压需要抬高的电压增量数值。所以可以根据输电线路末端需要升高的电压数值来确定串联电容补偿的电抗值。

线路上串联接入的电容器往往由多个电容器串、并联组成,如图 5-15 所示。

图 5-15 电容器的串并联

假如每个电容器的额定电流为 I_{NC},额定电压为 U_{NC},则可以根据输电线路通过的最大

负荷电流 $I_{C\max}$ 和所需要补偿的容抗值 X_C 来计算出电容器串并联的数量 n、m，它们应该满足

$$\begin{cases} mI_{NC} \geqslant I_{C\max} \\ nU_{NC} \geqslant I_{C\max}X_C \end{cases} \tag{5-36}$$

三相电容器的总容量为

$$Q_C = 3mnQ_{NC} = 3mnU_{NC}I_{NC} \tag{5-37}$$

由式(5-35)可知，串联电容器抬高末端电压的数值为 $\Delta U = QX_C/U_N$，即调压效果随无功功率负荷 Q 变化而改变。无功功率负荷增大时末端所抬高的电压将增大，无功功率负荷减小时末端所抬高的电压也将减小。串联电容器调压方式与调压要求恰好一致，这是串联电容器补偿调压的一个显著优点。但是对于负荷功率因数高($\cos\varphi > 0.95$)或者输电线路导线截面小的线路，线路电抗对电压损耗影响较小，故串联电容补偿控制调压效果就很小。因此利用串联电容补偿调压一般用于供电电压为 35kV 或 10kV、负荷波动大而频繁、功率因数又很低的输配电线路。

补偿所需要的容抗值 X_C 和被补偿输电线路原有感抗值 X_L 之比称为补偿度，用 K_C 来表示

$$K_C = \frac{X_C}{X_L} \tag{5-38}$$

在输配电线路中以调压为目的的串联电容补偿，其补偿度常接近于 1 或大于 1，一般为 1～4。对于超高压输电线，串联电容补偿主要用于提高输电线路的输电容量和提高电力系统运行的稳定性。

【例 5-4】 某 35kV 输电线路，阻抗为$(10+j10)\Omega$，输送功率为$(7+j6)$MVA，线路首端电压为 35kV，要想使线路末端电压不低于 33kV，试确定串联补偿电容器的容量。设电容器是额定电压为 $U_{NC}=0.6$kV，容量为 $Q_{NC}=20$kvar 的单相油浸纸质电容器。

解 补偿前输电线路末端电压为

$$U_2 = 35 - \frac{7\times10 + 6\times10}{35} \approx 31.29(kV)$$

补偿后输电线路末端电压为 33kV，电压升高 $\Delta U = 33 - 31.29 = 1.71$(kV)。由式(5-35)可以得到

$$X_C = \frac{35}{6} \times 1.71 = 9.975(\Omega)$$

线路通过的最大电流为

$$I_{\max} = \frac{\sqrt{7^2 + 6^2}}{\sqrt{3} \times 35} \times 10^3 \approx 152.1(A)$$

每个电容器的额定电流为

$$I_{NC} = \frac{Q_{NC}}{U_{NC}} = \frac{20}{0.6} \approx 33.33(A)$$

每个电容器的容抗为

$$X_{NC} = \frac{U_{NC}}{I_{NC}} = \frac{0.6}{33.33} \approx 18(\Omega)$$

因此，由式(5-36)得，共需要并联、串联的电容的个数为

$$m \geqslant \frac{I_{\max}}{I_{NC}} = \frac{152.1}{33.33} \approx 4.56, 取 5$$

$$n \geqslant \frac{I_{\max} X_C}{U_{NC}} = \frac{152.1 \times 9.98}{0.6 \times 10^3} \approx 2.53, 取 3$$

总的补偿容量为

$$Q_C = 3mnQ_{NC} = 3 \times 5 \times 3 \times 20 = 900 (\text{kvar})$$

实际补偿的容抗为

$$X_C = \frac{3X_{NC}}{5} = \frac{3 \times 18}{5} = 10.8 (\Omega)$$

补偿度为

$$K_C = \frac{X_C}{X_L} = \frac{10.8}{10} = 1.08$$

补偿后的输电线路末端电压为

$$U_{2C} = 35 - \frac{7 \times 10 + 6 \times (10 - 10.8)}{35} \approx 33.14 (\text{kV}) > 33\text{kV}$$

因此符合要求。

　　并联电容器补偿和串联电容器补偿都可以提高输电线路末端电压和减小输电线路中的有功功率损耗,但是它们的补偿效果是不一样的。串联电容器补偿可以直接减少输电线路的电压损耗以提高输电线路末端电压的水平,它是依靠提高末端电压水平而减少输电线路有功功率损耗的;而并联电容补偿则是通过减少输电线路上流通的无功功率而减小线路电压损耗,以提高线路末端的电压水平,能够直接减少输电线路中的有功功率损耗,但它的效果不如前者。一般为了减少同一电压损耗值,串联电容器容量仅为并联电容器容量的 15%～25%。

5.3.5　电力系统电压控制措施的比较

　　在各种电压控制措施中,首先应该考虑发电机调压,用这种措施不需要增加附加设备,从而不需要附加任何投资。对无功功率电源供应较为充裕的系统,采用变压器有载调压,既灵活又方便。尤其是电力系统中个别负荷的变化规律相差悬殊时,不采取有载调压变压器调压几乎无法满足负荷对电压质量的要求。对无功功率电源不足的电力系统,首先应该解决的问题是增加无功功率电源,因此以采用并联电容器、调相机或静止补偿器为宜。同时,并联电容器或调相机还可以降低电力网中功率传输产生的有功功率损耗。

5.4　电力系统电压和无功功率的综合控制

　　电力系统中电压和无功功率的调整对电网的输电能力、安全稳定运行水平和降低电能的损耗有极大影响,故要对电压和无功功率进行综合控制。

5.4.1　综合控制的原理

　　由于不同的电压控制措施各有其优缺点,所以可以将它们组合起来进行综合控制,以获得最优的控制方式。这样,就需要分析负荷变化和各类电压控制措施同时存在的综合效果。现以图 5-16 所示的电力系统为例,来分析各种电压控制的特点。电压控制设备包括:发电机 G_1 和 G_2,有载调压变压器 T,可以切换的并联电容器组 C。

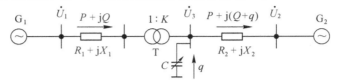

图 5-16　电力系统电压的综合控制

发电机 G_1 和 G_2 具有自动励磁调节装置,可以使母线电压 U_1、U_2 发生改变;T 为有载调压变压器,变比 K 可以调节;C 代表无功补偿设备,它可以是静电电容器、同步调相机和静止无功补偿器。现分析 G_1 和 G_2 控制的电压 U_1 和 U_2,变压器变比 K,补偿容量 C 这些控制措施对节点 3 母线电压 U_3 的影响。由于电压与无功功率分布密切相关,所以改变电压的同时也会对无功功率 Q 产生影响。将节点 3 的电压 U_3、无功功率 Q 定义为状态变量,发电机母线电压 U_1、U_2 以及变压器变比 K 和无功补偿量 q 定义为控制变量。根据图5-16,有

$$\left. \begin{array}{l} \Delta U_1 - \Delta U + \Delta K = X_1 \Delta Q \\ \Delta U - \Delta U_2 = X_2 (\Delta Q + \Delta q) \end{array} \right\} \tag{5-39}$$

解得

$$\Delta U = \frac{X_2}{X_1 + X_2} \Delta U_1 + \frac{X_1}{X_1 + X_2} \Delta U_2 + \frac{X_2}{X_1 + X_2} \Delta K + \frac{X_1 X_2}{X_1 + X_2} \Delta q \tag{5-40}$$

$$\Delta Q = \frac{1}{X_1 + X_2} \Delta U_1 - \frac{1}{X_1 + X_2} \Delta U_2 + \frac{1}{X_1 + X_2} \Delta K - \frac{X_2}{X_1 + X_2} \Delta q \tag{5-41}$$

通过式(5-40)、式(5-41)可以分析各种电压控制措施对节点 3 的电压 U_3 和无功功率 Q 的影响以及各种控制措施配合的效果,获得如下结论:

(1)改变变压器变比 K 和改变发电机 G_1 的母线电压 U_1 对节点 3 的电压控制效果相同,并且可以使无功功率 Q 增加,而且参数比值 X_1/X_2 越小,电压控制效果越显著。

(2)改变发电机 G_2 的母线电压 U_2 对节点 3 的母线电压 U_3 的影响与参数比值 X_2/X_1 有关,比值越小,影响越显著。

(3)当 X_2 较大,即 G_2 离节点 3 的距离相对较远时,改变发电机 G_1 的母线电压 U_1 对节点 3 的电压影响较大,会使无功功率 Q 增加。反之,当 X_1 较大,即 G_1 离节点 3 的距离相对远一些时,改变发电机 G_2 的电压 U_2 对节点 3 的电压影响较大,会使无功功率 Q 减小。

(4)控制节点 3 的无功补偿容量 q 的效果与等效电抗 $\dfrac{X_1 X_2}{X_1 + X_2}$ 有关,等效电抗越大,控制电压 U_3 效果越好。

(5)节点 3 的无功补偿输出容量 q 按与输电线路电抗成反比的关系向两侧流动,其结果使无功功率 Q 减少。

总之,控制靠近所需要控制的中枢点母线电压的调压,可以获得较好的控制效果。因此,一般控制调压设备实行分散布置,进行分散调节,在此基础上由电力系统实行集中控制。

上述各种控制电压措施的具体应用,采用各地区自动控制调节电压和电力系统集中自动控制调节电压相结合的模式进行。各区域负责本区域电网电压的控制调节,并就地解决

无功功率的平衡;电力系统调度中心负责控制主干电网中主干输电线和环网的无功功率的分布以及给定主要中枢点(发电厂母线、枢纽变电所母线)的电压设定值,以便加以监视和控制,并协调各地区的电压水平。

5.4.2　综合控制的实现

变电站中利用有载调压变压器和补偿电容器组进行局部的电压及无功补偿的自动调节,以保证负荷侧母线电压在规定范围内及进线功率因数尽可能接近于1,称为变电站电压无功综合控制(voltage quality control,VQC)。

典型的终端变电站一般有两台带负荷调节的主变压器,低于 10kV 母线分段,两段母线上各接有一组电容器组。控制系统的设计必须能识别并适应变电站的多种运行方式,保证调节正确。另外,当进线、变电站出现不正常状态或故障时,应闭锁控制装置。

有载调压改变变压器分接头的位置,变压器变比改变,从而改变低压侧电压。当低压侧电压降低时,同时会使负荷向系统吸收的无功功率也减少。正常负载时,在变压器低压母线上投入电容器可以减少变电所高压侧输入的无功功率,实现无功就地平衡,从而减少流经变压器的电流,即减少变压器的压降,从而提高变电所低压侧电压。而在最小负荷或空载时,补偿电容器可能引起变压器低压侧电压严重升高,并产生多余的有功损耗,需退出若干电容器容量。可见,无功功率调节和有载调压并不是互相独立的问题。

(1) 就地 VQC 调节方法

在变电站内采样有载调压变压器和并联补偿电容器的数据,通过控制和逻辑运算实现电压和无功自动调节,以保证负荷侧母线电压在规定范围内及进线功率因数尽可能高。这种装置具有独立的硬件,因此它不受其他设备运行状态的影响,可靠性较高。但它不能做到与变电站的就地监控装置共享软、硬件资源的要求,不能尽可能多地采集变电站的各种信息为综合调节电压和无功功率服务。这种装置适合在电网网架结构尚不太合理、基础自动化水平不高的电力网的变电站内使用。

(2) 软件 VQC 调节方法

它是在就地监控主机上利用现成的遥测、遥信信息,通过运行控制算法软件,用软件模块控制方式来实现变电站电压和无功的自动调节。用这种方法可以发展为通过调度中心实施全系统电压与无功的综合在线控制,这是保持系统电压正常、提高系统运行可靠性的最佳方案。这种方法的实施前提条件是电网网架结构合理、基础自动化水平较高,尤其适用于综合自动化的变电站中。

(3) 厂站 VQC 和区域 VQC

厂站 VQC 通常是在各变电站安装一个 VQC 装置,即变电站电压无功综合控制系统,根据变电站自动化系统采集的变电站母线电压量、无功功率量、主变压器分接头位置、电容器开关状态量等,通过分析计算使主变压器分接开关以及电容器开关进行自动控制,实现就地无功优化补偿和电压控制,同时确保变电站母线电压在合格的范围内。

区域 VQC 是建立在主站的一种软件 VQC 系统,即电网电压、无功优化集中控制系统,是一种集中控制模式。区域 VQC 通常从调度数据采集与监督控制(supervisory control and data acquisition,SCADA)系统主站获取各厂站送来的各母线节点的无功、电压等遥信、遥测量进行分析计算,从而对全网各节点的无功、电压的分布做出优化策略,形成有载调压变压器分接开关调节指令、无功补偿设备投切指令及相关控制信息,然后将控制信息交 SCADA 系统通过遥控、遥调执行调节。

就地 VQC 控制装置仅采用本变电站的信息,因此仅对局部供电区域有效。就整个电力系统而言,当发生全网性无功功率缺乏时,局部的调节可能产生有害的结果,即当就地 VQC 检测到本站低压侧电压过低时,改变变压器分接头,虽然提高了本站低压侧的电压,但同时会从系统中吸收更多的无功功率,从而加剧系统的无功功率缺乏。

VQC 综合调节首先要保证供电电压的质量满足要求,再投入适当的电容器组(或其他无功补偿装置)使系统有功损耗最小,同时要保证调节动作次数最少。

5.5 无功功率电源的最优控制

电力系统中无功功率平衡是保证电力系统电压质量的基本前提,而无功功率电源在电力系统中的合理分布是充分利用无功电源、改善电压质量和减少网络有功损耗的重要条件。无功功率在电网输送会产生有功功率损耗。无功功率电源的最优控制目的在于控制各无功电源之间的分配,使网络有功损耗达到最小。

电力网中的有功功率损耗可以表示为所有节点注入功率的函数

$$\Delta P_\Sigma = \Delta P_\Sigma(P_{G1}, P_{G2}, \cdots, P_{Gm}, Q_{G1}, Q_{G2}, \cdots, Q_{Gm}) \tag{5-42}$$

则无功功率电源最优控制的目标函数为

$$\min_{Q_{G1}, Q_{G2}, \cdots, Q_{Gm}} J = \Delta P_\Sigma$$

$$\text{s. t.} \quad \sum_{i=1}^m Q_{Gi} - \sum_{j=1}^n Q_{Dj} - \Delta Q_\Sigma = 0 \tag{5-43}$$

式中:$Q_{Gi}(i=1,2,\cdots,m)$ 为发电机供应的无功功率,m 为发电机组数量;$Q_{Dj}(j=1,2,\cdots,n)$ 为电力网中的无功负荷,n 为负荷数量;ΔQ_Σ 是电力网中的无功功率损耗。

应用拉格朗日乘数法,构造拉格朗日函数

$$L = \Delta P_\Sigma - \lambda(\sum Q_{Gi} - \sum Q_{Dj} - \Delta Q_\Sigma) \tag{5-44}$$

将 L 分别对 Q_{Gi} 和 λ 取偏导数并令其等于零,有

$$\frac{\partial L}{\partial Q_{Gi}} = \frac{\partial \Delta P_\Sigma}{\partial Q_{Gi}} - \lambda(1 - \frac{\partial \Delta Q_\Sigma}{\partial Q_{Gi}}) = 0 \tag{5-45}$$

$$\frac{\partial L}{\partial \lambda} = -(\sum Q_{Gi} - \sum Q_{Dj} - \Delta Q_\Sigma) = 0 \tag{5-46}$$

于是可以得到无功功率电源最优控制的条件为

$$\frac{\partial \Delta P_\Sigma}{\partial Q_{Gi}} \times \frac{1}{1 - \frac{\partial \Delta Q_\Sigma}{\partial Q_{Gi}}} = \lambda \tag{5-47}$$

式中:$\partial \Delta P_\Sigma / \partial Q_{Gi}$ 为网络中有功功率损耗对于第 i 个无功功率电源的微增率,$\partial \Delta Q_\Sigma / \partial Q_{Gi}$ 为无功功率网损对于第 i 个无功功率电源的微增率。

式(5-47)的意义是:使有功功率网损最小的条件是各节点无功功率网损微增率相等。

在无功电源配备充足、布局合理的条件下,无功功率电源最优控制方法如下:

（1）根据有功负荷经济分配的结果进行功率分布的计算。

（2）利用以上结果，可以求出各个无功电源点的 λ 值。如果某个电源点的 $\lambda<0$，表示增加该电源的无功出力就可以降低网络有功损耗；如果 $\lambda>0$，表示增加该电源的无功出力将导致网络有功损耗的增加。因此，为了减少网络损耗，凡是 $\lambda<0$ 的电源节点都应该增加无功功率的输出，而 $\lambda>0$ 的电源节点则应该减少无功功率的输出。按此原则控制无功功率电源，调整时 λ 有最小值的电源应该增加无功功率的输出，λ 有最大值的电源应减小无功功率，经过一次调整后，再重新计算功率的分布。

（3）经过又一次的功率分布计算，可以算出总的网络有功损耗，网络损耗的变化实际上都反映在平衡发电机（已知节点电压和功率角，而输出有功、无功功率待定，功率分布计算时至少应该选择一个平衡机）的功率变化上。因此，如果控制无功功率电源的分配，还能够使平衡机的输出功率继续减少，那么这种控制就应该继续下去，直到平衡机输出功率不能再减少为止。

上述无功功率电源的控制原则也可以用于无功补偿设备的配置。其差别是：现有的无功功率电源之间的分配不需要支付费用，而无功补偿设备配置则需要增加费用支出。由于设置无功补偿装置一方面能够节约网络有功功率损耗，另一方面又会增加设备投资费用，因此无功补偿容量合理配置的目标应该是总的经济效益为最优。

在电力系统中某节点 i 设置无功功率补偿设备的前提条件是：一旦设置补偿设备，所节约的网络有功损耗费用应该大于为设置补偿设备而投资的费用。用数学表达式可以表示为

$$F_e(Q_{Ci})-F_C(Q_{Ci})>0 \tag{5-48}$$

式中：$F_e(Q_{Ci})$ 为设置了补偿设备 Q_{Ci} 而节约的网络有功功率损耗的费用，$F_C(Q_{Ci})$ 为设置补偿设备 Q_{Ci} 而需要投资的费用。

所以，确定节点 i 的最优补偿容量的条件是

$$F_{max}=F_e(Q_{Ci})-F_C(Q_{Ci}) \tag{5-49}$$

设置补偿设备而节约的费用 F_e 就是因设置补偿设备每年可减少的有功功率损耗费用，其值为

$$F_e(Q_{Ci})=\beta(\Delta P_{\Sigma0}-\Delta P_{\Sigma})\tau_{max} \tag{5-50}$$

式中：β 为单位电能损耗价格，元/（kvar·h）；$\Delta P_{\Sigma0}$、ΔP_{Σ} 分别为设置补偿装置前后电力网最大负荷下的有功功率损耗，kvar；τ_{max} 为电力网最大负荷损耗小时数，h。

为设置补偿设备 Q_{Ci} 而需要投资的费用包括两部分：一部分为补偿设备的折旧维修费，另一部分为补偿设备投资的回收费，其值都与补偿设备的投资成正比，即

$$F_C(Q_{Ci})=(\alpha+\gamma)K_CQ_{Ci} \tag{5-51}$$

式中：α、γ 分别为折旧维修率和投资回收率，K_C 为单位容量补偿设备投资，元/kvar。

将式（5-50）和式（5-51）代入式（5-49），可以得到

$$F=\beta(\Delta P_{\Sigma0}-\Delta P_{\Sigma})\tau_{max}-(\alpha+\gamma)K_CQ_{Ci} \tag{5-52}$$

对式（5-52）中的 Q_{Ci} 求偏导并令其等于零，可以解出

$$\frac{\partial\Delta P_{\Sigma}}{\partial Q_{Ci}}=-\frac{(\alpha+\gamma)K_C}{\beta\tau_{max}} \tag{5-53}$$

式（5-53）表明，对各补偿点配置补偿容量时，应该使每一个补偿点在装设最后一个单位的补偿容量时网络损耗的减少都等于 $(\alpha+\gamma)K_C/\beta\tau_{max}$，按这一原则配置，将会取得最大的经济效益。

习 题

一、简答题

1. 从发电机、电力系统、负荷三个方面说明电压控制的意义。

2. 电力系统中的无功功率电源有几种？试比较各自的特点。

3. 电力系统电压控制的措施有哪些？

4. 比较利用并联电容器和串联电容器进行电压补偿控制时的优缺点。

5. 利用变压器的变比进行调压的前提是什么？为什么？

6. 何谓顺调压、逆调压？

二、绘图分析题

利用负荷的无功-电压特性和电源的无功-电压特性，作图分析说明电力系统的无功功率平衡和系统电压的关系。

三、计算题

1. 如图 5-17 所示，变压器参数及负荷功率均为已知数据。变压器高压侧最大负荷时的电压为 110kV，最小负荷时的电压为 114kV。相应负荷母线允许电压范围为 6～6.6kV。试选择变压器分接抽头。

图 5-17　降压变压器及其等值电路

2. 如图 5-18 所示，变压器变比为 $(110\pm2\times2.5\%/11)$kV，励磁支路和线路对地电容均被忽略。送端电压为 120kV 且保持不变，受端电压要求保持为 10.5kV。分别采用电容器与同步调相机进行无功功率补偿，试确定各自补偿容量。

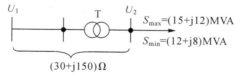

图 5-18　简单输电系统

3. 某 35kV 输电线路，阻抗为 $(15+j15)\Omega$，由电力系统输送的功率为 $(8+j7)$MVA，线路首端电压为 35kV，要想使线路末端电压不低于 33kV，试确定串联补偿电容器的容量。设电容器是额定电压为 $U_{NC}=0.5$kV、容量为 $Q_{NC}=10$kVar 的单相油浸纸质电容器。

第6章　电力系统调度自动化

6.1　调度的主要任务及结构体系

6.1.1　电力系统调度的主要任务

电力系统调度的基本任务是控制整个电力系统的运行方式,使之无论在正常情况或事故情况下,都能符合安全、经济及高质量供电的要求。具体任务主要有以下几点。

1. 保证供电的质量优良

电力系统首先应该尽可能地满足用户的用电要求,即其发送的有功功率与无功功率应该满足

$$\left.\begin{aligned} \sum_i P_{Gi} - \sum_j P_{Dj} = 0 \\ \sum_i Q_{Gi} - \sum_j Q_{Dj} = 0 \end{aligned}\right\} \tag{6-1}$$

式中:P_{Gi}、Q_{Gi}、P_{Dj}、Q_{Dj} 分别为第 i 个电厂发送的有功、无功功率及第 j 个用户或线路消耗的有功、无功功率。

这样就可使系统的频率与各母线的电压都保持在额定值附近,即保证了用户得到质量优良的电能。为保证用户得到优质电能,系统的运行方式应该合理,此外还需要对系统的发电机组、线路及其他设备的检修计划做出合理的安排。在有水电厂的系统中,还应考虑枯水期与旺水期的差别,但这方面的任务接近于管理职能,它的工作周期较长,一般不算作调度自动化计算机的实时功能。

2. 保证系统运行的经济性

电力系统运行的经济性当然与电力系统的设计有很大关系,因为电厂厂址的选择与布局、燃料的种类与运输途径、输电线路的长度与电压等级等都是设计阶段的任务,而这些都是与系统运行的经济性有关的问题。对于一个已经投入运行的系统,其发、供电的经济性就取决于系统的调度方案了。一般来说,大机组比小机组效率高,新机组比旧机组效率高,高压输电比低压输电经济。但调度时首先要考虑系统的全局,要保证必要的安全水平,所以要合理安排备用容量的分布,确定主要机组的出力范围等。由于电力系统的负荷是经常变动的,发送的功率也必须随之变动。因此,电力系统的经济调度是一项实时性很强的工作,在

使用了调度自动化系统以后,这项任务大部分已依靠计算机来完成了。

3. 保证较高的安全水平——选用具有足够的承受事故冲击能力的运行方式

电力系统发生事故既有外因,也有内因。外因是自然环境、雷雨、风暴、鸟栖等自然"灾害",内因则是设备的内部隐患与人员的操作运行水平欠佳。一般来说,完全由于误操作和过低的检修质量而产生的事故也是有的,但事故多半是由外因引起,通过内部的薄弱环节而暴发。世界各国的运行经验证明,事故是难免的,但是一个系统承受事故冲击的能力却与调度水平密切相关。事故发生的时间、地点都是无法事先断言的,要衡量系统承受事故冲击的能力,无论在设计工作中,还是在运行调度中都是采用预想事故的方法。即对于一个正在运行的系统,必须根据规定预想几个事故,然后进行分析、计算,若事故后果严重,就应选择其他的运行方式,以减轻可能发生的后果,或使事故只对系统的局部范围产生影响,而系统的主要部分却可免遭破坏。这就提高了整个系统承受事故冲击的能力,亦即提高了系统的安全水平。由于系统的数据与信息的数量很大,负荷又经常变动,要对系统进行预想事故的实时分析,也只在计算机应用于调度工作后才有了实现的可能。

4. 保证提供强有力的事故处理措施

事故发生后,面对受到严重损伤或遭到了破坏的电力系统,调度人员的任务是及时采取强有力的事故处理措施,调度整个系统,使对用户的供电能够尽快地恢复,把事故造成的损失减少到最小,把一些设备超限运行的危险性及早排除。对电力系统中只造成局部停电的小事故,或某些设备的过限运行,调度人员一般可以从容处理。大事故则往往造成频率下降、系统振荡甚至系统稳定破坏,系统被解列成几部分,造成大面积停电,此时要求调度人员必须采用强有力的措施使系统尽快恢复正常运行。

从目前情况来看,调度计算机还没有正式涉及事故处理方面的功能,仍是自动按频率减负荷、自动重合闸、自动解列、自动制动、自动快关汽门、自动加大直流输电负载等,由当地直接控制、不由调度进行启动的一些"常规"自动装置,在事故处理方面发挥着强有力的作用。在恢复正常运行方面,目前还主要靠人工处理,计算机只能提供一些事故后的实时信息,加快恢复正常运行的过程。由此可见,实现电力系统调度自动化的任务仍是十分艰巨的。

6.1.2 电力系统调度的分层体系

电力系统调度控制可分为集中调度控制和分层调度控制。集中调度控制就是电力系统内所有发电厂和变电站的信息都集中到一个中央调度控制中心,由中央调度中心统一来完成整个电力系统调度控制的任务。在电力工业发展的初期阶段,集中调度控制曾经发挥了它的重要作用。但是随着电力系统规模的不断扩大,集中调度控制暴露出了许多不足,如运行不经济、技术难度大及可靠性不高等,这种调度机制已不能够满足现代电力系统的发展需要。

为了解决集中调度控制的缺点和不足,现代大型电力系统普遍采用了分层调度控制。国际电工委员会标准(IEC 870-1-1)提出的典型分层结构将电力系统调度中心分为主调度中心(master control central,MCC)、区域调度中心(regional control central,RCC)、地区调度中心(district control center,DCC)。分层调度控制将整个电力系统的监控任务分配给属于不同层次的调度中心,较低级别的调度中心负责采集实时数据并控制当地设备,只有涉及全网性的信息才向上一级调度中心传送;上级调度中心做出的决策以控制命令的形式下发给下级调度中心。与集中调度控制相比,主要有以下几方面的优点:

①易于保证自动化系统的可靠性;

②可灵活地适应系统的扩大和变更;

③可提高投资效率;

④能更好地适应现代技术水平的发展;

⑤便于协调调度控制;

⑥改善系统响应。

根据我国电力系统的实际情况和电力工业体制,电网调度指挥系统分为国家级总调度(简称国调)、大区级调度(简称网调)、省级调度(简称省调)、地区级调度(简称地调)和县级调度(简称县调)五级,形成了五级调度分工协调进行指挥控制的电力系统运行体制,如图 6-1 所示。

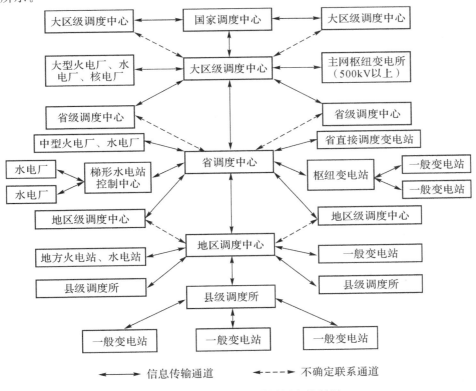

图 6-1 我国电力系统分层调度控制图

(1)国家级调度

国家级调度通过计算机数据通信网与各大区电网控制中心相连,协调、确定大区电网间的联络线潮流和运行方式,监视、统计和分析全国电网运行情况。

其主要任务包括:

①在线收集各大区电网和有关省网的信息,监视大区电网的重要监测点工况及全国电网运行概况,并做统计分析和生产报表;

②进行大区互连系统的潮流、稳定、短路电流及经济运行计算,通过计算机数据通信校

核计算结果的正确性,并向下传达;

③处理有关信息,做中期、长期安全经济运行分析。

(2)大区级调度

大区级调度按统一调度分级管理的原则,负责跨省大电网的超高压线路的安全运行并按规定的发用电计划及监控原则进行管理,提高电能质量和运行水平。

其具体任务包括:

①实现电网的数据收集和监控、调度以及有实用效益的安全分析;

②进行负荷预测,制订开停机计划和水火电经济调度的日分配计划,闭环或开环地指导自动发电控制;

③省(市)间和有关大区电网的供受电量计划编制和分析;

④进行潮流、稳定、短路电流及离线或在线的经济运行分析计算,通过计算机数据通信校核各种分析计算的正确性并上报、下传;

⑤进行大区电网继电保护定值计算及其调整试验;

⑥大区电网中系统性事故的处理;

⑦大区电网系统性的检修计划安排;

⑧统计、报表及其他业务。

(3)省级调度

省级调度按统一调度、分级管理的原则,负责省内电网的安全运行并按照规定的发电计划及监控原则进行管理,提高电能质量和运行水平。

其具体任务包括:

①实现电网的数据收集和监控、经济调度以及有实用效益的安全分析;

②进行负荷预测,制订开停机计划和水火电经济调度的日分配计划,闭环或开环地指导自动发电控制;

③地区间和有关省网的供受电量计划的编制和分析;

④进行潮流、稳定、短路电流及离线或在线的经济运行分析计算,通过计算机数据通信校核各种分析计算的正确性并上报、下传。

(4)地区调度

其具体任务包括:

①实现所辖地区的安全监控;

②实施所辖有关站点(直接站点和集控站点)的开关远方操作、变压器分接头调节、电力电容器投切等;

③所辖地区的用电负荷管理及负荷控制。

(5)县级调度

县级调度主要监控 110kV 及以下农村电网的运行,其主要任务有以下几点:

①指挥系统的运行和倒闸操作;

②充分发挥本系统的发供电设备能力,保证系统的安全运行和对用户连续供电;

③合理安排运行方式,在保证电能质量的前提下,使本系统在最佳方式下运行。

县调按照最大供电负荷和厂站数划分为四个等级。超大型县调:容量＞150MW,厂站数＞24。大型县调:容量 50～150MW,厂站数＞16。中型县调:容量 20～50MW,厂站数＞

10。小型县调：容量＜20MW，厂站数＜10。厂站数是指 35kV 以上变电站数和 2MW 以上水、火电厂数。

电力系统的分层（多级）调度虽然与行政隶属关系的结构相类似，但却是由电能生产过程的内部特点所决定的。一般来说，高压网络传送的功率大，影响着该系统的全局。如果高压网络发生了事故，有关的低压网络肯定会受到很大的影响，致使正常的供电过程遇到障碍；反过来则不一样，如果故障只发生在低压网络，高压网络则受影响较小，不致影响系统的全局。这就是分级调度较为合理的技术原因。从网络结构上看，低压网络，特别是城市供电网络，往往线路繁多，构图复杂，而高压网络则线路反而少些；但是调度电力系统却总是对高压网络运行状态的分析与控制倍加注意，对其运行数据与信息的收集与处理、运行方式的分析与监视等都做得十分严谨。

随着电网的规模不断扩大，当主干系统发生事故时，无论系统本身的状况、事故的后果以及预防事故的措施，都会变得很复杂。如果万一对系统事故后的处理不当，其影响的范围将是非常广泛的。鉴于这种情况，必须从保证供电可靠性的观点来讨论目前系统调度的自动化问题。

为保证供电的可靠性，对全部系统设备采用一定的冗余设计，这虽然是一种有效的方法，但存在着经济方面的问题。因此，迄今防止事故蔓延的主要方法仍是借助继电保护装置进行保护，以及从系统调度自动化方面采取一些措施。其基本原则是，为了防止事故蔓延，不单是依靠继电保护装置，而是平时就要对事故有相应的准备，一旦发生事故，则可尽快实现系统工作的恢复。

6.2　调度自动化系统的功能组成

6.2.1　电力系统调度自动化系统的功能概述

从自动控制理论的角度看，电力系统属于复杂系统，又称大系统，而且是大面积分布的复杂系统。复杂系统的控制问题之一是要寻求对全系统的最优解，所以电力系统运行的经济性是指对全系统进行统一控制后的经济运行。此外，安全水平是电力系统调度的首要问题，对一些会使整个系统受到严重危害的局部故障，必须从调度方案的角度进行预防、处理，从而确定当时的运行方式。由此可见，电力系统是必须进行统一调度的。但是，现代电力系统的一个特点是分布十分辽阔，大者达千余公里，小的也有百多公里；对象多而分散，在其周围千余公里内，布满了发电厂与变电所，输电线路形成网络。要对这样复杂而辽阔的系统进行统一调度，就不能平等地对待它的每一个装置或对象，所以图 6-1 表示的分层结构正是电力系统统一调度的具体实施。图中的每个双向箭头表示实现统一调度时的必要信息的双向交换。这些信息包括电压、电流、有功功率等的测量读值，开关与重要保护的状态信号，调节器的整定值，开关状态改变等及其他控制信息。

测量读值与运行状态信号这类信息一般由下层往上层传送，而控制信息是由调度中心发出，控制所管辖范围内电厂、变电所内的设备。这类控制信息大都是全系统运行的安全水平与经济性所必需的。

由此可见，在电力系统调度自动化的控制系统中，调度中心计算机必须具有两个功能：其一是与所属电厂及省级调度等进行测量读值、状态信息及控制信号的远距离、高可靠性的双向交换；另一是本身应具有的协调功能。调度自动化的系统按其功能的不同，分为数据采集和监控（SCADA）系统和能量管理系统（energy management system，EMS）。

国家调度的调度自动化系统为 EMS，其功能组合如图 6-2 所示，其中的 SCADA 子系统完成对广阔地区所属的厂、网进行实时数据的采集、监视和控制功能，以形成调度中心对全系统运行状态的实时监控功能；同时又向执行协调功能的子系统提供数据，形成数据库，必要时还可人工输入有关资料，以利于计算与分析，形成协调功能。协调后的控制信息，再经由 SCADA 系统发送至有关网、厂，形成对具体设备的协调控制。

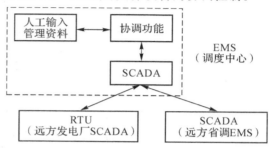

图 6-2　EMS 功能组合示意图

6.2.2　SCADA/EMS 系统的子系统划分

1. 支撑平台子系统

支撑平台是整个系统最重要的基础，有一个好的支撑平台，才能真正地实现全系统统一平台，数据共享。支撑平台子系统包括数据库管理、网络管理、图形管理、报表管理、系统运行管理等。

2. SCADA 子系统

具体包括数据采集、数据传输及处理、计算与控制、人机界面及告警处理等。

3. 高级应用软件（power application software，PAS）子系统

包括网络建模、网络拓扑、状态估计、在线潮流、静态安全分析、无功优化、故障分析及短期负荷预报等一系列高级应用软件。

4. 调度员仿真培训（dispatcher training simulator，DTS）系统

包括电网仿真、SCADA/EMS 系统仿真和教员控制机三部分。调度员仿真培训（DTS）与实时 SCADA/EMS 系统共处于一个局域网上。DTS 本身由 2 台工作站组成，一台充当电网仿真和教员机，另一台用来仿真 SCADA/EMS 和兼作学员机。

5. AGC/EDC（automatic generation control/economic dispatch control）子系统

自动发电控制和在线经济调度（AGC/EDC）是对发电机出力的闭环自动控制系统，不仅能够保证系统频率合格，还能保证系统间联络线的功率符合合同规定范围，同时，还能使全系统发电成本最低。

6. 调度管理信息系统(dispatching management information system,DMIS)

调度管理信息系统属于办公自动化的一种业务管理系统,一般并不属于 SCADA/EMS 系统的范围。它与具体电力公司的生产过程、工作方式、管理模式有非常密切的联系,因此总是与某一特定的电力公司合作开发,为其服务。当然,其中的设计思路和实现手段应当是共同的。

我国的 EMS 经历了 20 世纪 70 年代基于专用计算机和专用操作系统的 SCADA 系统的第一代;80 年代基于通用计算机的第二代;90 年代基于 RISC/UNIX 的开放式分布式的第三代;第四代的主要特征是采用 JAVA、因特网、面向对象等技术并综合考虑电力市场环境中的安全运行及商业化运营要求,目前仍在迅速发展中。

6.2.3 电力系统调度自动化系统的设备构成

电网调度自动化系统的设备可以统称为硬件,这是相对于各种功能程序——软件而言的。它的核心是计算机系统,其典型的系统构成如图 6-3 所示。

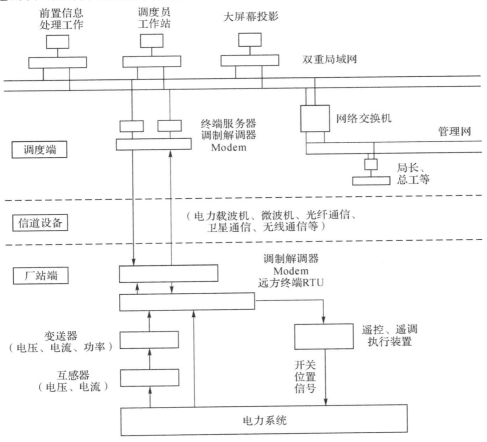

图 6-3 电网调度自动化系统构成示意

图 6-3 所示的电网调度自动化系统由三部分构成,即调度端、信道设备和厂站端。厂站端的相关软、硬件设备在发电厂电气部分等课程中有详细介绍,本书不再阐述。信道设备及

相关通信协议与技术在电力系统远动等课程中有详细介绍,本章6.3节仅加以概括性介绍。而调度端的调度员工作站、PAS工作站、SCADA服务器及数据库服务器随着计算机软、硬件技术的飞速发展,已涉及状态估计(state estimation)、安全分析(security analysis)、动态监测(dynamic supervisory)、自动发电控制(automatic generation control)和经济调度控制(economic dispatch control)等众多功能,要想全面讨论这些技术及应用,对本书而言是不可能也没有必要的,因此本章第6.4节、第6.5节分别对电力系统状态估计和安全分析加以概括性介绍。

目前,典型的调度自动化系统计算机网络配置如图6-4所示,图中MIS表示管理信息系统(management information system)。

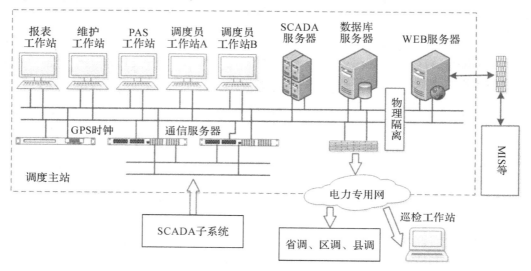

图6-4 典型的调度自动化系统计算机网络配置

6.3 调度自动化信息的传输

6.3.1 电力系统远动简介

远动系统(telecontrol system)是指对广阔地区的生产过程进行监视和控制的系统,它包括对必需的过程信息的采集、处理、传输和显示、执行等全部的设备与功能。构成远动系统的设备包括厂站端远动装置、调度端远动装置和远动信道。

按习惯称呼的调度中心和厂站,在远动术语中称为主站(master station)和子站(slave station)。主站也称控制站(control station),它是对子站实现远程监控的站;子站也称受控站(controlled station),它是受主站监视的或受主站监视且控制的站。计算机技术进入远动技术之后,安装在主站和子站的远动装置分别被称为前置机(front-end processor)和远动终端装置(remote terminal unit,RTU)。图6-5是远动系统的功能结构框图。图中上半部分表示前置机的功能和结构,下半部分表示RTU的功能和结构。

前置机是缓冲和处理输入或输出数据的处理机。它接收 RTU 送来的实时远动信息，经译码后还原出被测量的实际大小值和被监视对象的实际状态，显示在调度室的显示器上和调度模拟屏上，也可以按要求打印输出。这些信息还要向主计算机传送。另外，调度员通过键盘或鼠标操作，可以向前置机输入遥控命令和遥调命令，前置机按规约组装出遥控信息字和遥调信息字向 RTU 传送。

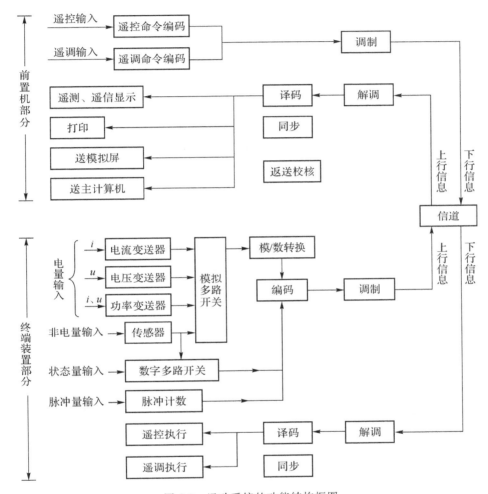

图 6-5　远动系统的功能结构框图

RTU 对各种电量变送器送来的 0～5V 直流电压分时完成 A/D 转换，得到与被测量对应的二进制数值；并由脉冲采集电路对脉冲输入进行计数，得到与脉冲量对应的计数值；还把状态量的输入状态转换成逻辑电平"0"或"1"。再将上述各种数字信息按规约编码成遥测信息字和遥信信息字，向前置机传送。RTU 还可以接收前置机送来的遥控信息字和遥调信息字，经译码后还原出遥控对象号和控制状态，遥调对象号和设定值，经返送校核正确后（对遥控）输出执行。

前置机和 RTU 在接收对方信息时，必须保证与对方同步工作，因此收发信息双方都有同步措施。

远动系统中的前置机和 RTU 是 1 对 N 的配置方式,即主站的一套前置机要监视和控制 N 个子站的 N 台 RTU,因此前置机必须有通信控制功能。为了减少前置机的软件开销,简化数据处理程序,RTU 应统一按照部颁远动规约设计。同时为了保证远动系统工作的可靠性,前置机应为双机配置。

远动系统是调度自动化系统的重要组成部分,它是实现调度自动化的基础。

6.3.2 远动信息的内容和传输模式

远动信息包括遥测信息、遥信信息、遥控信息和遥调信息。

遥测信息和遥信信息从发电厂、变电所向调度中心传送,也可以从下级调度中心向上级调度中心转发,通常称它们为上行信息。遥控信息和遥调信息从调度中心向发电厂、变电所传送,也可以从上级调度中心通过下级调度中心传送,称它们为下行信息。

遥测信息传送发电厂、变电所的各种运行参数,它分为电量和非电量两类。电量包括母线电压、系统频率、流过电力设备(发电机、变压器)及输电线的有功功率、无功功率和电流。非电量包括发电机机内温度以及水电厂的水库水位等。这些量都是随时间做连续变化的模拟量。对电流、电压和功率量,通常利用互感器和变送器把要测量的交流强电信号变成 $0 \sim 5V$ 或 $0 \sim 10mA$ 的直流信号后送入远动装置。也可以把实测的交流信号变换成幅值较小的交流信号后,由远动装置直接对其进行交流采样。电能量的测量采用脉冲输入方式,由计数器对脉冲计数实现测量,或把脉冲作为特殊的遥信信息用软件计数实现测量。对于非电量,只能借助其他传感设备(如温度传感器、水位传感器),将它转换成规定范围内的直流信号或数字量后送入远动装置,后者称为外接数字量。

遥信信息包括发电厂、变电所中断路器和隔离开关的合闸或分闸状态,主要设备的保护继电器动作状态,自动装置的动作状态,以及一些运行状态信号,如厂站设备事故总信号、发电机组开或停的状态信号、远动及通信设备的运行状态信号等。遥信信息所涉及的对象只有两种状态,因此用一位二进制的"0"或"1"便可以表示出一个遥信对象的两种不同状态。遥信信息通常由运行设备的辅助接点提供。

遥控信息传送改变运行设备状态的命令,如发电机组的启停命令、断路器的分合命令、并联电容器和电抗器的投切命令等。电力系统对遥控信息的可靠性要求很高,为了提高控制的正确性,防止误动作,在遥控命令下达后,必须进行返送校核。当返送命令校核无误之后,才能发出执行命令。

遥调信息传送改变运行设备参数的命令,如改变发电机有功出力和励磁电流的设定值,改变变压器分接头的位置等。这些信息通常由调度员人工操作发出命令,也可以自动启动发出命令,即所谓的闭环控制。例如为了保持系统频率在规定范围内,并维持联络线上的电能交换,调节发电机出力的自动发电控制(AGC)功能,就是闭环控制的例子。在下行信息中,还可以传送系统对时钟功能中的设置时钟命令、召唤时钟命令、设置时钟校正值命令,以及对厂站端远动装置的复归命令、广播命令等。

远动信息的传输可以采用循环传输模式或问答传输模式。

在循环数字传输模式(cyclic data transmission,CDT)中,厂站端将要发送的远动信息按规约的规定组成各种帧,再编排帧的顺序,一帧一帧地循环向调度端传送。信息的传送是周期性的、周而复始的,发端不顾及收端的需要,也不要求收端给以回答。这种传输模式对信道质量的要求较低,因而任何一个被干扰的信息可望在下一循环中得到它的正确值。

问答传输模式也称 polling 方式。在这种传输模式中,若调度端要得到厂站端的监视信息,必须由调度端主动向厂站端发送查询命令报文。查询命令是要求一个或多个厂站传输信息的命令。查询命令不同,报文中的类型标志取不同值,报文的字节数一般也不一样。厂站端按调度端的查询要求发送回答报文。用这种方式,可以做到调度端询问什么,厂站端就回答什么,即按需传送。由于它是有问才答,要保证调度端发问后能收到正确的回答,对信道质量的要求较高,且必须保证有上下行信道。

6.3.3　远动通信系统

1. 数字通信系统模型

电力系统远动通信系统采用数字通信系统,数字通信系统模型包含以下几部分,如图 6-6所示。

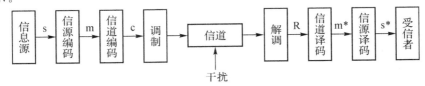

图 6-6　数字通信系统

信息源即电网中的各种信息源,如电压 U、电流 I、有功功率 P、频率 f、电能脉冲量等,经过有关器件处理后转换成易于计算机接口元件处理的电平或其他量。另外还有各种指令、开关信号等也属于信源。

信源编码是把各种信源转换成易于数字传输的数字信号,例如 A/D 转换器的输出等。然后对这些数字信号以及信息源输出 s 中原有的信号进行编码,得到一串离散的数字信息。

信道编码作用是为了保护所传送的信息内容,按照一定的规则,在信息序列 m 中添加一些冗余码元,将信息序列变成较原来更长的二进制序列 c,提高了信息序列的抗干扰能力,也提高了数字信号的传输的可靠性。

调制的作用是将数字序列表示的码字 c,变换成适合于在信道中传输的信号形式,送入信道。信道编码器输出的信号都是二进制的脉冲序列,即基带数字信号。这种信号传输距离较近,在长距离传输时往往因电平干扰和衰减而发生失真。为了增加传输距离,将基带信号进行调制传送,这样即可减弱干扰信号。

信道是信号远距离传输的载体,如专用电缆、架空线、光纤电缆、微波空间等。

解调是调制的逆过程,其作用是把从信道接收到的信号还原成数字序列。解调后的输出称为接收码字,记作 R。

信道译码是编码的逆过程,除去保护码元,获得并估计与发送侧的二进制数字序列 c 对应的接收码字 c^*。再从 c^* 中还原并估计出与信息序列 m 对应的 m^*。

信源译码器是变接收信息序列 m^* 为信源输出 s 的对应估值 s^*,并送给受信者予以显示或打印等。

受信者也叫信宿,是信息的接收地或接收人员能观察的设备。如电网调度自动化系统中的模拟屏、显示器等,均为信宿。

2. 远动信息的编码

远动信息在传输前,必须按有关规约的规定,把远动信息变换成各种信息字或各种报文。这种变换工作通常称作远动信息的编码,编码工作由远动装置完成。

采用循环传输模式时,远动信息的编码要遵守循环传输规约的规定。我国原电力部颁发的循环式传输规约的信息字格式如图 6-7 所示。按规约规定,由远动信息产生的任何信息字都由 48 位二进制数构成,即所有的信息字位数相同。其中前 8 位是功能码,它有 2^8 种不同取值,用来区分代表不同信息内容的各种信息字,可以把它看作信息字的代号。最后 8 位是校验码,采用循环冗余检验(cyclic redundancy check,CRC)校验。

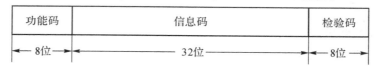

图 6-7   循环式传输规约的信息字格式

校验码的生成规则是:在信息字的前 40 位(功能码和信息码)后面添加 8 个零,再模二除以生成多项式 $g(x)=x^8+x^2+x+1$,将所得余式取非之后,作为 8 位校验码。校验码是信息字中用于检错和纠错的部分,它的作用是提高信息字在传输过程中抗干扰的能力。信息字用来表示信息内容,它可以是遥测信息中模拟量对应的 A/D 转换值、电能量的脉冲计数值、系统频率值对应的 BCD 码等,也可以是遥信对象的状态,还可以是遥控信息中控制对象的合/分状态及开关序号或者是遥调信息的调整对象号及设定值……信息内容究竟属于哪一种值,可根据功能码的取值范围进行区分。

问答式传输规约中报文(message)格式见图 6-8。报文头通常有 3~4 个字节,它指出进行问答的双方中 RTU 的地址(报文中识别其来源或目的地的部分),报文所属的类型,报文中数据区的字节数。数据区表示报文要传送的信息内容,它的字节数和字节中各位的含义随报文类型的不同而不同,且数据区的字节数是多少,由报文头中有关字节指出。校验码按照规约给定的某种编码规则,用报文头的数据区的字节运算得到。它可以是一个字节的奇偶校验码,也可以是一个或两个字节的 CRC 校验码。问答式传输规约的报文格式与循环式传输规约的信息字格式比较,最明显的差别是,问答式传输规约中,不同类型的报文,报文的总字节数不同,即报文的长度不同,且报文长度的变化总是按字节增减,即 8 位及其倍数地增加或减少。

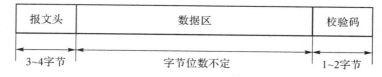

图 6-8   问答式传输规约的报文格式

3. 数字信号的调制与解调

数字信号在电路上的表达为一系列高低电平脉冲序列(方波),称为"基带数字信号"。这种波形所包含的谐波成分很多,占用的频带很宽。而电话线等传输线路是为传送语言等模拟信号而设计的,频带较窄,直接在这种线路上传输基带数字信号,距离很短尚可,距离长了波形就会发生很大畸变,使接收端不能正确判读,从而造成通信失败。

为此,引入了调制解调器(modem)这样一种设备。先把基带数字信号用调制器(modulator)转换成携带其信息的模拟信号(某种正弦波),在长途传输线上传输的是这种模拟信号。到了接收端,再用解调器(demodulator)将其携带的数字信息解调出来,恢复成原来的基带数字信号。

正弦波是最适宜于在模拟线路上长途传输的波形,通常采用高频正弦波作为载波信号。这时载波信号可以表示为

$$u(t) = U_m \cos(\omega t + \varphi) \tag{6-2}$$

作为正弦波特征值的是振幅、频率和初相位。相应地,调制方法也有三种。图 6-9 为基带数字信号及对其进行调制的各种方式波形。

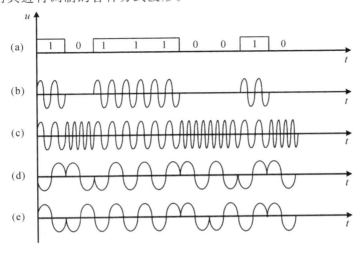

图 6-9　二进制数字调制波形

(a)数字信号　(b)二进制幅移键控　(c)二进制频移键控

(d)二进制绝对相移键控　(e)二进制相对相移键控

(1) 数字调幅

数字调幅又称幅移键控(amplitude shift keying,ASK),它是用正弦波不同的振幅来代表"1"和"0"两个码元。例如可用振幅为零来代表"0",用有一定振幅来代表"1",如图 6-9(b)所示。数字调幅最简单,但抗干扰性能不太好。

$$u(t) = \begin{cases} 0 & \text{数字信号 } 0 \\ u_m \cos\omega t & \text{数字信号 } 1 \end{cases} \tag{6-3}$$

(2) 数字调频

数字调频又称频移键控(frequency shift keying,FSK),它是用不同频率来代表"1"和"0",而其振幅和相位则相同。例如用较低频率表示"1",用较高频率表示"0",如图 6-9(c)所示。数字调频在电网调度自动化系统中应用较广,抗干扰性能较好。

$$u(t) = \begin{cases} U_m \cos 2\pi f_1 t = U_m \cos\omega_1 t & \text{数字信号 } 0 \\ U_m \cos 2\pi f_2 t = U_m \cos\omega_2 t & \text{数字信号 } 1 \end{cases} \tag{6-4}$$

(3) 数字调相

数字调相又称相移键控(phase shift keying,PSK),又分为二元绝对调相和二元相对调

相两种方式。

图 6-9(d)波形中初相位为 0 代表"0",而初相位为 π 则代表"1",这种方式称为二元绝对调相。

$$u(t) = \begin{cases} U_m\cos(\omega t + 0) & \text{数字信号 0} \\ U_m\cos(\omega t + \pi) & \text{数字信号 1} \end{cases} \tag{6-5}$$

图 6-9(e)所示波形中后一周波的相位与前一周波相同,即已调载波的相位差 $\Delta\varphi = 0$ 时,代表数字信号"1";而后一周波相位与前一周波相位相反,即已调载波的相位差 $\Delta\varphi = \pi$ 时,则代表码元"0"。这种方式称为二元相对调相。

数字调相抗干扰性能最好,但软、硬件均比较复杂。

4. 常用远动信道

我国常用的远动信道有专用有线信道、复用电力线载波信道、微波信道、光纤信道、无线电信道等。信道质量的好坏直接影响信号传输的可靠性。

采用专用有线信道时,由远动装置产生的远动信号,以直流电的幅值、极性或交流电的频率在架空明线或专用电缆中传送。这种信道常用作近距离传输。

电力线载波信道是电力系统中应用较广泛的信道形式。当远动信号与载波电话复用电力线载波信道时,通常规定载波电话占用 0.3~2.3kHz(或 0.3~2.0kHz)音频段,远动信号占用 2.7~3.4kHz(或 2.4~3.4kHz)的上音频段。由远动装置产生的用二进制数字序列表示的远动信号,经调制器转换成上音频段内的数字调制信号后,进入电力载波机完成频率搬移,再经电力线传输。收端载波机将接收到的信号复原为上音频信号,再由解调器还原出用二进制数字序列表示的远动信号。由于电力线载波信道直接利用电力线作信道,覆盖各个电厂和变电所等电业部门,不另外增加线路投资,且结构坚固,所以得到广泛应用。

微波信道是用频率为 300MHz~300GHz 的无线电波传输信号。由于微波是直线传播,传输距离一般为 30~50km,所以在远距离传输时,要设立中继站。微波信道的优点是频带宽,传输稳定,方向性强,保密性好。它在电力系统中的应用呈上升趋势。

光导纤维传输信号的工作频率高,光纤信道具有信道容量大,衰减小,不受外界电磁场干扰,误码率低等优点,它是性能比较好的一种信道。

无线电信道由发射机、发射天线、自由空间、接收天线和接收机组成。在无线电信道中,信号以电磁波在自由空间中传输。因为它利用自由空间传输,不需要架设通信线路,因而可以节约大量金属材料并减少维护人员的工作量。这种信道在地方电力系统中应用较多。

除上述几种信道外,卫星通信也在电力系统中得到应用。

6.4　电力系统状态估计

6.4.1　电力系统状态估计的必要性

电力系统的状态由电力系统的运行结构和运行参数来表征。电力系统的运行结构是指在某一时间断面电力系统的运行接线方式。电力系统的运行结构有一个特点,即它几乎完全是由人工按计划决定的。但是,当电力系统的运行结构发生了非计划改变(如因故障跳开断路器)时,如果远动的遥信没有正确反映,就会出现调度计算中电力系统运行接线与实际情况不相符的问题。

电力系统的运行参数(包括各节点电压的幅值、注入节点的有功和无功功率、线路的有功和无功功率等)可以由远动系统送到调度中心来。这些参数随着电力系统负荷的变化而不断地变化,称为实时数据。SCADA 系统收集了全网的实时数据,汇成 SCADA 数据库。SCADA 数据库存在以下明显缺点:

(1) 数据不齐全

为了使收集的数据齐全,必须在电力系统的所有厂、所都设置 RTU,并采集电力系统中所有节点和支路的运行参数。这将使 RTU 的数量以及远动通道和变送器的数量大大增加,而这些设备的投资是相当昂贵的。目前的实际情况是,仅在一部分重要的厂、所中设置了 RTU。这样,就有一些节点和支路的运行参数不能被测量到而造成数据收集不全。

(2) 数据不精确

数据采集和传送的每个环节如 TA、TV、A/D 转换等都会产生误差。这些误差有时使相关的数据变得相互矛盾,且其差值之大甚至使人不便取舍。同时,干扰总是存在的,尽管已采取了滤波和抗干扰编码等措施,减少了出错的次数,但个别错误数据的出现仍不能避免。

(3) 数据不和谐

数据相互之间可能不符合建立数学模型所依据的基尔霍夫定律。原因有二:一是前述各项误差所致,二是各项数据并非是同一时刻采样得到的。这种数据的不和谐影响了各种高级应用软件的计算分析。

由于实时数据有上述缺点,因而必须找到一种方法能够把不齐全的数据填平补齐,不精确的数据"去粗取精",同时找出错误的数据"去伪存真",使整个数据系统和谐严密,质量和可靠性得到提高。这种方法就是状态估计,电力系统状态估计的内容应该包括如何将错误的信息检测出来并予以纠正。

综上所述,电力系统状态估计是电力系统高级应用软件的一个模块(程序)。其输入的是低精度、不完整、不和谐,偶尔还有不良数据的"生数据",而输出的则是精度高、完整、和谐和可靠的数据。由这样的数据组成的数据库,称为"可靠数据库"。电网调度自动化系统的许多高级应用软件,都以可靠数据库的数据为基础,因此,状态估计有时被誉为应用软件的"心脏",可见这一功能的重要程度。图 6-10 是状态估计在电网调度自动化系统中所起作用的示意图。

6.4.2　状态估计的基本原理

1.测量的冗余度

状态估计算法必须建立在实时测量系统有较大冗余度的基础之上。

对那些不随时间而变化的量,为消除测量数据的误差,常用的方法就是多次重复测量。测量的次数越多,它们的平均值就越接近真值。

但在电力系统中不能采用上述方法,因为电力系统运行参数属于时变参数,消除或减少时变参数测量误差必须利用一次采样得到的一组有多余的测量值。这里的关键是"多余",

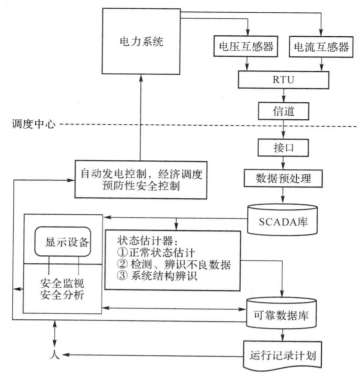

图 6-10　状态估计在电力调度自动化系统中的作用

多余得越多,估计得越准,但是会造成在测点及通道上投资越多,所以要适可而止。一般要求是

测量系统的冗余度＝系统独立测量数/系统状态变量数＝(1.5~3.0)

电力系统的状态变量是指表征电力系统特征所需最小数目的变量,一般取各节点电压幅值及其相位角为状态变量。若有 N 个节点,则有 $2N$ 个状态变量。由于可以设某一节点电压相位角为零,所以对一个电力系统,其未知的状态变量数为 $2N-1$。图 6-11 为电力系统状态估计输入/输出示意图。

图 6-11　电力系统状态估计输入/输出示意图

2. 状态估计的数学模型

状态估计的数学模型是基于反映网络结构、线路参数、状态变量和实时测量值之间相互关系的方程。测量值包括线路功率、线路电流、节点功率、节点电流和节点电压等,状态量包括节点电压幅值和相角。

状态估计的数学模型为

$$z = h\hat{x} + v$$

(6-6)

式中：z 为测量值列向量，维数为 m；$\hat{x}$ 为状态向量，若节点数为 k，则 $\hat{x}$ 的维数为 $2k$，即每个节点有电压幅值和相角；h 为所用仪表的量程比例为常数，其数目与测量值向量一致，m 维；v 为测量误差，m 维。

求解状态向量 $\hat{x}$ 时，大多使用极大似然估计，即求解的状态向量 $\hat{x}$ 使测量向量 z 被观测到的可能性最大。一般使用加权最小二乘法准则来求解，并假设测量向量服从正态分布。测量向量 z 给定以后，状态估计向量 $\hat{x}$ 是使测量值加权残差平方和达到最小的 x 值，即

$$J(\hat{x}) = \min \sum_{i=1}^{k} \boldsymbol{W}(z - \hat{z})^2 = \min \sum_{i=1}^{k} \boldsymbol{W}(z - h_i \hat{x})^2 \qquad (6\text{-}7)$$

式中：$\boldsymbol{W}$ 为 $m \times m$ 维正定对称阵，其对角元素为测量值的加权因子。

3. 状态估计的加权最小二乘法

状态估计可选用的数学算法有最小二乘法、快速分解法、正交化法和混合法等。目前在电力系统中用得较多的是加权最小二乘法。

当目标函数 J 有最小值时，对式（6-7）的目标函数求导并令其等于 0，可得

$$\frac{\partial J(\hat{x})}{\partial x} = \frac{\partial}{\partial x}(z - \boldsymbol{H}\hat{x})^{\mathrm{T}} \boldsymbol{W}(z - \boldsymbol{H}x) = 2\boldsymbol{H}^{\mathrm{T}} \boldsymbol{W}(z - \boldsymbol{H}\hat{x}) = 0 \qquad (6\text{-}8)$$

即

$$\boldsymbol{H}^{\mathrm{T}} \boldsymbol{W} \boldsymbol{H} \hat{x} = \boldsymbol{H}^{\mathrm{T}} \boldsymbol{W} z \qquad (6\text{-}9)$$

式（6-9）称为正则方程。当 $\boldsymbol{H}^{\mathrm{T}} \boldsymbol{W} \boldsymbol{H}$ 为非奇异（满秩）时，有

$$\hat{x}_{\mathrm{WLS}} = (\boldsymbol{H}^{\mathrm{T}} \boldsymbol{W} \boldsymbol{H})^{-1} \boldsymbol{H}^{\mathrm{T}} \boldsymbol{W} z \qquad (6\text{-}10)$$

这时的 $\hat{x}_{\mathrm{WLS}}$ 简称加权最小二乘估计值，对应求得的状态变量值即为最佳估计值。若取 $\boldsymbol{W} = \boldsymbol{I}$，则 $\hat{x}_{\mathrm{WLS}} = \hat{x}_{\mathrm{LS}}$，所以最小二乘法是加权最小二乘法的一种特例。

如果再考虑到各测量设备精度的不同，可令目标函数中对应测量精度较高的测量值乘以较高的"权值"，以使其对估计的结果发挥较大的影响；相反，对应测量精度较低的测量值，则乘以较低的"权值"，使其对估计的结果影响小一些。

状态变量一般取各母线电压幅值和相位角，测量值选取母线注入功率、支路功率和母线电压数值。测量不足之处可使用预报和计划型的"伪测量"，同时将其权重设置得较小以降低对状态估计结果的影响。另外，无源母线上的零注入测量和零阻抗支路上的零电压测量，也可以为伪测量值。这样的测量值完全可靠，可取较大的权重。

6.4.3　状态估计的步骤

如图 6-12 所示，状态估计可分为以下四个步骤：

（1）确定先验数学模型。在假定没有结构误差、参数误差和不良数据的条件下，根据已有经验和定理，如基尔霍夫定律等，建立各测量值与状态量间的数学方程。

（2）状态估计计算。根据所选定的数学方法，计算出使"残差"最小的状态变量估计值。所谓残差，就是各量测值与计算的相应估计值之差。

（3）校验。检查是否有不良测量值混入或有结构错误信息。如果没有，此次状态估计即告完成；如果有，转入下一步。

（4）辨识。这是确定具体的不良数据或网络结构错误信息的过程。在除去或修正已识别出来的不良数据和结构错误后，重新进行第二次状态估计计算，这样反复迭代估计，直至没

有不良数据或结构错误为止。

从图 6-12 中看出,测量值在输入前还要经过前置滤波和极限值检验。这是因为有一些很大的测量误差,只要采用一些简单的方法和很少的加工就可容易地排除。例如,对输入的节点功率可进行极限值检验和功率平衡检验,这样就可提高状态估计的速度和精度。

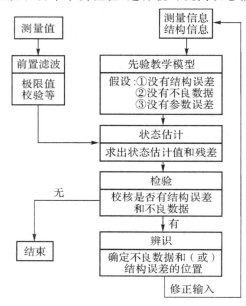

图 6-12　状态估计的步骤

不良数据的检测与识别是很重要的,否则状态估计将无法投入在线实际应用。当有不良数据出现时,必然会使目标函数 J 大大偏离正常值,这种现象可以用来发现不良数据。为此可把状态估计值代入目标函数中,求出目标函数的值,如果大于某一门槛值,即可认为存在不良数据。

发现存在不良数据后要寻找不良数据。对于单个不良数据的情况,一个最简单的方法就是逐个试探。例如把第一个测量值去掉,重新估计,若正好这个测量值是不良数据,去掉后再检查 J 值时就会变为合格;若是正常数据,去掉后的 J 值肯定还是不合格,这时就把第一个测量值补回,再去掉第二个测量值。如此逐个搜索,一定会找到不良数据,但比较耗时。至于存在多个相关不良数据的辨识就要复杂多了,目前还没有特别有效的坏数据辨识办法。

若遥信出错如何识别呢?可先把遥信出错分为 A、B 两类。

A 类错误:开关在合闸位置,而遥信误为断开。

B 类错误:开关在断开位置,而遥信误为合闸。

这时只要将开关量和相应线路的测量值做一对比,就可以找到可疑点。因为线路被断开时,其测量值必为零;若线路并没断开,一般情况下测量值不会为零。

可见,若进行网络结构检测,每条支路至少有一个潮流量测量,才能较快地发现可疑点。发现可疑点后,仍然要采用逐个试探法:将第一个可疑开关位置"取反",重新进行估计,若错误已被纠正,目标函数 J 就会正常;否则,试探下一个可疑开关;直到找到为止。

当然,上述介绍的仅是状态估计的基本原理,在实际运用中则复杂得多。而关于信号检测与估值理论、系统辨识,则有同名的硕士生课程及相关教材和专著有详细论述,本书不再进一步讨论。

6.4.4　状态估计举例

已知某系统的网络计算模型如图 6-13 所示,各支路有功功率 P_i 的三次测量值列于表 6-1 中。若忽略线路功率损耗,求各支路有功功率的最佳估计值 $\hat{P}_i$。

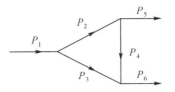

图 6-13　网络计算模型

表 6-1　各支路有功功率三次测量值　　　　　　　　　　（单位:MW）

测量序号	P_1	P_2	P_3	P_4	P_5	P_6
一	100	80	22	10	72	30
二	100	80	22	10	400	30
三	100	2	103	95	94	10

参考图 6-12 所示状态估计的步骤,执行如下操作:

1. 确定先验数学模型

基于基尔霍夫节点电流定律,图 6-13 所示网络各支路的 $\hat{P}_i$ 值应满足下列方程组:

$$\begin{cases} \hat{P}_1 = \hat{P}_3 + \hat{P}_4 + \hat{P}_5 \\ \hat{P}_2 = \hat{P}_4 + \hat{P}_5 \\ \hat{P}_6 = \hat{P}_3 + \hat{P}_4 \end{cases} \tag{6-11}$$

这组方程也就是网络的数学模型。

参考式(6-7),并取权值矩阵 $\boldsymbol{W} = \boldsymbol{I}$,则目标函数为

$$J(\hat{x}) = \min P_{Gi} - \sum_{i=1}^{6} (P_i - \hat{P}_i)^2 \tag{6-12}$$

2. 状态估计计算

将式(6-11)代入式(6-12),可得到仅包含 $\hat{P}_3$、$\hat{P}_4$、$\hat{P}_5$ 的目标函数。直接对 $\hat{P}_3$、$\hat{P}_4$、$\hat{P}_5$ 求导并令其等于 0,即可解得各支路有功功率的最佳估计值。

现以第一组测量数据为例,演示其计算过程。

将表 6-1 中第一组数据代入式(6-12),将式(6-11)再代入式(6-12),可得目标函数的表达式

$$\begin{aligned} J &= (\hat{P}_1 - 100)^2 + (\hat{P}_2 - 80)^2 + (\hat{P}_3 - 22)^2 + (\hat{P}_4 - 10)^2 + (\hat{P}_5 - 72)^2 + (\hat{P}_6 - 30)^2 \\ &= (\hat{P}_3 + \hat{P}_4 + \hat{P}_5 - 100)^2 + (\hat{P}_4 + \hat{P}_5 - 80)^2 + (\hat{P}_3 - 22)^2 + (\hat{P}_4 - 10)^2 + (\hat{P}_5 - 72)^2 \\ &\quad + (\hat{P}_3 + \hat{P}_4 - 30)^2 \end{aligned} \tag{6-13}$$

分别令 $\dfrac{\partial J}{\partial \hat{P}_3} = 0$、$\dfrac{\partial J}{\partial \hat{P}_4} = 0$、$\dfrac{\partial J}{\partial \hat{P}_5} = 0$,整理可得

$$\begin{cases} 3\hat{P}_3 + 2\hat{P}_4 + \hat{P}_5 = 152 \\ 2\hat{P}_3 + 4\hat{P}_4 + 2\hat{P}_5 = 200 \\ \hat{P}_3 + 2\hat{P}_4 + 3\hat{P}_5 = 252 \end{cases} \tag{6-14}$$

解得:$\hat{P}_3 = 21$;$\hat{P}_4 = 9$;$\hat{P}_5 = 71$;$\hat{P}_1 = 101$;$\hat{P}_2 = 80$;$\hat{P}_6 = 30$。

残差平方和(即目标函数)为

$$J=(101-100)^2+(80-80)^2+(21-22)^2+(9-10)^2+(71-72)^2+(30-30)^2=4$$

$$(6-15)$$

将第二组、第三组测量数据代入式(6-12)，重复式(6-13)至式(6-15)，可得表6-2所示数据。

表 6-2　各支路有功功率状态估计计算值

测量序号		P_1	P_2	P_3	P_4	P_5	P_6	J
一	测量值	100	80	22	10	72	30	
	估计值	101	80	21	9	71	30	4
二	测量值	100	80	22	10	400	30	
	估计值	300.5	279.5	21	44.5	235	65.5	109677
三	测量值	100	2	103	95	94	10	
	估计值	102.25	47.5	54.75	1.25	46.25	56	17588.5

3. 校 验

由表6-2最后一列 J 值的大小可知：第一组测量值无结构错误和坏数据，是可靠的测量值，状态估计完成；第二组测量值状态估计计算后的残差太大，可确定混入了坏数据，需进一步进行辨识以确定具体的不良数据或网络结构错误位置；第三组测量值状态估计计算后的残差也很大，可以发现 P_2 或 P_4 支路可能已断开，同样需进一步进行辨识以确定哪条支路已断开。

4. 辨 识

经校验可知，第一组测量值可靠，状态估计完成，无须辨识；第二组测量值混入了坏数据，需进行辨识；第三组测量值需确认 P_2 或 P_4 支路是否已断开，重新进行估计。若可用合理性检查将第二组测量值的 $P_5=400$ 丢弃，进行第二次状态估计计算；同时分别令第三组测量值的 $P_2=0$、$P_4=0$，重复第二步的状态估计计算，得表6-3所示数据。

表 6-3　各支路有功功率状态第二次状态估计计算值

测量序号		P_1	P_2	P_3	P_4	P_5	P_6	J
二	测量值	100	80	22	10	—	30	
	估计值	100.5	79.5	21	9.5	70	30.5	2
三	测量值	100	0	103	95	94	10	
	估计值	102.25	0	102.25	93.75	93.75	8.5	9.5
三	测量值	100	2	103	103	94	10	
	估计值	102	47	55	0	47	55	8567

注：第三组测量值第二次状态估计的计算式，因网络结构发生变化，已不能再采用式(6-11)，应采用如下方程组

$$\begin{cases} \hat{P}_1=\hat{P}_3=\hat{P}_4+\hat{P}_6 \\ \hat{P}_4=\hat{P}_5 \end{cases} (\hat{P}_2=0) \qquad (6-16)$$

或

$$\begin{cases} \hat{P}_1 = \hat{P}_2 + \hat{P}_3 \\ \hat{P}_2 = \hat{P}_5 \qquad (\hat{P}_4 = 0) \\ \hat{P}_3 = \hat{P}_6 \end{cases} \qquad (6\text{-}17)$$

目标函数及求偏导的变量和表达式亦应有相应调整,不再重复,请读者自行推导。

由表 6-3 最后一列 J 值的大小可知:虽然第二组测量值状态估计计算时缺失一项,冗余度有所降低,但丢弃了坏数据,数据估计的精度反而提升了,状态估计完成;第三组测量值的两次残差对比后可知,P_4 支路断开的可能性远小于 P_2 支路断开的可能性,故可以认为已确定 P_2 支路断开,状态估计完成。

若第二次状态估计计算时,不能用合理性检查排除第二组测量值中的坏数据,则可通过逐个排除法进行识别,计算结果示于表 6-4。

表 6-4　第二组测量值排除法进行各支路有功功率状态估计计算值

计算次数		P_1	P_2	P_3	P_4	P_5	P_6	J
1	测量值	—	80	22	10	400	30	
	估计值	266	203.5	62.5	−73	276.5	−10.5	68230
2	测量值	100	—	22	10	400	30	
	估计值	224	244	−20	−32	276	−52	67900
3	测量值	100	80		10	400	30	
	估计值	183.75	158.75	25	−78.75	237.5	−53.75	54521.5
4	测量值	100	80	22		400	30	
	估计值	183	120.5	62.5	−156	276.5	93.5	57176
5	测量值	100	80	22	10	—	30	
	估计值	100.5	79.5	21	9.5	70	30.5	2
6	测量值	100	80	22	10	400	—	
	估计值	190.75	259.5	−68.75	129.75	129.75	61	136668

由表 6-4 可知,丢弃 P_1、P_2、P_3、P_4、P_6 后,残差过大,显然不合适;而丢弃 P_5 后,残差与表 6-3 所计算数据一致,可见第二组测量值中 P_5 是一个坏数据,舍弃即可,状态估计完成。

总之,只要没把真正的坏数据丢弃掉,残差 J 就不会下降到合理的门槛值以下。只有做第 5 次试探,将 $P_5 = 400$ 丢弃掉时,残差才突然下降到 2 的较低值,说明坏数据就是 $P_5 = 400$,而估计出来的 $\hat{P}_5 = 70$ 是比较可靠的。

本例计算中对各功率测量的准确度看作是相同的。但实际上各种测量点的准确度可能是不同的(TV、TA 的误差、变送器的准确级以及 A/D 变换精度等不同),应当让准确度较高的测量值对计算结果有较大的影响,而让准确度较低的测量值影响较小,这才比较合理,这正是加权最小二乘法的出发点。

本例只有 3 个节点,尚可用手工计算。实际的电力系统有几十到几百个节点,手工计算已不可能,现在都是采用计算机编程进行矩阵运算。

6.5 电力系统安全分析与安全控制

6.5.1 电力系统的运行状态与安全控制

电力系统的安全控制与电力系统的运行状态是相关的。电力系统的运行状态可以用一组包含电力系统状态变量(如各节点的电压幅值和相位角)、运行参数(如各节点的注入有功功率)和结构参数(网络连接和元件参数)的微分方程组描述。方程组要满足有功功率和无功功率必须平衡的等式约束条件,以及系统正常运行时某些参数(母线电压、发电机出力和线路潮流等)必须在安全允许的限值以内的不等约束条件。电力系统的运行状态一般可划分为四种:①正常运行状态;②警戒状态;③紧急状态;④恢复状态。

电力系统在运行中始终把安全作为最重要的目标,就是要避免发生事故,保证电力系统能以质量合格的电能充分地对用户连续供电。在电力系统中,干扰和事故是不可避免的,不存在一个绝对安全的电力系统。重要的是要尽量减少发生事故的概率,在出现事故以后,依靠电力系统本身的能力、继电保护和自动装置的作用和运行人员的正确控制操作,使事故得到及时处理,尽量减少事故的范围及所带来的损失和影响。通常把电力系统本身的抗干扰能力、继电保护、自动装置的作用和调度运行人员的正确控制操作,称为电力系统安全运行的三道防线。

因此,电力系统安全性主要包括两个方面的内容:

(1) 电力系统突然发生扰动时不间断地向用户提供电力和电量的能力。

(2) 电力系统的整体性,即电力系统维持联合运行的能力。

电力系统安全控制的主要任务包括:对各种设备运行状态的连续监视;对能够导致事故发生的参数越限等异常情况及时报警并进行相应调整控制;发生事故时进行快速检测和有效隔离,以及事故时的紧急状态控制和事故后恢复控制等。其可以分为以下几个层次:

(1) 安全监视

安全监视是对电力系统的实时运行参数(频率、电压和功率潮流等)以及断路器、隔离开关等的状态进行监视。当出现参数越限和开关变位时即进行报警,由运行人员进行适当的调整和操作。安全监视是 SCADA 系统的主要功能。

(2) 安全分析

安全分析包括静态安全分析和动态安全分析。静态安全分析只考虑假想事故后稳定运行状态的安全性,不考虑当前的运行状态向事故后稳态运行状态的动态转移。动态安全分析则是对事故动态过程的分析,着眼于系统在假想事故中有无失去稳定的危险。

(3) 安全控制

安全控制是为保证电力系统安全运行所进行的调节、校正和控制。

6.5.2 静态安全分析

一个正常运行的电网常常存在许多的危险因素。要使调度运行人员预先清楚地了解到这些危险并非易事,目前可以应用的有效工具就是在线静态安全分析程序。通过静态安全分析,可以发现当前是否处于警戒状态。

1. 预想故障分析

预想故障分析是对一组可能发生的假想故障进行在线的计算分析,校核这些故障后电力系统稳定运行方式的安全性,判断出各种故障对电力系统安全运行的危害程度。

预想故障分析可分为三部分:故障定义、故障筛选和故障分析。

(1) 故障定义

通过故障定义可以建立预想故障的集合。一个运行中的电力系统,假想其中任意一个主要元件损坏或任意一台开关跳闸都是一次故障。预想故障集合主要包括以下各种开断故障:①单一线路开断;②两条以上线路同时开断;③变电所回路开断;④发电机回路开断;⑤负荷出线开断;⑥上述各种情况的组合。

(2) 故障筛选

预想故障数量可能比较多,应当把这些故障按其对电网的危害程度进行筛选和排队,然后再由计算机按此队列逐个进行快速仿真潮流计算。

首先需要选定一个系统性能指标(如全网各支路运行值与其额定值之比的加权平方和)作为衡量故障严重程度的尺度。当在某种预想故障条件下系统性能指标超过了预先设定的门槛值时,该故障即应保留,否则即可舍弃。计算出来的系统指标数值可作为排队依据。这样处理后就得到了一张以最严重的故障开头的为数不多的预想故障顺序表。

(3) 故障分析(快速潮流计算)

故障分析是对预想故障集合里的故障进行快速仿真潮流计算,以确定故障后的系统潮流分布及其危害程度。仿真计算时依据的网络模型,除了假定的开断元件外,其他部分则与当前运行系统完全相同。各节点的注入功率采用经过状态估计处理的当前值(也可用由负荷预测程序提供的 15~30min 后的预测值)。每次计算的结果用预先确定的安全约束条件进行校核,如果某一故障使约束条件不能满足,则向运行人员发出报警(即宣布进入警戒状态)并显示出分析结果,也可以提供一些可行的校正措施,例如重新分配各发电机组出力、对负荷进行适当控制等,供调度人员选择实施,消除安全隐患。

2. 快速潮流计算方法

仿真计算所采用的算法有直流潮流法、P-Q 分解法和等值网络法等。相关算法请查阅电力系统分析等课程的相关内容。

安全分析的重点是系统中较为薄弱的负荷中心。而远离负荷中心的局部网络在安全分析中所起的作用较小,因此在安全分析中可以把系统分为两部分:待研究系统和外部系统。待研究系统就是指感兴趣的区域,也就是要求详细计算模拟的电网部分。而外部系统则指不需要详细计算的部分。安全分析时要保留"待研究系统"的网络结构,而将"外部系统"化简为少量的节点和支路。实践经验表明,外部系统的节点数和线路数远多于待研究系统,所以等值网络法可以大大降低安全分析中导纳矩阵的阶数和状态变量的维数,从而使计算过程大为简化。

6.5.3　动态安全分析

稳定性事故是涉及电力系统全局的重大事故。正常运行中的电力系统是否会因为一个突然发生的事故而导致失去稳定,这个问题是十分重要的。校核假想事故后电力系统是否能保持稳定运行的离线稳定计算,一般采用数值积分法,逐时段地求解描述电力系统运行状态的微分方程组,得到动态过程中各状态变量随时间变化的规律,并以此来判别电力系统的稳定性。这种方法计算工作量很大,无法满足实施预防性控制的实时性要求。因此要寻找一种快速的稳定性判别方法。到目前为止,还没有很成熟的算法。下面简单介绍一下已取得一定研究成果的模式识别法及扩展等面积法。

(1) 模式识别法

模式识别法是建立在对电力系统各种运行方式的假想事故离线模拟计算的基础上的,需要事先对各种不同运行方式和故障种类进行稳定计算。然后选取少数几个表征电力系统运行的状态变量(一般是节点电压和相角),构成稳定判别式。稳定分析时,将在线实测的运行参数代入稳定判别式,根据判别式的结果来判断系统是否稳定。

用图 6-14 所示简单电力系统加以说明:图中 θ_1 和 θ_2 是两个表征电力系统的状态变量,针对不同的运行方式和假想事故,分别在 θ_1-θ_2 平面上标出了许多稳定情况(用○点表示)和不稳定情况(用△点表示)。如果○点和△点分布各自集中在某一区域,在它们之间有一条明确的分界线,该分界线的方程就是稳定判别式,可根据实时计算的 θ_1 和 θ_2 在 θ_1-θ_2 平面中所处的区域,快速地判别是否稳定。

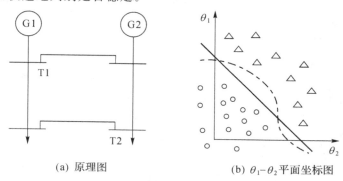

(a) 原理图　　　　　　(b) θ_1-θ_2平面坐标图

图 6-14　简单电力系统及其特征量平面图

在图 6-14(b)中,分界线如为直线则判别式非常简单,直线的左侧是稳定的,右侧是不稳定的。若分界线为一条曲线,则要复杂一些。实际上,表征电力系统的特征量是多维的,稳定域和不稳定域之间的分界面(不再是分界线)是一个超平面。

上述模式识别法是一个快速的判别电力系统安全性的方法,只要将特征量代入判别式就可以得出结果。所以这个判别式本身必须可靠。误差率很大的判别式没有实用价值。判别式的建立,不是靠理论推导,而是通过大量"样本"统计分析、计算后归纳整理出来的。如何使这样归纳整理出来的判别式尽量逼近客观存在的分界面,在研究生课程统计学习理论中有详细的理论分析。

(2) 扩展等面积法

扩展等面积法(extended equd-area criteron,EEAC)是一种暂态稳定快速定量计算方法,已开发出商品软件,并已应用于国内外电力系统的多项工程实践中。

该方法分为静态 EEAC、动态 EEAC 和集成 EEAC 三个部分(步骤),构成一个有机集成体。利用 EEAC 理论,发现了许多与常规控制理念不相符合的"负控制效应"现象。例如,切除失稳的部分机组、动态制动、单相开断、自动重合闸、快关汽门、切负荷、快速励磁等经典控制手段,在一定条件下,却会使系统更加趋于不稳定。

静态 EEAC 采用"在线预算,实时匹配"的控制策略。整个系统分为在线预决策子系统和实时匹配控制子系统两大部分。前者根据电网当前的运行工况,定期刷新后者的决策表,后者根据该表实施控制。实时匹配控制子系统安装在电力系统中有关的发电厂和变电所,监测系统的运行状态,判断本厂、所出线、主变压器、母线的故障状态。它在系统发生故障时,根据判断出的故障类型,迅速从存放在装置内的决策表中查找控制措施,并通过执行装置进行切机、快关、切负荷、解列等稳定控制。在线预决策子系统根据电力系统当前运行工况,搜索最优稳定控制策略。这类方案的精髓是一个快速、强壮的在线定量分析方法和相应的灵敏度分析方法。对这些方法的速度要求,比对离线分析方案的要求高得多,但比对实时计算的要求低很多,完全在 EEAC 的技术能力之内。

6.5.4　正常运行状态(包括警戒状态)的安全控制

为了保证电力系统正常运行的安全性,首先在编制运行方式时就要进行安全校核;其次,在实际运行中,要对电力系统进行不间断的严密监视,对电力系统的运行参数如频率、电压和线路潮流等不断地进行调整,始终保持尽可能的最佳状态;同时,还要对可能发生的假想事故进行后果模拟分析;当确认当前属警戒状态时,可对运行中的电力系统进行预防性的安全校正。

编制运行方式是各级调度中心的一项重要工作内容。运行方式编制得是否合理直接影响系统运行的经济性和安全性。运行方式的编制是根据预测的负荷曲线做出的。对运行方式进行安全校核,就是用计算机根据负荷、气象、检修等运行条件的变化,并假定一系列事故条件,对未来某时刻的运行方式进行安全校核计算。

正常运行时,对电力系统进行监控由调度自动化系统的 SCADA 系统完成。SCADA系统监控不断变化着的电力系统运行状态,如发电机出力、母线电压、线路潮流、系统频率和系统间交换功率等,当参数越限时发出警报,使调度人员能迅速判明情况,及时采取必要的调控措施来消除越限现象。此外,自动发电控制(AGC)和自动电压控制(automatic voltage control,AVC),也是正常运行时安全监控的重要方面。

对可能发生的假想事故进行分析,由电网调度自动化系统中的安全分析模块完成。电网调度自动化系统可以定时地(例如 5min)或按调度人员随时要求启动该模块,也可以在电网结构有变化(即运行方式改变)或某些参数越限时自动启动安全分析程序,并将分析结果显示出来。根据安全分析的结果,若某种假想事故后果严重,即说明系统已进入警戒状态,可以预先采取某些防范措施对当前的运行状态进行某些调整,使在该假想事故之下也不产生严重后果。这就是进行预防性安全控制。

预防性安全控制是针对可能发生的假想事故会导致不安全状态所采取的调整控制措施。这种事故是否发生是不确定的。如果预防性控制需要较大地改变现有运行方式,对系统运行的经济性很不利(如改变机组的启停方式等),则需由调度人员根据具体情况做出决断。也可以不采取任何行动,但应当加强监视,做好各种应对预案。

综上所述可见,有了 SCADA/EMS 系统的各种监控和分析功能,电力系统运行的安全性大大提高了。

6.5.5 紧急状态时的安全控制

紧急状态时的安全控制的目的是迅速抑制事故及电力系统异常状态的发展和扩大,尽量缩小故障延续时间及其对电力系统其他非故障部分的影响。在紧急状态中的电力系统可能出现各种"险情",例如频率大幅度下降,电压大幅度下降,线路和变压器严重过负荷,系统发生振荡和失去稳定等。如果不能迅速采取有效措施消除这些险情,系统将会崩溃瓦解,出现大面积停电的严重后果,造成巨大的经济损失。紧急状态的安全控制可分为三大阶段。第一阶段的控制目标是事故发生后快速而有选择地切除故障,这主要由继电保护装置和自动装置完成,目前最快可在一个周波内切除故障。第二阶段的控制目标是防止事故扩大和保持系统稳定,这需要采取各种提高系统稳定性的措施。第三阶段是在上述努力均无效的情况下,将电力系统在适当地点解列。

继电保护与自动装置是电力系统紧急状态控制的重要组成部分,这些装置的作用如图 6-15 所示。图 6-15 中左边线内序号的意义为:①电力系统发生扰动;②继电保护动作;③自动重合闸动作;④提高电力系统稳定的其他自动装置动作;⑤电力系统失步和解列。

电力系统的紧急状态控制是全局控制问题,不仅需要系统调度人员正确调度、指挥,以及电厂、变电站运行人员认真监视和操作,而且需要自动装置的正确动作来配合。

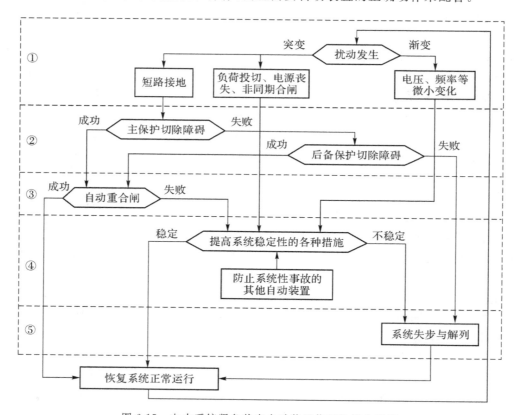

图 6-15 电力系统紧急状态自动装置作用的综合示意

6.5.6 恢复状态时的安全控制

电力系统是一个十分复杂的系统,每次重大事故之后的崩溃状态不同,因此恢复状态的控制操作必须根据事故造成的具体后果进行。一般来说,恢复状态控制应包括以下几个方面。

(1) 确定系统的实时状态:通过远动和通信系统了解系统解列后的状态,了解各个已解列成小系统的频率和各母线电压,了解设备完好情况和投入或断开状态、负荷切除情况等,确定系统的实时状态。这是系统恢复控制的依据。

(2) 维持现有系统的正常运行:电力系统崩溃后,要加强监控,尽量维持仍旧运转的发电机组及输、变电设备的正常运行,调整有功出力、无功出力和负荷功率,使系统频率和电压恢复正常,消除各元件的过负荷状态,维持现有系统正常运行,尽可能保证向未被断开的用户供电。

(3) 恢复因事故被断开的设备的运行:首先要恢复对发电厂辅助机械和调节设备的供电,恢复变电站的辅助电源。然后启动发电机组并将其并入电力系统,增加其出力;投入主干线路和有关变电设备;根据被断开负荷的重要程度和系统的实际可能,逐个恢复停电用户的供电。

(4) 重新并列被解列的系统:在被解列成的小系统恢复正常(频率和电压已达到正常值,已消除各元件的过负荷)后,将它们逐个重新并列,使系统恢复正常运行,逐步恢复对全系统供电。

在恢复过程中,应尽量避免出力和负荷间的动态不平衡和线路过负荷现象的发生,应充分利用自动监视功能,监视恢复过程中各重要母线电压、线路潮流、系统频率等运行参数,以确认每一恢复步骤的正确性。

6.6 调度自动化系统的性能指标

调度自动化系统必须保证其可靠性、实时性和准确性,才能保证调度中心及时了解电力系统的运行状态并做出正确的控制决策。

6.6.1 可靠性

调度自动化系统的可靠性由运动系统的可靠性和计算机系统的可靠性来保证。它包括设备的可靠性和数据传输的可靠性。

系统或设备的可靠性是指系统或设备在一定时间内和一定的条件下完成所要求功能的能力。通常以平均无故障工作时间(mean time between failure,MTBF)来衡量。平均无故障工作时间指系统或设备在规定寿命期限内,在规定条件下,相邻失效之间的持续时间的平均值,也就是平均故障间隔时间。其表示为

$$MTBF = \frac{t}{N_f(t)}$$

(6-18)

式中:t 为系统的总运行时间,h;$N_f(t)$ 为系统在工作时间内的故障次数。

可用性(availability)也可以说明系统或设备的可靠程度。可用性是在任何给定时刻，一个系统或设备可以完成所要求功能的能力。通常用可用率表示

$$可用率 = \frac{工作时间}{工作时间 + 停工时间} \times 100\%$$

式中：停工时间是故障及维修总共的停运时间。

对调度自动化系统的各个组成部分进行运行统计时，还可以用远动装置、计算机设备月运行率，远动系统、计算机系统月运行率、调度自动化系统月平均运行率等技术指标。各项技术指标的计算公式如下

$$月运行率 = \frac{全月总小时数 - 月停用小时数}{全月总小时数} \times 100\%$$

式中：月停用小时数包括装置、设备或系统的故障停用时间及各类检修时间。装置、设备或系统的故障停用时间由发现故障或接到调度端通知时开始计算。调度自动化系统的月停用小时数＝计算机系统停用小时数＋各远程终端系统停用小时数综合/远程终端系统总数，每个远程终端系统停用时间包括装置故障、各类检修、通道故障及电源或其他原因导致该远程终端系统失效的时间。

数据传输的可靠性通常用比特差错率来衡量。比特差错率亦称误码率，它可以表示为

$$p_e = \frac{N_e}{N} \tag{6-19}$$

式中：N_e 为接收端收到的错误比特数，N 为总发送比特数。

由于任何一种信道编码方法其检错能力都是有限的，当传输过程中由于扰动所引起的差错位已经超过信道编码方法能够检测出的最大差错位时，接收装置会把其中一些差错情况误判为没有错误，这时将出现残留差错，通常用残留差错率 R 来表示。对于码长为 n、最小距离为 d_{min} 的编码，其残留差错率 P_R 可表示为

$$P_R = \sum_{i=d_{min}}^{n} A_i p_e^i (1 - p_e)^{n-i} \tag{6-20}$$

式中：A_i 为信息码组中重量等于 i 的码字的个数。

接收装置对检测出的错误报文将拒绝接收，通常用拒收率 R_R 来表征拒绝接收的情况，其计算式为

$$R_R = \frac{检测出有差错的报文数}{发送的报文总数} \times 100\%$$

如果接收装置频繁地出现拒绝接收的情况，数据的有效性将大大降低，使系统的可靠性变差。

6.6.2 实时性

电力系统运行的变化过程十分短暂，所以调度中心对电力系统运行信息的实时性要求很高。

远动系统的实时性指标可以用传达时间来表示。远动传送时间(telecontrol transfer time)是指从发送站的外围设备输入到远动设备的时刻起，至信号从接收站的远动设备输出到外围设备止所经历的时间。远动传送时间包括远动发送站的信号变换、编码等时延，传输通道的信号时延以及远动接收站的信号反变换、译码和校验等时延。它不包括外围设备，如

中间继电器、信号灯和显示仪表等的响应时间。

平均传送时间(average transfer time)是指远动系统的各种输入信号在各种情况下传输时间的平均值。如果输入信号在最不利的传送时刻送入远动传输设备,此时的传送时间为最长传送时间。

调度自动化系统的实时性可以用总传送时间(overall transfer time)、总响应时间(overall response time)来说明。

总传送时间是从发送站事件发生起到接收站显示为止事件信息经历的时间。总传送时间包括了输入发送站的外围设备的时延和接收站的相应外围输出设备产生的时延。

总响应时间是从发送站的事件启动开始,至收到接收站发送响应为止之间的时间间隔。

比如遥测全系统扫描时间、开关量变位传送至主站的时间、遥测量越死区的传送时间、控制命令和遥调命令的响应时间、画面响应时间、画面刷新时间等,都是表征调度自动化系统实时性的指标。

6.6.3　准确性

调度自动化系统中传送的各种量值要经过许多变换过程,比如遥测量需要经过变送器、A/D 转换等。在这些变换过程中必然会产生误差。另外,数据在传输时由于噪声干扰也会引起误差,从而影响数据的准确性。数据的准确性可以用总准确度、正确率、合格率等进行衡量。

遥测值的误差可以用总准确度来说明。总准确度是总误差对标称值的百分比,即偏差对满刻度的百分比。IEC TC-57 对总准确度级别的划分有 5.0、2.0、1.0、0.5 等。

遥测月合格率的计算公式如下:

$$遥测月合格率 = \frac{遥测总路数 \times 全月总小时数 - 各路遥测月不合格小时数总和}{遥测总路数 \times 全月总小时数} \times 100\%$$

式中:遥测不合格时间的计算,为从发现遥测不合格时算起,到校正遥测合格时为止。

事故遥信年动作正确率的计算公式如下:

$$事故遥信年动作正确率 = \frac{年正确动作次数}{年正确动作次数 + 年拒动、误动次数} \times 100\%$$

遥控月动作正确率的计算公式如下:

$$遥控月动作正确率 = \frac{月正确动作次数}{月总操作次数} \times 100\%$$

习　题

一、简答题

1.电力系统调度的主要任务是什么?

2.我国的电力系统调度是如何实现的?

3.何谓远动系统? 远动的功能及组成部分是什么?

4.远动系统采用什么规约通信? 有什么特点?

5. SCADA 数据库收集的数据存在哪些缺陷？

6. 何谓电力系统状态估计？其步骤是什么？

7. 电力系统安全控制的主要任务是什么？

8. 调度自动化系统的实时性主要有哪几个衡量指标？

二、绘图分析题

1. 绘出数字通信系统模型，并说明各模块的作用。

2. 远动信息需要经过调制才能在信道中传输，目前子站需要传送的数据为 100110110，绘制此数据的单极性不归零码和差分码，并在此基础上绘制各种数字调制波形。

三、计算题

如图 6-16 所示的简单系统，各支路有功功率的测量值均已标在图中。忽略线路功率损耗，求各支路有功功率的最佳估计值。

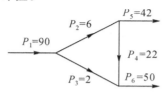

图 6-16　网络计算模型

第7章　变电站和配电网自动化

7.1　变电站综合自动化

7.1.1　常规变电站二次系统的特点

变电站是电力网中线路的连接点,作用是变换电压,变换功率,汇集、分配电能。变电站中的电气部分通常被分为一次设备和二次设备。属于一次设备的有不同电压的配电装置和电力变压器。配电装置是交换功率和汇集、分配电能的电气装置的组合设施,它包括母线、断路器、隔离开关、电压互感器、电流互感器、避雷器等。电力变压器是变电站中变换电压的设备,它连接着不同电压的配电装置。有些变电站还由于无功平衡、系统稳定和限制过电压等因素,装有同步调相机、并联电容器、并联电抗器、静止补偿装置、串联补偿装置等。

为了保证变电站电气设备安全、可靠和经济运行,还装有一系列的辅助电气设备,如监视测量仪表、控制及信号器具、继电保护装置、自动装置、远动装置等。上述这些设备通常被称为二次设备。表明变电站中二次设备相互连接关系的电路称为变电站二次回路,也称为变电站二次接线或二次系统。

常规变电站二次系统应用的特点是变电站采用单元间隔的布置形式,主要有以下几方面的问题:

(1)信息不共享。完成测量、控制、保护等功能的二次回路或装置按功能分立设置,分别完成各自的功能,彼此间相关性甚少、互不兼容。

(2)硬件设备和元器件型号多、类别杂,很难达到标准化。二次回路主要由有触点的电磁式设备和元器件组成,也有的由半导体元器件组成,但功能是分立的。同一变电站内不同功能的二次回路设计和设备选择也是分别进行的。

(3)没有自检功能。常规二次系统是一个被动系统,继电保护、自动装置、远动装置等大多不能对自己的状态进行检测,因而也不能发现并指示自身的故障。这种情况使得必须定期对二次设备和回路的功能进行测试和校验。这不仅增加了维护工作量,更重要的是不能及时了解系统的工作状态,保证工作的可靠性。因为设备故障可能发生在刚刚测试和校验之后。

(4)维护工作量大。由于实现不同功能的二次回路是分立设置的,二次设备和元器件之间需要大量的连接电缆和端子。这既增加了投资,又要花费大量的人力去从事众多装置和元器件之间的连接设计配线、安装、调试、修改工作。同时,常规的保护和自动装置多为电磁型或晶体管型,例如晶体管型保护装置,其工作点易受环境温度的影响,因此其整定值必须定期停电检验,每年检验保护定值的工作量相当大,也无法实现远程修改保护或自动装置的定值。

7.1.2　变电站自动化

由于常规二次系统有不少不足,因此,随着数字技术和计算机技术的发展,人们开始研究用计算机解决二次回路存在的问题。在有人值班的变电站采用微机进行监控和完成部分管理任务之后,将变电站二次系统提高到了一个新的水平,出现了变电站自动化。

变电站中的微机通常配置屏幕显示器、事故打印机、报表打印机等外围设备。变电站中微机的主要功能有:

①进行巡回监视和召唤测量。

②对输入数据进行校验和用软件滤波,对脉冲量进行计数,对开关量的状态进行判别,对被测量进行越限判别、功率总加和电量累计等。

③用彩色显示电力网接线图及实时数据、计划负荷和实际负荷、潮流方向以及电压等,当开关变位时,自动显示对应的网络画面,并通过音响和闪光显示提醒运行人员注意,进行报警打印,还能对被测量越限情况和事故顺序进行显示和打印。

④进行报表打印,有每隔一小时打印、每天运行日志报表打印、每月典型报表打印、每月电量总加报表打印、开关状态一览表随机显示打印等。

⑤具有人机对话及提示功能,可随机方便地在线修改断路器和隔离开关的状态,修改有关系数和限值,可随机打印和显示测量数据与图形画面,如果条件允许,也可以增加一些管理功能,如定值修改、操作票制作、保护的配置、反事故对策、检修任务单和故障管理等。

在微机监控引入变电站的同时,微机远动装置也在变电站中应用,出现了变电站微机远动终端(RTU)。微机继电保护装置在变电站中应用,出现了变电站微机继电保护装置。至此,变电站二次系统实现了微机化,进入了变电站自动化阶段。

在变电站二次系统实现微机化以前的一个很长时期内,变电站常规二次系统的监控、保护和远动装置是分开设置的。这些装置不仅功能不同,实现的原理和技术也完全不同。它们之间互不相关、互不兼容,彼此独立存在且自成体系。因此,逐步形成了自动、远动和保护等不同的专业和相应的技术部门。

变电站自动化是在变电站常规二次系统的基础上发展起来的。它虽然以微机为基础,但仍然保持了微机监控、微机继电保护和微机远动装置分别设置、分别完成各自的功能及各自自成体系的配置和工作模式。此时的微机监控、微机保护和微机远动仍然分属于不同的专业技术部门。

当代的变电站自动化正从传统的单项自动化向综合自动化方向过渡,而且是电力系统自动化中系统集成最为成功、效益较为显著的一个例子。

7.1.3　变电站综合自动化的概念

在变电站采用微机监控、微机继电保护和微机远动装置之后,人们发现,尽管这三种装置的功能不一样,但硬件配置却大体相同。除了微机系统本身外,无非是对各种模拟量的数据采集设备以及 I/O 回路；实现装置功能的手段也基本相同——使用软件；并且各种不同功能的装置所采集的量和要控制的对象也有许多是共同的。例如，微机监控、微机保护和微机远动装置就都要采集电压和电流，而且都控制断路器的分、合。显然，微机监控、微机保护和微机远动等微机装置分立设置存在设备重复、不能充分发挥微机的作用以及存在设备间互联复杂等缺点。

于是自 20 世纪 70 年代末 80 年代初，工业发达国家都相继开展了将微机监控、微机继电保护和微机远动功能统一进行考虑的研究，从充分发挥微机作用、提高变电站自动化水平、提高变电站自动装置的可靠性、减少变电站二次系统连接线等方面对变电站的二次系统进行了全面的研究工作。该项研究经历了约 10 年的时间，随着微机技术、信息传输技术的发展取得了重大突破，于 20 世纪 80 年代末 90 年代初进入了实用阶段，于是出现了变电站综合自动化，并且展现了极强的生命力。我国变电站综合自动化研究起步于 20 世纪 80 年代末，目前已经进入实用阶段。

变电站综合自动化是将变电站的二次设备（包括测量仪器、信号系统、继电保护、自动装置和远动装置等）经过功能的组合和优化设计，利用先进的计算机技术、现代电子技术、通信技术和信号处理技术，实现对全变电站的主要设备和输、配电线路的自动监视、测量、自动控制和保护，以及与调度通信等综合的自动化系统。变电站综合自动化系统中，不仅利用多台微型计算机和大规模集成电路代替了常规的测量、监视仪表和常规控制屏，还用微机保护代替常规的继电保护屏，弥补了常规的继电保护装置不能自检也不能与外界通信的不足。变电站综合自动化可以采集到比较全的数据和信息，利用计算机的高速计算能力和逻辑判断能力，可方便地监视和控制变电站内各种设备的运行和操作。

变电站综合自动化技术是自动化技术、计算机技术和通信技术等高科技在变电站领域的综合应用。在综合自动化系统中，由于综合或协调工作的需要，网络技术、分布式技术、通信协议标准、数据共享等问题，必然成为研究综合自动化系统的关键问题。

7.1.4　变电站综合自动化系统的基本功能

变电站综合自动化系统的基本功能体现在下述 5 个子系统的功能中。

1. 监控子系统

监控子系统应取代常规的测量系统，取代指针式仪表；改变常规的操作机构和模拟盘，取代常规的告警、报警、中央信号、光字牌；取代常规的远动装置等。总之，其功能应包括以下几部分内容：数据量采集（包括模拟量、开关量和电能量的采集）；事件顺序记录（sequence of event，SOE），故障记录、故障录波和故障测距，操作控制功能，安全监视功能，人机联系功能，打印功能，数据处理与记录功能，谐波分析与监视功能等。

2. 微机保护子系统

微机保护是综合自动化系统的关键环节。微机保护应包括全变电站主要设备和输电线路的全套保护，具体有高压输电线路的主保护和后备保护、主变压器的主保护和后备保护、无功补偿电容器组的保护、母线保护、配电线路的保护、不完全接地系统的单相接地选线等。电力系统继电保护、变电站综合自动化课程中有更详细的介绍与讨论，本书不再讨论。

3. 电压、无功综合控制子系统

在配电网中，实现电压合格和无功基本就地平衡是非常重要的控制目标。在运行中，能实时控制电压/无功的基本手段是有载调压变压器的分接头调挡和无功补偿电容器组的投切。

目前多采用一种九区域控制策略进行电压/无功自动控制,可用图 7-1 来说明这一方法的原理。

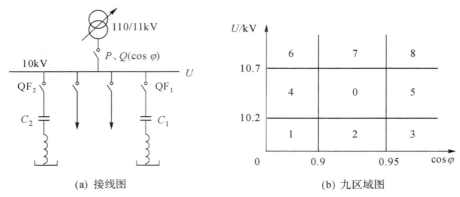

(a) 接线图　　　　　　　　　　　(b) 九区域图

图 7-1　九区域法的电压/无功自动控制

变电站综合自动化系统采集并实时监视 10kV 母线电压以及主变 10kV 侧 P、Q(并可计算 $\cos\varphi$),当母线电压 $U<10.2$kV、$\cos\varphi<0.9$ 时,判定处于第 1 区中,首先合闸 QF_1 投入一组电容 C_1,如监测到 $\cos\varphi>0.9$,但仍为 $U<10.2$kV 时,则判定处于 2 区,此时可控制主变分接头降低一挡(使降压变比减小),再监测如果 10.2kV$<U<10.7$kV,$0.9<\cos\varphi<0.95$,则判定已处于 0 区,0 区是符合控制目标的正常工作区域。

总之,一旦监测到工作点离开了 0 区,即自动控制电容的投切和变压器分接头挡位,使其迅速回到 0 区。

这种由微机实现的电压/无功控制,可使变电站 10kV 母线电压合格率大大提高,同时也可使变电站电源进线上的损耗降低,取得了很好的效益。

这种电压/无功控制是一种局部自动电压控制(automatic voltage control,AVC),还不是采集全网数据进行优化控制以实现总网损最低的全网 AVC。由于点多面广,实现全网优化的 AVC 难度是比较大的。

另一个需注意的问题是每天分接头挡位调节和电容投切次数均需有一定限制,过于频繁的调节对设备寿命十分不利,甚至会引发事故。已有软件对此给予了约束。

4. 低频减负荷及备用电源自投控制子系统

低频减负荷是一种"古老"的自动装置。它是当电力系统有功严重不足使系统频率急剧下降时,为保持系统稳定而采取的一种"丢车保帅"手段。

但传统常规的低频减负荷有着很大的缺点:例如某一回路已被定为第一轮切负荷对象,可是此时该回路负荷很小,切了它也起不到多少作用,如果第一轮各回路中这种情况多几个,则第一轮切负荷就无法挽救局势。

在变电站综合自动化系统中,可以避免这种情况。当监测到该回路负荷很小时,可不切除它,而改切另一路负荷大的备选回路。这就改变了"呆板"形象,而具有了一定的智能。

5. 通信子系统

通信功能包括站内现场级之间的通信和变电站自动化系统与上级调度的通信两部分。

（1）综合自动化系统的现场级通信。主要解决自动化系统内部各子系统与上位机（监控主机）及各子系统间的数据通信和信息交换问题。通信范围是变电站内部。对于集中组屏的综合自动化系统，就是在主控室内部；对于分散安装的自动化系统，其通信范围扩大至主控室与各子系统的安装地（开关室），通信距离加长了一些。

现场级的通信方式有并行通信、串行通信、局域网络和现场总线等多种方式。

（2）综合自动化系统与上级调度通信。综合自动化系统应兼有 RTU 的全部功能，能够将所采集的模拟量和开关状态信息，以及事件顺序记录等传至调度端；同时应能接收调度端下达的各种操作、控制、修改定值等命令，即完成新型 RTU 的全部四遥及其他功能。

通信子系统的通信规约应符合部颁标准。最常用的有 POLLING 和 CDT 两类规约。

7.1.5　变电站综合自动化的结构形式

变电站综合自动化系统的发展与集成电路、计算机、通信和网络等方面的技术发展密切相关。随着这些高科技技术的不断发展，综合自动化系统的体系结构也不断发生变化，其性能和功能以及可靠性等也不断提高。从国内外变电站综合自动化系统的发展过程来看，其结构形式有集中式、分布集中式、分散与集中相结合式和全分散式等四种。

1. 集中式的结构形式

集中式的综合自动化系统，是指集中采集变电站的模拟量、开关量和数字量等信息，集中进行计算与处理，再分别完成微机监控、微机保护和一些自动控制等功能。集中式结构不是指由一台计算机完成保护、监控等全部功能。集中式结构的微机保护、微机监控和与调度通信的功能可以由不同计算机完成，只是每台计算机承担的任务多些。这种结构形式的存在与当时的微机技术和通信技术的实际情况是相关的。在国外，20 世纪 60 年代由于电子数字计算机和小型机价格昂贵，只能是高度集中的结构形式。我国变电站综合自动化研究初期也是以集中式结构为主导，如图 7-2 所示。

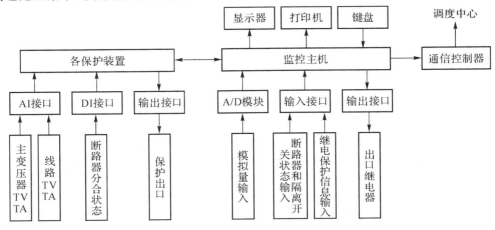

图 7-2　集中式结构的变电站综合自动化系统框图

这种集中式的结构是根据变电站的规模，配置相应容量的集中式保护装置和监控主机及数据采集系统，将它们安装在变电站中央控制室内。

主变压器和各进出线及站内所有电气设备的运行状态，通过 TA、TV 经电缆传送到中央控制室的保护装置和监控主机(或远动装置)。继电保护动作信息往往取自保护装置的信号继电器的辅助触点,通过电缆送给监控主机(或远动装置)。

这种集中式结构系统造价低,且其结构紧凑、体积小,可大大减少占地面积。其缺点是软件复杂,修改工作量很大,系统调试麻烦;且每台计算机的功能较集中,如果一台计算机出故障,影响面大,因此必须采用双机并联运行的结构才能提高可靠性。另外,该结构组态不灵活,对不同主接线或规模不同的变电站,软、硬件都必须另行设计,二次开发的工作量很大,因此影响了批量生产,不利于推广。

2. 分层(级)分布式系统集中组屏的结构形式

所谓分布式结构,是在结构上采用主从 CPU 协同工作方式,各功能模块(通常是各个从 CPU)之间采用网络技术或串行方式实现数据通信,多 CPU 系统提高了处理并行多发事件的能力,解决了集中式结构中独立 CPU 计算处理的瓶颈问题,方便系统扩展和维护,局部故障不影响其他模块(部件)正常运行。

所谓分层式结构,是将变电站信息的采集和控制分为管理层、站控层和间隔层三个级分层布置,如图 7-3 所示。

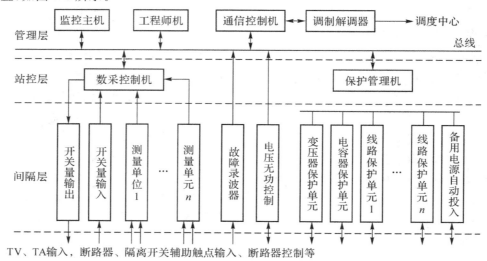

图 7-3　大型变电站分层分布式集中组屏综合自动化系统结构框图

间隔层按一次设备组织,一般按断路器的间隔划分,具有测量、控制和继电保护部分。测量、控制部分负责该单元的测量、监视、断路器的操作控制和连锁,以及事件顺序记录等;保护部分负责该单元线路或变压器或电容器的保护、各种录波等。因此,间隔层本身是由各种不同的单元装置组成,这些独立的单元装置直接通过总线接到站控层。

站控层的主要功能是作为数据集中处理和保护管理,担负着上传下达的重要任务。一种集中组屏结构的站控层设备是保护管理机和数采控制机。正常运行时,保护管理机监视各保护单元的工作情况,一旦发现某一保护单元本身工作不正常,立即报告监控机,并报告调度中心。如果某一保护单元有保护动作信息,也通过保护管理机,将保护动作信息送往监控机,再送往调度中心。调度中心或监控主机也可通过保护管理机下达修改保护定值等命令。数采控制机则将数采单元和开关单元所采集的数据和开关状态送往监控机和调度中心,并接受由调度或监控机下达的命令。总之,这第二层管理机的作用是可明显减轻监控机的负担,协助监控机承担对间隔层的管理。

变电站的监控主机或称上位机,通过局域网络与保护管理机和数采控制机以及控制处理机通信。监控机的作用,在无人值班的变电站,主要负责与调度中心的通信,使变电站综合自动化系统具有 RTU 的功能,完成“四遥”的任务;在有人值班的变电站,除了仍然负责与调度中心通信外,还负责人机联系,使综合自动化系统通过监控机完成当地显示、制表打印、开关操作等功能。

分层分布式系统集中组屏结构的特点如下:

(1) 由于分层分布式结构配置在功能上采用“可以下放的尽量下放”的原则,凡是可以在本间隔层就地完成的功能,绝不依赖通信网。这样的系统结构与集中式系统比较,明显优点是:可靠性高,任一部分设备有故障时,只影响局部,可扩展性和灵活性高;站内二次电缆大大简化,节约投资也简化维护。分布式系统为多 CPU 工作方式,各装置都有一定数据处理能力,从而大大减轻了主控制机的负担。

(2) 继电保护相对独立。继电保护装置的可靠性要求非常严格,因此,在综合自动化系统中,继电保护单元宜相对独立,其功能不依赖于通信网络或其他设备。通过通信网络和保护管理机传输的只是保护动作的信息或记录数据。

(3) 具有和系统控制中心通信的能力。综合自动化系统本身已具有对模拟量、开关量、电能脉冲量进行数据采集和数据处理的功能,还收集继电保护动作信息、事件顺序记录等,因此不必另设独立的 RTU,不必为调度中心单独采集信息。综合自动化系统采集的信息可以直接传送给调度中心,同时也可以接受调度中心下达的控制、操作命令和在线修改保护定值命令。

(4) 模块化结构,可靠性高。综合自动化系统中的各功能模块都由独立的电源供电,输入/输出回路也相互独立,因此任何一个模块故障都只影响局部功能,不会影响全局。由于各功能模块都是面向对象设计的,所以软件结构较集中式的简单,便于调试和扩充。

(5) 室内工作环境好,管理维护方便。分层分布式系统采用集中组屏结构,屏全部安放在控制室内,工作环境较好,电磁干扰比放于开关柜附近弱,便于管理和维护。

分布集中式机构的主要缺点是安装时需要的控制电缆相对较多,增加了电缆投资。

3. 分布式与集中式相结合的结构

分布式的结构,虽具备分级分层、模块化结构的优点,但因为采用集中组屏结构,因此需要较多的电缆。随着微控制器技术和通信技术的发展,可以考虑按每个电网元件为对象,集测量、保护、控制为一体,设计在同一机箱中。对于 6～35kV 的配电线路,这样一体化的保护、测量、控制单元就分散安装在各开关柜内,构成所谓智能化开关柜,然后通过光纤或电缆网络与监控主机通信,这就是分布式结构。考虑环境等因素,高压线路保护和变压器保护装置仍可采用组屏安装在控制室内。这种将配电线路的保护和测控单元分散安装在开关柜内,而高压线路保护和主变压器保护装置等采用集中组屏的系统结构,就称为分布和集中相结合的结构,其框图如图 7-4 所示。这是当前综合自动化系统的主要结构形式,也是今后的发展方向。

图 7-4 所示的系统中,10～35kV 馈线保护采用的是分布式结构,就地安装(实现开关柜智能化),节约控制电缆,通过现场总线与保护管理机通信;而高压线路保护和变压器保护采

用的是集中组屏结构,保护屏安装在控制室或保护室中,同样通过现场总线与保护管理机通信。这些重要的保护装置处于比较好的工作环境,对可靠性较为有利,其他自动装置中,备用电源自投控制装置和电压、无功综合控制装置采用集中组屏结构,则安装于控制室或保护室。

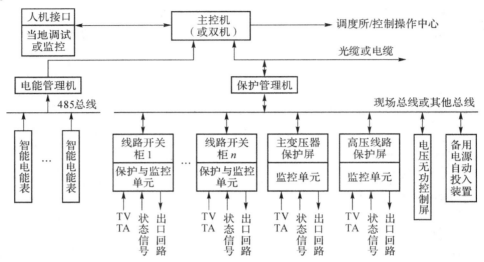

图 7-4　分布与集中相结合的变电站综合自动化系统结构框图

7.1.6　变电站综合自动化的优点

变电站综合自动化为电力系统的运行管理自动化水平的提高打下了基础。它具有如下优点:

(1) 简化了变电站二次部分的硬件配置,避免了重复。因为各子站采集数据后,可通过 LAN 共享。例如,就地监控和远动所需要的数据不再需要自己的采集硬件,专用的故障录波器也可以省去,常规的控制屏、中央信号屏、站内的主接线模拟屏等都可以取消。配电线路的保护和测控单元,分散安装在各开关柜内,减少了主控室保护屏的数量,因此使主控室面积大大缩小,利于实现无人值班。

(2) 简化了变电站各二次设备之间的连线。因为系统的设计思想是子站按一次设备为单元组织,例如一条出线一个子站,而每个子站将所有二次功能组织成一个或几个箱体,装在一起。不同子站之间除用通信媒介连成 LAN 外,几乎不再需要任何连线。从而使变电站二次部分连线变得非常简单和清晰,尤其是当保护下放时,所节省的强电电缆数量是相当可观的。

(3) 减轻了安装施工和维护工作量,也降低了总造价。由于各子站之间没有互联线,而每个子站的智能化开关柜的保护和测控单元在开关柜出厂前已由厂家安装和调试完毕,再加上敷设电缆数量大大减少,因此现场施工、安装和调试的工期都大大缩短,实践证明总造价可以下降。实际上还应计及因维护工作量下降(可无人值班)减少的运行费用。

(4) 系统可靠性高,组态灵活,检修方便。分层分布式结构,由于分散安装,减小了 TA 的负担。各模块与监控主机间通过局域网络或现场总线连接,抗干扰能力强,可靠性高。

7.2　配电网及其馈线自动化

7.2.1　配电网的构成及特点

电力网分为输电网和配电网。从发电厂发出的电能通过输电网送往消费电能的地区，再由配电网将电力分配至用户。所谓配电网就是从输电网接收电能，再分配给各用户的电力网。配电网也称为配电系统。

配电网和输电网，原则上是按照它们发展阶段的功能划分的，而具体到一个电力系统中，是按照电压等级确定的。不同的国家对输电网和配电网的电压等级划分是不一致的。我国规定：输（送）电电压为 220kV 及以上为输电网；配电电压等级分为三类，即高压配电电压（110kV、60kV、35kV）、中压配电电压（10kV）、低压配电电压（380/220V）。与上述电压等级相对应，配电网按电压等级又可分为高压配电网、中压配电网和低压配电网。

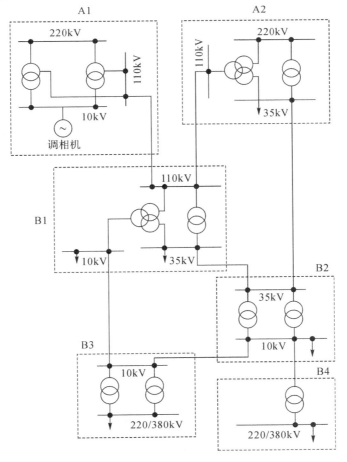

图 7-5　配电变电站原理性连接电路

1. 配电变电站

配电变电站是变换供电电压、分配电力并对配电线路及配电设备实现控制和保护的配电设施。它与配电线路组成配电网,实现分配电力的功能。配电变电站接受电力的进线电压通常较高,经过变压之后以一种或两种较低的电压为出线电压输出电力。图 7-5 是配电变电站的原理性连接电路图,其中 110kV 和 35kV 的变电站称为高压变电站,如变电站 B1 和 B2;10kV 变电站称为中压变电站,如变电站 B3 和 B4。

在我国,常将 10/0.4kV 具备配电和变电功能的配电变电站称为配电所;对于不具备变电功能而只具备配电功能的配电装置简称为开关站。安装在架空配电线路上用作配电的变压器实际上是一种最简单的中压配电变电所。这种变压器接线简单,一路中压进线,经变压后的低压线路沿街道的各个方向分成几路向用户供电。这种变压器通常放在电线杆上(也有放在地面上的),在变压器的高、低压侧分别装有跌落式熔断器和熔丝作为过电流保护,装有避雷器作为防雷保护。这种中压配电变压器通常被称为配电变压器。

2. 配电线路

配电线路是向用户分配电能的电力线路。我国将 110kV 及以下的电力线路都列为配电线路,其中较高电压等级的配电线路,在农村配电网和小城市中往往成为该配电网的唯一电源线,因而也会起到输电作用。

按运行电压不同,配电线路可分为高压配电线路(35～110kV)(或称次输电线路)、中压配电系统(10kV)(或称一次配电系统)和低压配电线路(220/380V)(或称二次配电线路)三类。各级电压的配电线路可以构成配电网,也可以直接以专线向用户供电。按结构不同,配电线路可分为架空配电线路与电缆配电线路;按供电对象不同,可分为城市配电线路与农村配电线路。

配电网由配电变电站和配电线路组成。通过各种电力元件(包括变压器、母线、断路器、隔离开关、配电线路)可以将配电网连成不同结构。配电网基本分为放射式和环式两大类型。在放射式结构中,电能只能通过单一路径从电源点送至用电点;在网式结构中,电能可以通过两个以上的路径从电源点送往用电点。网式结构又可分为多回路式、环式和网络式三种。

图 7-6 是放射式配电网示意图。电源通过断路器 1DL 向负荷 1～5 供电,通过 2DL 向负荷 6 供电,所有的负荷点只能从一个电源获得电能。放射式配电网的优点是设施简单、运行维护方便、设备费用低。放射式配电网的缺点是供电可靠性低,配电设施有故障可能会造成大量用户停电。例如,a 段线路出现故障,跳开断路器 1DL,也就同时造成了负荷 2～5 停电。

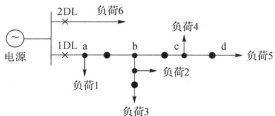

● 一柱上开关(黑点表示闭合,圆圈表示断开)

图 7-6 放射式配电网示意图

图 7-7 是环式配电网示意图。图中任何一个负荷都可以从两个方向获得电能。例如，负荷 2 和负荷 3 通过线路 a 获得电能，当线路 a 发生故障、1DL 跳开之后，将柱上开关 1 断开、3 闭合，负荷 2 和 3 又可通过线路 f、e、d 获得电能。这样就提高了供电的可靠性。

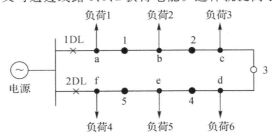

图 7-7　环式配电网示意

3. 配电网的特点

（1）点多、面广、分散

配电网处于电力网的末端，它一头连着电力系统的输电网，一头连着电能用户，直接与城乡企、事业单位以及千家万户的用电设备和电器相连接。这就决定了配电网是电力系统中分布面积最广、电力设备数量最多、线路最长的一部分。

（2）配电线路、开关电器和变压器结合在一起

在输电网和高压配电网中，电力线路从一座变电站（或发电厂）出来接到另一座变电站去，中间除了电力线路以外就不再经过其他电力元件了。而在中压配电网和低压配电网中则不完全是这样。一条配电线路从高压配电变电站出来（出线电压在我国为 10kV）往往就进入城市的一条街道。配电线沿街道延伸的同时，会在电线杆上留下一个个杆上变压器、断路器和跌落式熔断器。这些杆上电力元件和配电线结合在一起，像是配电线路的一部分。这些杆上电力元件不仅数量多、分散，而且工作环境恶劣（日晒、雨淋、冰雪、霜冻、风吹、结露等）。

7.2.2　馈线自动化的主要组成

馈线自动化（feeder automation，FA）指配电线路的自动化，是配网自动化的一项重要功能。由于变电站自动化是相对独立的一项内容，实际上在配网自动化实现以前，馈线自动化就已经发展并完善，因此在一定意义上可以说配网自动化指的就是馈线自动化。不管是国内还是国外，在实施配网自动化时，也确实都是从馈线自动化开始的。

在正常状态下，馈线自动化实时监视馈线分段开关与联络开关的状态，以及馈线电流、电压情况，实现线路开关的远方或就地合闸和分闸操作；在故障时，获得故障记录，并能自动判别和隔离馈线故障区段，迅速对非故障区域恢复供电。

1. 馈线终端

配电网自动化系统远方终端有：①馈线远方终端，包括馈线终端设备（feeder terminal unit，FTU）和配电终端设备（distribution terminal unit，DTU）；②配电变压器远方终端（transformer terminal unit，TTU）；③变电所内的远方终端（remote terminal unit，RTU）。

FTU 分为三类：户外柱上 FTU，环网柜 FTU 和开闭所 FTU。所谓 DTU，实际上就是

开闭所 FTU。三类 FTU 应用场合不同，分别安装在柱上、环网柜内和开闭所。但其基本功能是一样的，都包括遥信、遥测和遥控，以及故障电流检测等功能。

FTU/TTU 在配电管理系统（distribution management system，DMS）中的地位和作用和常规 RTU 在输电网能量管理系统（EMS）中的地位和作用是等同的。但是配电网远方终端并不等同于传统意义上的 RTU。一方面，配电自动化远方终端除了完成 RTU 的四遥功能外，更重要的是它还需完成故障电流检测、低频减载和备用电源自投等功能，有时甚至还需要提供过流保护等原来属于继电保护的功能。因而从某种意义上讲，配电远方终端比 RTU 的智能化程度更高，实时性要求也更高，实现的难度也就更大。另一方面，传统的 RTU 往往或集中安装在变电所控制室内，或分层分布地安装在变电所各开关柜上，但总的来说基本上都安装在环境相对较好的户内。而配电自动化远方终端不同，虽然它也有少量设备安装在户内（开闭所 FTU），但更多的设备往往安装在电线杆上、马路边的环网柜内等环境非常恶劣的户外，因而对配电自动化远方终端设备的抗震、抗雷击、低功耗、耐高低温等性能要求比传统 RTU 要高得多。

2. 重合器

自动重合器是一种能够检测故障电流，在给定时间内断开故障电流并能进行给定次数重合的一种有"自具"能力的控制开关。所谓自具（self contained），即本身具有故障电流检测和操作顺序控制与执行的能力，无须附加继电保护装置和另外的操作电源，也不需要与外界通信。现有的重合器通常可进行三到四次重合。如果重合成功，重合器则自动中止后续动作，并经一段延时后恢复到预先的整定状态，为下一次故障做好准备。如果故障是永久性的，则重合器经过预先整定的重合次数后，就不再进行重合，即闭锁于开断状态，从而将故障线段与供电源隔离开来。

重合器在开断性能上与普通断路器相似，但比普通断路器有多次重合闸的功能；在保护控制特性方面，则比断路器的"智能"高很多，能自身完成故障检测，判断电流性质，执行开合功能，并能记忆动作次数，恢复初始状态，完成合闸闭锁等。

不同类型的重合器，其闭锁操作次数、分闸快慢动作特性及重合间隔时间等不尽相同，其典型的"四次分段、三次重合"的操作顺序为：分 $\xrightarrow{t_1}$ 合 $\xrightarrow{t_2}$ 合分 $\xrightarrow{t_2}$ 合分。其中 t_1、t_2 可调，随产品不同而异。重合次数及重合闸间隔时间可以根据运行中的需要调整。

3. 分段器

分段器是提高配电网自动化程度和可靠性的又一种重要设备。分段器必须与电源侧前级主保护开关（断路器或重合器）配合，在无压的情况下自动分闸。当发生永久性故障时，分段器在预定次数的分合操作后闭锁于分闸状态，从而达到隔离故障线路区段的目的。若分段器未完成预定次数的分合操作，故障就被其他设备切除了，分段器将保持在合闸状态，并经一段延时后恢复到预先整定状态，为下一次故障做好准备。分段器可开断负荷电流、关合短路电流，但不能开断短路电流，因此不能单独作为主保护开关使用。

电压-时间型分段器有两个重要参数需要整定：时限 X 和时限 Y。时限 X 是指从分段器电源侧加压开始，到该分段器合闸的时间，也称为合闸时间。时限 Y 称为故障检测时间，它的作用是：当分段器关合后，如果在 Y 时间内一直可检测到电压，则 Y 时间之后发生失压分闸，分段器不闭锁，当重新来电时还会合闸（经 X 时限）；如果在 Y 时间内检测不到电压，则分段器将发生分闸闭锁,即断开后来电也不再闭合。$X>Y>t_1$(t_1 为从分段器源端断路器或重合器检测到故障起到跳闸止的时间)。

电压-时间型分段器有两种功能:第一种是在正常运行时闭合的分段开关;第二种是正常运行时断开的分段开关。当电压-时间型分段器作为环状网的联络开关并开环运行时,作为联络开关的分段器应当设置在第二种功能;而其余的分段器则应当设置在第一种功能。

7.2.3　馈线自动化的实现方式

馈线自动化方案可分为就地控制和远方控制两种类型。前一种依靠馈线上安装的重合器和分段器自身的功能来消除瞬时性故障和隔离永久性故障,不需要和控制中心通信即可完成故障隔离和恢复供电;而后一种是由 FTU 采集到故障前后的各种信息并传送至控制中心,由分析软件分析后确定故障区域和最佳供电恢复方案,最后以遥控方式隔离故障区域,恢复正常区域供电。

就地控制方式的优点是,故障隔离和自动恢复送电由重合器自身完成,不需要主站控制,因此在故障处理时对通信系统没有要求,所以投资省、见效快。其缺点是,这种实现方式只适用于配电网络相对比较简单的系统,而且要求配电网运行方式相对固定。另外,这种实现方式对开关性能要求较高,而且多次重合对设备及系统冲击大。早期的配网自动化只是单纯地为了隔离故障并恢复非故障区供电,还没有提出配电系统自动化或配电管理自动化,就地控制方式是一种普遍的馈线自动化实现方式。

远方控制方式由于引入了配电自动化主站系统,由计算机系统完成故障定位,因此故障定位迅速,可快速实现非故障区段的自动恢复送电,而且开关动作次数少,对配电系统的冲击也小。其缺点是需要高质量的通信通道及计算机主站,投资较大,工程涉及面广、复杂;尤其是对通信系统要求较高,在线路故障时,要求相应的信息能及时传送到上级站,上级站发送的控制信息也能迅速传送到 FTU。

比较就地控制和远方控制两种实现方式,虽然在总体价格上,就地控制方式由于不需要主站控制,对通信系统没有要求而有一定的优势,但是就配电网络本身的改造来看,就地控制所依赖的重合器的价位要数倍于负荷开关,这在一定程度上妨碍了该方案的大范围使用。相比之下,远方控制所依赖的负荷开关在城网改造项目中具有价格上的优势,在保证通信质量的前提下,主站软件控制下的故障处理能够满足快速动作的要求。因此,从总体上来说,远方控制比就地控制方式具有明显的优势,而且随着电子技术的发展,电子、通信设备的可靠性不断提高,计算机和通信设备的造价也会愈来愈低,预计将来会广泛地采用配电自动化主站系统配合遥控负荷开关、分段器实现故障区段的定位、隔离及恢复供电,能够克服就地控制方式的缺点。

7.2.4　就地控制馈线自动化

1. 放射式配电网的故障隔离

图 7-8 为一个典型的放射式配电网在采用重合器与电压-时间型分段器配合时,隔离故障区段、恢复正常线路供电的过程示意图。图 7-9 为各开关的动作时序图。

图 7-8 中,A 为重合器,整定为一慢一快,第一次重合时间为 15s,第二次重合时间为 5s。B 和 D 为电压-时间型分段器,它们的 X 时限均整定为 7s;C 和 E 也是电压-时间型分段

器,其 X 时限整定为 14s;所有分段器的 Y 时限均整定为 5s。由于都是常闭开关,分段器都设置在第一种功能。

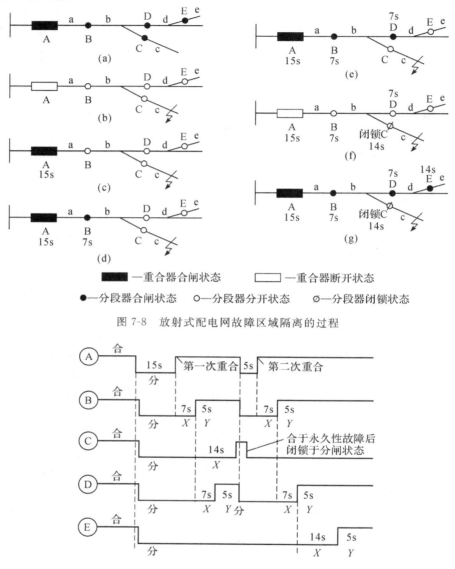

图 7-8　放射式配电网故障区域隔离的过程

图 7-9　图 7-8 中各开关的动作时序图

　　该辐射网正常远行时,重合器合闸,各分段器闭合[见图 7-8(a)]。当 C 区段发生永久性故障后,重合器 A 跳闸,导致线路失压,造成分段器 B、C、D 和 E 均分闸[见图 7-8(b)]。事故跳闸 15s 后,重合器 A 第一次重合[见图 7-8(c)]。经过 7s 的时限后,分段器 B 自动合闸,将电供至 b 区段[见图 7-8(d)]。又经过 7s 的时限后,分段器 D 自动合闸,将电供至 d 区段[见图 7-8(e)]。分段器 B 合闸后,经过 14s 的时限后,分段器 C 自动合闸,由于 c 段存在永久性故障,再次导致重合器 A 跳闸,从而线路失压,造成分段器 B、C、D 和 E 均分闸,由于分段器 C 合闸后未达到时限(5s)就又失压,所以该分段器闭锁[见图 7-8(f)]。重合器 A 再次跳闸后,又经过 5s 进行第二次重合,分段器 B、D 和 E 依次自动合闸,而分段器 C 因闭锁保持分闸状态,从而隔离了故障区段,恢复了正常区段的供电[见图 7-8(g)]。

2. 环式配电网开环运行时的故障隔离

图 7-10 为一典型的开环运行的环式配电网在采用重合器与电压-时间型分段器配合时隔离故障区段的过程示意图。图 7-11 为各开关的动作时序图。

图 7-10 中 A 为重合器,整定为一慢一快,即第一次重合时间为 15s,第二次重合时间为 5s。B、C 和 D 为电压-时间型分段器并且设置在第一种功能,它们的 X 时限均整定为 7s,Y 时限整定为 5s。E 为联络开关处的电压—时间型分段器,设置在第二种功能,其 X 时限整定为 45s,Y 时限整定为 5s。

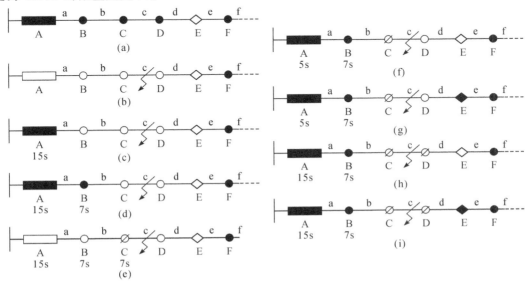

图 7-10　环式配电网开环运行时故障区段隔离的过程

该环式配电网正常运行时,重合器 A 和分段器 B、C、D、F 闭合,作为联络开关的分段器 E 断开[见图 7-10(a)]。当 c 区段发生永久性故障后,重合器 A 跳闸,导致联络开关左侧线路失压,造成分段器 B、C 和 D 均分闸,分段器 E 的时间计数器启动[见图 7-10(b)]。事故跳闸后 15s,重合器 A 第一次重合[见图 7-10(c)]。再经过 7s 的时限后,分段器 B 自动合闸,将电供至 b 区段[见图 7-10(d)]。又经过 7s 的时限后,分段器 C 自动合闸,此时由于 c 段存在永久性故障,再次导致重合器 A 跳闸,从而线路失压,造成分段器 B 和 C 均分闸,由于分段器 C 合闸后未达到时限 5s 就又失压,该分段器将被闭锁在分闸状态[见图 7-10(e)]。重合器 A 再次跳闸后,又经过 5s 进行第二次重合,随后分段器 B 自动合闸,而分段器 C 因闭锁保持分闸状态[见图 7-10(f)]。重合器 A 第一次跳闸后,经过 45s 的时限后,分段器 E 自动合闸,将电供至 d 区段[见图 7-10(g)]。又经过 7s 的时限后,分段器 D 自动合闸,此时由于 c 段存在永久性故障,导致联络开关右侧的线路的重合器跳闸,从而右侧线路失压,造成其上所有分段器均分闸,由于分段器 D 合闸后未达到时限(5s)就又失压,该分段器将被闭锁在分闸状态[见图 7-10(h)]。联络开关右侧的重合器重合后,联络开关以及其右侧的分段器又依顺序合闸,而分段器 D 保持分闸状态,从而隔离了故障区段,恢复了正常区段的供电[见图 7-10(i)]。

可见,当隔离开环运行的环式配电网的故障区段时,要使联络开关另一侧的健全区域所有的开关都分一次闸,造成供电短时中断。新的电压-时间型分段器就这个问题做出了改进,具体做法是:在分段器上又设置了异常低压闭锁功能,即当分段器检测到其任何一侧出现低于额定电压 30% 的异常低电压的时间超过 150ms 时,该分段器将闭锁。这样在图 7-10(e)中,开关 D 也会被闭锁,从而在图 7-10(g)中,只要合上联络开关就可完成故障隔离,而不会发生联络开关右侧所有开关跳闸再顺序重合的过程。

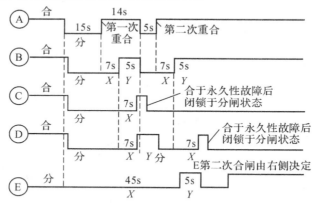

图 7-11　图 7-10 中各开关的动作时序图

7.2.5　远方控制的馈线自动化

前面已经介绍过,FTU 是一种具有数据采集和通信功能的柱上开关控制器。在故障时,FTU 将故障时的信息通过通道送到变电站,与变电站自动化的遥控功能相配合,对故障进行一次性的定位和隔离。这样,既免去了由于开关试投所增加的冷负荷,又可大大加速自动恢复供电的时间(由大于 20min 加快到约 2min)。此外,如有需要,还可以自动启动负荷管理系统,切除部分负荷,以解决可能还需对付的冷负荷问题。

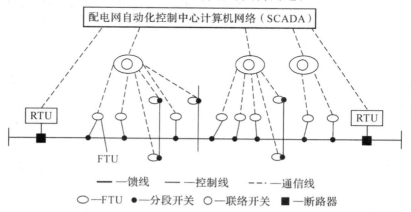

图 7-12　基于 FTU 的远方控制馈线自动化系统组成

典型的基于 FTU 的远方控制馈线自动化系统的组成如图 7-12 所示。在图示的系统中,各 FTU 分别采集相应柱上开关的运行情况,如负荷、电压、功率和开关当前位置、储能完成情况等,并将上述信息由通信网络发向远方的配电网自动化控制中心。各 FTU 接受配电网控制中心下达的命令进行相应的远方倒闸操作。在故障发生时，各 FTU 记录下故障前及故障时的重要信息，如最大故障电流和故障前的负荷电流、最大故障功率等，并将上述信息传至配电网控制中心，经计算机系统分析后确定故障区段和最佳供电恢复方案，最终以遥控方式隔离故障区段、恢复正常区段供电。

7.3　远程自动抄表计费系统

7.3.1　概　述

随着现代电子技术、通信技术以及计算机及其网络技术的飞速发展，电能计量手段和抄表方式也发生了根本的变化。电能自动抄表系统（automatic meter reading，AMR）是一种采用通信和计算机网络技术，将安装在用户处的电能表所记录的用电量等数据，通过遥测、传输汇总到营业部门，代替人工抄表及后续相关工作的自动化系统。

电能自动抄表系统的实现提高了用电管理的现代化水平。采用自动抄表系统，不仅能节约大量人力资源，更重要的是可提高抄表的准确性，减少因估计或誊写而造成的账单出错，使供用电管理部门能得到及时准确的数据信息。同时，电力用户不再需要与抄表者预约抄表时间，还能迅速查询账单，因此自动抄表系统也深受用户的欢迎。随着电价的改革，供电部门为迅速出账，需要从用户处尽快获取更多的数据信息，如电能需量、分时电量和负荷曲线等，使用自动抄表系统可以方便地完成上述功能。电能自动抄表计费系统已成为配电网自动化的一个重要组成部分。

7.3.2　远程自动抄表系统的构成

远程自动抄表系统主要包括四个部分：具有自动抄表功能的电能表、抄表集中器、抄表交换机和中央信息处理机。抄表集中器是将多台电能表连接成本地网络，并将它们的用电量数据集中处理的装置，其本身具有通信功能，且含有特殊软件。当多台抄表集中器需再联网时，所采用的设备就称为抄表交换机，它可与公共数据网接口。有时抄表集中器和抄表交换机可合二为一。中央信息处理机是利用公用数据网将抄表集中器所集中的电能表数据抄回并进行处理的计算机系统。

1. 电能表

具有自动抄表功能，能用于远程自动抄表系统的电能表有脉冲电能表和智能电能表两大类。

（1）脉冲电能表。它能够输出与转盘数成正比的脉冲串。根据其输出脉冲的实现方式的不同，又可分为电压型脉冲电能表和电流型脉冲电能表两种。电压型电能表的输出脉冲是电平信号，采用三线传输方式，传输距离较近；而电流型表的输出脉冲是电流信号，采用两线传输方式，传输距离较远。

（2）智能电能表。它传输的不是脉冲信号，而是通过串行口，以编码方式进行远方通信，因而准确、可靠。按智能电能表的输出接口通信方式划分，智能电能表可分为 RS-485 接口型和低压配电线载波接口型两类。RS-485 智能电能表是在原有电能表内增加了 RS-485 接口,使之能与采用 RS-485 型接口的抄表集中器交换数据;载波智能电能表则是在原有电能表内增加了载波接口,使之能通过 220V 低压配电线与抄表集中器交换数据。

（3）电能表的两种输出接口比较。输出脉冲方式可以用于感应式和电子式电能表,其技术简单,但在传输过程中,容易发生丢脉冲或多脉冲现象,而且由于不可以重新发送,当计算机因意外中断运行时,会造成一段时间内对电能表的输出脉冲没有计数,导致计量不准。此外,输出脉冲方式电能表的功能单一,一般只能输送电能信息,难以获得最大需量、电压、电流和功率因数等多项数据。

串行通信接口输出方式可以将采集的多项数据,以通信规约规定的形式做远距离传输,一次传输无效,还可以再次传输,这样抄表系统即使暂时停机也不会对其造成影响,保证了数据上传的可靠。但是串行通信方式只能用于采用微处理器的智能电子式电能表和智能机械电子式电子表,而且由于通信规约的不规范,各厂家的设备之间不便于互连。

2. 抄表集中器和抄表交换机

抄表集中器是将远程自动抄表系统中的电能表的数据进行一次集中的装置。对数据进行集中后,抄表集中器再通过电力载波等方式将数据继续上传。抄表集中器能处理脉冲电能表的输出脉冲信号,也能通过 RS-485 方式读取智能电能表的数据,通常具有 RS-232、RS-485 方式或红外线通道用于与外部交换数据。

抄表交换机是远程抄表系统的二次集中设备。它集结的是抄表集中器的数据,然后再通过公用电话网或其他方式传输到电能计费中心的计算机网络。抄表交换机可通过 RS-485 或电力载波方式与各抄表集中器通信,而且也具有 RS-232、RS-485 方式或红外线通道用于与外部交换数据。

3. 电能计费中心的计算机网络

电能计费中心的计算机网络是整个自动抄表系统的管理层设备,通常由单台计算机或计算机局域网再配合以相应的抄表软件组成。

7.3.3 远程自动抄表系统的典型方案

1. 总线式抄表系统

总线式抄表系统是由电能表、抄表集中器、抄表交换机和电能计费中心组成的四级网络系统,其系统框图如图 7-13 所示。

图 7-13 所示系统中抄表集中器通过 RS-485 网络读取智能电能表数据或直接接收脉冲电能表输出脉冲。抄表集中器与抄表交换机之间采用低压配电线载波方式传输数据。抄表交换机与电能计费中心的计算机网络之间通过公用电话网传输数据。

在总线式抄表系统中,抄表集中器还可以通过低压配电线载波方式读取电能表数据,抄表交换机与抄表集中器也可以采用 RS-485 网络传输数据。远方抄取居民用户电量时,可将一个楼道内的电能表采用一台抄表集中器集中,再将多台抄表集中器通过抄表交换机连接到公用电话网络进行远程自动抄表。

2. 三级网络的远程自动抄表系统

图 7-14 所示是一个三级网络的远程自动抄表系统。该系统中的抄表交换机和抄表集中器合二为一,它通过 RS-485 网或者低压配电线载波方式读取智能电能表数据,直接采集

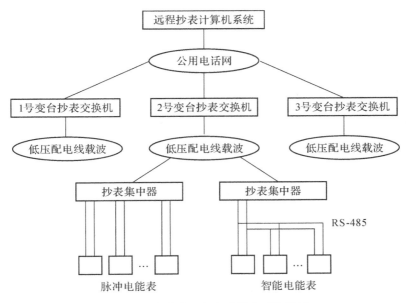

图 7-13　总线式远程自动抄表系统框图

脉冲电能表的脉冲,然后通过公用电话网将数据送至电能计费中心的计算机网络。

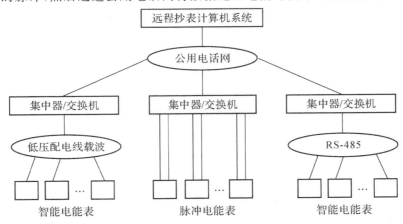

图 7-14　采用三级网络的远程自动抄表系统框图

3. 采用无线电台的远程自动抄表系统

图 7-15 所示是一个采用无线电台的远程自动抄表系统。

4. 利用远程自动抄表防止窃电

利用远程自动抄表系统还可以及时发现窃电行为,以便及时采取必要的措施。

仅从电能表本身采取技术手段已经难以防范越来越高明的窃电手段。根据低压配电网的结构,合理设置抄表集中器和抄表交换机,并在区域内的适当位置采用总电能表来核算各分支电能表数据的正确性,就可以较好地防范和侦查窃电行为。即针对居民用户电能表,在每条低压馈线分支前的适当位置(比如一座居民楼的进线处)安装一台抄表集中器,并在该处安装一台用于测量整条低压馈线总电能的低压馈线总电能表,该表也和抄表集中器相连。

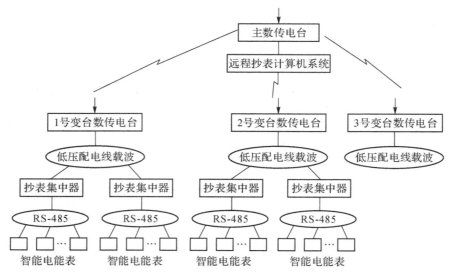

图 7-15 采用无线电台的远程自动抄表系统框图

在居民小区的配电变压器处设置抄表交换机,并与安装在该处的配电区域总电能表相连。这样,当配变区域总电能表的数据明显大于该区域所有的居民用户电能表读数之和时,在排除了电能表故障的可能性后,就可认定该区域发生了窃电行为。

7.4 负荷控制技术

7.4.1 电力系统负荷控制的必要性及其经济效益

电力系统负荷控制系统是实现计划用电、节约用电和安全用电的技术手段,也是配电自动化的一个重要组成部分。

不加控制的电力负荷曲线是很不平坦的,上午和傍晚会出现负荷高峰,而在深夜,负荷很小又形成低谷。一般最小日负荷仅为最大日负荷的 40% 左右。这样的负荷曲线对电力系统是很不利的。从经济方面看,如果只是为了满足尖峰负荷的需要而大量增加发电、输电和供电设备,在非峰负荷时间里就会形成很大的浪费,可能有占容量 1/5 的发变电设备每天仅仅工作一两个小时!而如果按基本负荷配备发变电设备容量,又会使 1/5 的负荷在尖峰时段得不到供电,也会造成很大的经济损失。上述矛盾是很尖锐的。另外,为了跟踪负荷的高峰和低谷,一些发电机组要频繁地启停,既增加了燃料的消耗,又缩短了设备的使用寿命。同时,这种频繁的启停,以及系统运行方式的相应改变,都必然会增加电力系统故障的机会,影响安全运行,从技术方面看对电力系统也是不利的。

如果通过负荷控制,削峰填谷,使日负荷曲线变得比较平坦,就能够使现有电力设备得到充分利用,从而推迟扩建资金的投入,并可减少发电机组的启停次数,延长设备的使用寿命,降低能源消耗;同时对稳定系统的运行方式、提高供电可靠性也大有益处。对用户来说,如果让峰用电,也可以减少电费支出。因此,建立一种市场机制下用户自愿参与的负荷控制系统,会形成双赢或多赢的局面。

7.4.2　负荷控制装置的种类

目前,电力系统中运行的有分散负荷控制装置和远方集中负荷控制系统两种。分散的负荷控制装置功能有限,不灵活,但价格便宜,可用于一些简单的负荷控制。例如,用定时开关控制路灯和固定让峰装置设备;用电力定量器控制一些用电指标比较固定的负荷等。远方集中负荷控制系统的种类比较多,根据采用的通信传输方式和编码方法的不同,可分为音频电力负荷控制系统、无线电电力负荷控制系统、配电线载波电力负荷控制系统、工频负荷控制系统和混合负荷控制系统五类。在我国,负荷控制方式主要有无线电负荷控制和音频负荷控制,此外还有工频负荷控制、配电线载波负荷控制和电话线负荷控制等。在欧洲多采用音频控制,在北美较多采用无线电控制方式。

电力负荷控制系统由负荷控制中心和负荷控制终端组成。电力负荷控制中心是可对各负荷控制终端进行监视和控制的主控站,应当与配电调度控制中心集成在一起。电力负荷控制终端是装设在用户处,受电力负荷控制中心的监视和控制的设备,也称被控端。

负荷控制终端又可分为单向终端和双向终端两种。单向终端只能接收电力负荷控制中心的命令;双向终端能与电力负荷控制中心进行双向数据传输和实现当地控制功能。

7.4.3　负荷控制系统的基本层次

根据目前负荷管理的现状,负荷控制系统以市(地)为基础较合适,整个负荷控制系统的基本层次如图 7-16 所示。在规模不大的情况下,可不设县(区)负荷控制中心,而让市(区)负荷控制中心直接管理各大用户和中、小重要用户。

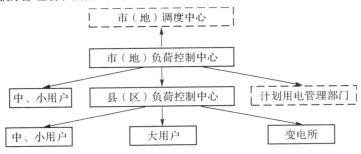

图 7-16　负荷控制系统的基本层次

7.4.4　无线电负荷控制系统

在配电控制中心内装有计算机控制的发送器。当系统出现尖峰负荷时,按事先安排好的计划发出规定频带(目前为特高频段)的无线电信号,分别控制一大批可控负荷。在参加负荷控制的负荷处装有接收器,当收到配电控制中心发出的控制信号时,将负荷开关跳开。这种控制方式适合于控制范围不大、负荷比较密集的配电系统。

国家无线电管理委员会已为电力负荷监控系统划分了可用频率,并规定调制方式为移频键控(数字调频)方式(2FSK-FM),传输速率为 $50\sim600\text{bit/s}$。具体使用的频率要与当地无线电管理机构商定。

在无线电信息传输过程中,信号受到干扰的可能性很大,会影响负荷控制的可靠性。为了提高信号传输过程中的抗干扰能力,常采取一些特殊的编码,图7-17是其中的一种。这种编码方式用三个频率组成一个码位,每一位都由具有固定持续时间和顺序的三个不同频率组成。每个频率的持续时间为15ms,每一位码为45ms,每个码位间隔5ms。当音调顺序为ABC时,表示该码元为"1"[见图7-17(a)];当音调顺序为ACB对,则表示该码元为"0"[见图7-17(b)]。每15位码元组成一组信息码,持续时间为750ms[见图7-17(c)]。译码器必须按每一码元的频率、顺序和每一频率的持续时间接收、鉴别和译码。要对每一码元进行计数,如果不是15位就认为有误而拒收。在一组码中,前面7位是被控对象的地址码,接下去2位是功能码(有告警、控制、开关状态显示、模拟量遥测四种功能),最后6位为数据码,即告警代号、开关号或模拟量的读数。

主控制站利用控制设备和无线电收发信装置发出指令,可同时控制128个被控站。主控制站也能从被控站接收各种信息,并自动打印和显示出来,同时存入磁盘中供分析检查之用。

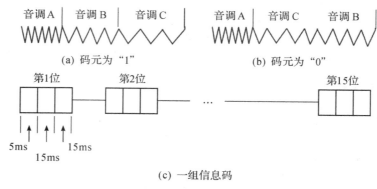

图7-17　一种无线电负荷控制码的单元结构

7.4.5　音频负荷控制系统

音频负荷控制系统是指将167~360Hz的音频电压信号叠加到工频电力波形上,直接传送到用户进行负荷控制的系统。这种方式利用配电线作为信息传输的媒体,是最经济的传送控制信号的方法,适合于控制范围很广的配电系统。

音频控制的工作方式与电力线载波类似,只是载波频率为音频范围。与电力线载波相比,它传播更有效,有较好的抗干扰能力。在选择音频控制频率时,要避开电网的各次谐波频率,选定前要对电网进行测试,使选用的频率具有较好的传输特性,又不受电网谐波的影响。目前,世界上各国选用的音频频率各不相同,例如,德国为183.3Hz和216.6Hz,法国是175Hz,也有采用316.6Hz。另外,采用音频控制的相邻电网,要选用不同的频率。

因为音频信号也是工频电源的谐波分量,它的电平太高会给用户的电器设备带来不良影响。多种试验研究表明:注入到10kV级时,音频信号的电平可为电网电压的1.3%~2%;注入到110kV级时,则可高到2%~3%。音频信号的功率约为被控电网功率的0.1%~0.3%。

7.4.6　负荷管理与需方用电管理

负荷管理(load management,LM)的直观目标,就是通过削峰填谷使负荷曲线尽可能变得平坦。这一目标的实现,有的由 LM 独立完成,有的则需与配电 SCADA、配电网地理信息系统的自动绘图(automated mapping,AM)、设备管理(facilities management,FM)和地理信息系统(geographic information system,GIS)及其他高级应用软件(PAS)配合实现。

需方用电管理(demand side management,DSM)则从更大的范围来考虑这一问题。它通过发布一系列经济政策以及应用一些先进的技术来影响用户的电力需求,以达到减少电能消耗、推迟甚至少建新电厂的效果。这是一项充分调动用户参与积极性,充分利用电能,进而改善环境的一项系统工程。

7.5　配电网综合自动化

配电网综合自动化是近几年才出现的,基本特点是综合考虑配电网的监控、保护、远动和管理等工作,构成一个综合系统来完成传统方式中由分立的监控、保护、远动和管理装置完成的工作。为了对配电网综合自动化有一个较系统的了解,下面介绍一个我国自行研制开发的"城市配电网综合自动化系统"。该系统是针对城市配电网的中低压配电网实现的,主要有以下三个特点:

(1)柱上开关综合远动装置具有远动终端(FTU)、断路器控制和继电保护装置的功能,这是"综合"的第一层含义。

(2)实现了配电线载波通信,经济可靠,较好地解决了配电网自动化中的通信问题,为实现配电网综合自动化提供了物质保证。

(3)实现了配电网自动监视与控制、配电网在线管理,用户用电量自动化抄表和偷漏电自动监测三者的协调统一,这是"综合"的第二层含义。

7.5.1　系统结构

图 7-18 是城市配电网综合自动化系统示意图。中压(10kV)配电网是环网或双端供电结构,每台中压配电变压器都能从两侧获得电源。中压配电网沿城市街道配置。低压(220/380V)配电网配置在大街小巷向用户供电。整个配电网由设在配电网调度所的 4 台微型计算机控制和管理,其中,1PKJ 和 2PKJ 为配电网调度控制计算机,YGJ 为用电管理计算机,PGJ 为配电管理计算机。柱上开关综合远动装置、变压器终端、远程抄表终端、电表探头等完成现场任务。由于该配电网自动化系统的二次设备均以微处理器为基础构成,实际上每一个终端设备都是一台微型计算机。

该系统中配电网调度所内的调度控制计算机、配电管理计算机、用电管理计算机以及公用外设(如打印机管理站、电子模拟盘接口)等设备之间采用局域网方式通信。该局域网还可与上级调度所 SCADA 系统、中压通信网等网络通过网关和网桥联网。

局域网的主要特点是信息传输距离比较近,把较小范围内的数据设备连接起来,相互通信。局域网大多用于企、事业单位的管理和办公自动化。局域网可以和其他局域网或远程

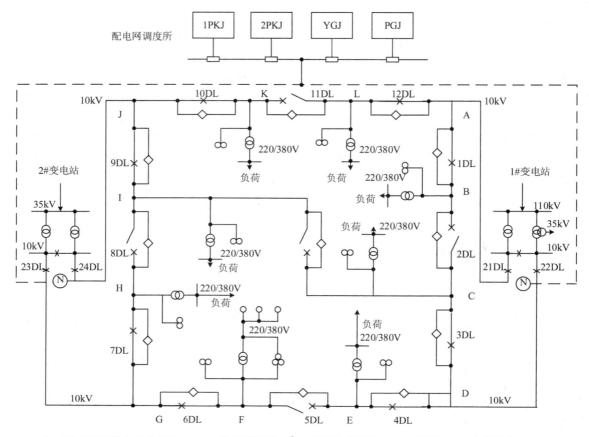

图 7-18　城市配电网综合自动化系统示意

网相连。局域网有如下特点：

(1)传输距离较近,一般为 0.1～10km；

(2)数据传输速率较高,通常为 1～20Mbit/s；

(3)误码率较低,一般为 10^{-8}～10^{-7}。

城域网是指配电网调度所到高压配电站之间的数据信息通信。城域网的通信信道在城市中压配电网自动化系统建设之前即已经形成,它可是电缆、载波或微波。在城域网中,各变电站网关与配电网调度所的局域网相连,无中继时通信距离可达 30km。

中压通信网是系统数据通信网的第三级。它以 10kV 电力线载波作信道,将众多柱上开关的综合远动装置、变压器远动终端、远程抄表终端与高压变电站网关按总线方式连接。每个变电站构成一个中压通信网络。如图 7-18 中,1♯变电站的 10kV 出线与 10kV 配电线段 A、B、C、D、E、L 构成一个中压通信网络；2♯变电站的 10kV 出线与 10kV 配电线段 F、G、H、I、J、K 构成一个中压通信网络。实际的城市中压配电网接线通常要比图 7-18 复杂得多。因为高压变电站不只两座,可能有几座、十几座甚至几十座；配电线路多为双回线,且环网结构也比图 7-18 复杂得多。所以,在一个城市配电网中会有多个中压通信网,且网络结构复杂。利用配电线路载波的一个好处是可以在 10kV 线路的任何一处将柱上开关综合远动装置、变压器终端等设备入网。理论和实践表明，变电站的高压变压器和 10kV 线路上支接的中压配电变压器的带通特性，能将载波信号限制在本 10kV 中压系统中，向上不会影上一级高压系统的载波通信，向下也不会影响低压 220/380V 系统中电压的波形。配电网调度所中的局域网、调度所与高压变电站之间的城域网不同，在该配电网综合自动化系统中有十几个独立的中压通信网与城域网相连。在该系统中，几乎所有的自动化功能都要通过中压通信网完成。中压通信网是该配电网综合自动化的核心。

低压通信网是该系统数据通信网的第四级。它以 220/380V 配电线路作为载波通道，主要用于低压远程抄表和偷漏电监测。每个用户变压器的低压侧构成一个总线式低压通信网。

7.5.2　系统功能

1. 配电网自动化

配电网自动化是配电网综合自动化系统的最重要的子系统。它由配电调度所的调度控制计算机、变电站网关和柱上开关综合远动装置构成，信息在城域网、中压通信网和局域网中传输。调度控制计算机采用双机配置，互为备用，除实时控制外，还兼作计算机通信网络管理机。

配电网自动化系统实现如下功能。

（1）遥控柱上开关跳闸和合闸。调度员在配电网调度所通过鼠标操作：在大屏幕显示的模拟图上点取开关图形，调度控制计算机即将命令通过城域网发送至设在变电站的网关，再由网关进行通信协议转换并将信息转发到中压通信网，最后传送到柱上开关综合远动装置，发出跳闸或合闸命令，使开关动作。

（2）遥信和遥测。由柱上开关综合远动装置检测通过该断路器的电流及断路器的分合状态，并不断地将测得的信息通过中压通信网设在变电站的网关、城域网传送到配电网调度所。最后将配电网的运行结构和参数显示在调度所的屏幕显示器上。

（3）故障区段隔离。某段线路发生短路故障时配电网自动系统动作如下：

①变电站出线断路器速断或延时跳开；

②因变电站出线断路器跳开而失电，线路的柱上开关综合远动装置自动发出跳闸脉冲跳开它所控制的开关；

③变电站出线断路器自动重合；

④由调度人员投合有关的断路器，隔离故障，恢复供电。

由于柱上开关和变电站出线断路器的分合状态、重合闸动作等信号能够及时传到配电网调度所的调度控制计算机，并实时地显示在显示屏幕上，因此调度人员可以根据画面上显示的故障区段和重合闸情况，通过调度控制计算机遥控相应开关的分合来隔离故障，恢复非故障区段供电。

例如，当图 7-18 中 L 段配电线路故障时，1♯变电站的 21DL 跳开，线路 A 段、B 段和 L 段失电，1DL 和 12DL 跳开，21DL 重合。如果 21DL 重合成功则由配电网调度中心将 1DL 合闸恢复对负荷 1 供电，12DL 仍跳开将故障线路 L 与正常线路隔离。

（4）继电保护和合闸监护。柱上开关综合远动装置具有短路保护功能，如果由它控制的柱上开关具有切断短路电流的能力，可以实现合闸监护。无论是隔离故障，还是因需要改变运行方式,在遥控闭合开关时,由配电网调度中心向柱上开关综合远动装置发令,使开关闭合。如果有故障,柱上开关综合远动装置的继电保护装置动作自动切除它控制的开关,而不跳开变电站的断路器。这对供电可靠性是很有好处的。

（5）单相接地区段判断。柱上开关综合远动装置会"感知"到单相接地故障,并自动对它所监控开关上通过的电流采样录波。配电网自动化系统将配电网中诸开关处的电流波形汇集到调度控制计算机。调度控制计算机通过分析、计算即可判断出接地的线路区段,并显示在大屏幕上,同时发出音响报警,通知检修人员处理。运行经验表明,配电网90%以上的故障是单相接地。本项功能能够有效地缩短查找接地点所需的时间并减轻劳动强度。

（6）越限报警。如果配电网出现电流越限,配电网调度中心的调度控制计算机的多媒体音响发出越限报警声音,大屏幕显示电流越限的线路及其通过的电流值闪烁。

（7）事故报警。配电网发生故障时,配电网调度中心的调度控制计算机的多媒体音响发出事故报警声音,大屏幕上故障线路段闪烁。

（8）操作记录。配电网中所有开关操作都自动记录在配电网调度中心（所）调度控制计算机的数据库中,可定时或根据需要打印报表。

（9）事故记录。事故报警和越限报警事件均按顺序记录在配电网调度控制计算机的数据库中,可定时或根据需要打印报表。

（10）配电网电压监控。监视配电网电压水平,通过遥控投切电力电容器,改变变压器分接头位置,控制配电网电压水平。

（11）配电网运行方式优化。改变配电网环网的开环运行点,调整线路负荷,使配电网的总网损最小。

（12）负荷控制。不仅能远方控制大用户负荷的切除和投入,而且也能对小用户的负荷进行控制。

2. 在线配电管理

由于中低压配电网中变电点、负荷点多,线路长且分布面广,设备的运行条件差,所以,中低压配电网的远动装置长期不能很好解决,加上中低压配电设备的运行状态多变,使调度所很难获得中低压配电网在线运行状态和参数,配电管理工作一直处于十分落后的状态。该系统较好地解决了配电网调度自动化的通信问题,加上多功能的柱上开关综合远动装置和变压器远动终端的成功应用,也为在线配电管理创造了条件。在线配电管理的功能如下:

（1）配电变压器远方数据采集。变压器终端采集电压、电流、有功、无功和电量,并具有平时累计、定时冻结、分时段和峰谷统计等功能,然后经中压通信网送到网关,再送到设在配电网调度所的配电管理计算机数据库中。

（2）网损分析统计。配电管理计算机对所有配电变压器的在线运行数据进行分析统计,计算整个城市配电网以及各子网和每条线路的网损等各种技术经济指标。

（3）在线地理信息系统。在屏幕上显示街区图和符合地理位置的配电线路和变压器符号,以及配电线、配电变压器的技术数据和投入运行的时间等技术管理资料,并可进行打印。

（4）在线进行系统变动设计。因为有在线地理信息系统,所以在进行已有设备更换和新增设备、用户时,可以在屏幕上进行研究和设计,并且在工程完成后及时修改在线地理信息,保证现场系统、设备的技术数据及地理位置与图纸资料一致。

3. 远程自动抄表和用电监测

（1）远程自动抄表。远程抄表终端经 220/380V 低压载波数据通信网从用户电表探头处获得各用户电度表上的用电量，再经中压通信网、网关、城域网送入配电网调度所的用电管理机，最后由用电管理机建立用电数据库、进行统计分析、计算电费、打印结算清单。

（2）用电监测。该项功能对用户偷电（用电而电度表不走"字"或减"字"）、漏电（电度计量不准）进行监控。该系统通过广播对时能获得几乎同一时刻的配电变压器所送电量和用户用电电量，然后据此进行电量平衡检查，以发现偷电者和漏电者。

习　题

一、简答题

1. 变电站综合自动化系统的基本功能（或子系统组成）有哪些？
2. 变电站综合自动化系统的结构形式有哪些？
3. 变电站综合自动化有哪些优点？
4. 传统变电站控制存在哪些问题？
5. 试比较输电网与配电网的特点及区别。
6. 配电系统的 SCADA 有何特点？
7. 何谓馈线自动化？配电网自动化系统远方终端有几类？
8. 馈线自动化的实现方式有几种？分别是什么？其各自特点是什么？
9. 四次分段、三次重合闸的操作顺序是怎样的？
10. 远程自动抄表系统的组成部分有哪些？
11. 简述重合器与分段器的区别。
12. 负荷控制的种类有哪几种？
13. 配电网综合自动化系统的通信网络有几级？各完成什么功能？

二、绘图分析题

1. 画图简述九区域控制法的原理。
2. 画出变电站分层分布式综合自动化系统结构框图。
3. 如图 7-19 所示，A 为重合器，B、C、D、E 为脉冲技术型负荷开关。为了能正确隔离故障，试整定重合器次数（每次重合间隔为 15s）和 B、C、D、E 的脉冲次数。描述当 c 段发生相间瞬时故障和永久故障时，各个开关的动作情况。

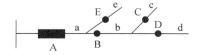

图 7-19　某配电网线路示意

第8章 智能电网简介

8.1 智能电网与电力系统自动化

8.1.1 智能电网的基本概念

进入 21 世纪,电气工程领域正在朝着绿色与智能方向前进。这样的潮流趋势主要归因于近年来电力行业的几次重大事件。例如 2003 年发生在美国东北部的大规模停电事故、2005 年新奥尔良遭遇卡特里娜飓风袭击事件、2007 年出台的能源法案,以及 2008 年我国南方地区冰雪灾害引起的大范围电力供应中断。因此,2005 年以来,人们对智能电网的关注度越来越高,智能电网在世界范围内几乎成为一个无处不在的术语,它已不仅仅是一个政治概念,而更多地成了一种需要大量跨学科实验来支持的全新技术。

为了满足智能电网技术多样化的实验需求,在美国的智能电网研究团体的创始组织,到目前为止已成功地将电气工程、信号处理、计算机科学、通信、商业、金融、化学、风能等领域的研究人员汇集到了一起。例如,参与这项事业的电气工程师,正在研究智能高效的能源分布策略和负荷管理方案;计算机科学家正在致力于网络安全的问题研究,来保证整个电网信息共享的可靠性;负责信号处理的团队正在寻找最先进的监测设备来更精确地监测电网的运行;风能工程师正在研究可再生能源并网;而商业管理者正在进行电力市场政策改革,以适应系统中的诸多新变化。

智能电网的概念包括许多技术、终端用户解决方案、解决政策和监管机制。但截至目前,国际上尚未形成统一、明确的智能电网定义。

2001 年,美国电科院(Electric Power Research Institute,EPRI)最早提出"Intelligrid"(智能电网),并开始研究;2003 年,美国电科院将未来电网定义为智能电网(IntelliGrid)。美国能源局定义的智能电网:"智能电网采用数字化技术提高大规模发电的电力系统可靠性、安全性和效率(包括经济性和电能质量),通过输电系统传送至用户,并且可吸纳众多分布式发电和储能装置。"

2005 年,"智能电网(SmartGrid)欧洲技术论坛"正式成立,并提出智能电网(Smart-Grid)概念。其定义的智能电网为:"智能电网是一个可以智能化集成所有与之连接的用户行为的电网-发电机-客户,并保证高效、可持续、经济、安全的电力供给。"

1999 年,清华大学提出"数字电力系统"的理念。2005 年,中国国家电网公司实施

"SG186"工程,开始进行数字化电网和数字化变电站的框架研究和示范工程建设。国家电网公司将智能电网描述为:"一个强大、可靠的,以特高压(ultra high voltage,UHV)电网为依托,对不同电压等级网络协调发展基础上,由信息技术与通信基础设施支撑的,具有自动化和互操作性的,集电力、信息和商业流的系统集成。"国家电网公司将 2011—2015 年定义为智能电网的全面建设阶段,主要是加快特高压电网和城乡电网建设,初步形成智能电网运行控制和互动服务体系,在关键技术和设备上实现重大突破和广泛应用。

8.1.2　电力系统的运行模式

1. 集中式发电

电力系统已经具有超过 100 年的历史。图 1-1 所示的典型的电力系统由发电、输电、配电及负荷构成,因为化石燃料发电、水电和核电等电厂远离用户,需要输配电系统将电力输送到用户或电力负荷处。输电网传送电能时,由于受距离因素制约,必须通过一系列配电变压器的能量转换才能向最终用户提供可用的优质电能。

尽管在输电层面上通常由互联构成与大型发电厂连接的强大电网,但一般情况下电力是从发电厂到用户单向流动的,尤其是通过配电网的电力是单向流动的。配电系统中的接入负荷类型广泛,通信和本地控制限制使系统变为一种被动控制。除了超大负荷(例如炼钢或炼铝等冶炼厂)等重要工业部门外,绝大多数负荷用电过程无实时电压或电流的监测记录,电力系统除了向这些负荷提供电能外,几乎不与负荷发生其他信息交互。

2. 分布式发电

鉴于经济、技术及环境等方面的原因,现在除了与高压输电系统连接的传统大型发电厂以外,伴随着大规模利用可再生能源、能量存储系统以及电动汽车等出现了使用与低压配电网相连接的小型发电设施的趋势。不仅规模上有了变化,而且技术上也出现了变革。大型发电装置几乎毫无例外地采用 50/60Hz 的同步电机,分布式发电则包括变速(变频)源,高速(高频)源以及产生直流电的直接能源转换。例如,如果可以频率可变地自由发电,风力发电机的效率就可以达到最大,因此,要求从 AC(频率可变的)整流为 DC 再逆变成 AC(50/60Hz);带直接驱动式发电机的小型燃气轮机在高频下运行,同样需要从 AC 到 DC 再到 AC 的转换,光伏阵列则需要 DC-AC 变换。

分布式发电有几种操作方式,其一就是在与公共电网连接之前,分布式发电机组成微电网。这样,当地消费者主要由当地的分布式发电设备提供电力,短缺或多余部分则可以通过与公共供电系统的连接与其进行交换。微电网的出现使得分布式发电商为当地供电质量负责变为可能,这是常规集中式发电的发电商不能办到的。另一选择就是分布式发电和储能系统直接与电网连接。

8.1.3　智能电网与现有电网的比较

电力系统运行模式的变革并不会止于分布式发电。智能电网利用先进的数字技术,进一步提高了供电的可靠性、质量、运行效率,增强了抵御风险的能力,同时减少了电力系统对环境的影响。智能电网与现有电网的比较见表 8-1。

表 8-1 现有电网与智能电网的比较

特点	现有电网	智能电网
通信系统	限于电力公司	扩展的,实时性高
消费者参与	限于大型能源使用者;普通消费者不知情,无法参与	消费者知情并积极参与;允许需求侧响应和分布式能源接入
发电方式及储能	集中式发电占据主导地位,分布式能源的接入存在诸多障碍	具有即插即用的多种分布式能源,主要是可再生能源、能量储存
新产品、新服务及新市场	有限的趸售市场,一体化程度差——向消费者提供的机会有限	成熟、一体化程度很高的趸售市场,面向消费者的新的电力市场不断增长
高质量的电力	着眼于停电事故,对供电质量问题反应慢	供电质量成为优先考虑的问题之一,具有多样化的质量/价格选择,解决问题快
资产优化与运行效率	运行数据与资产管理集成度低,有业务流程孤岛	电网参数数据获取能力大大增强
操作和维护	人工操作和调配为主,发生事故后以手动方式恢复为主	分布式监控和诊断,预测性维护,发生事故后可实施分布式控制
自愈能力	采取应对措施,防止发生进一步的损害,着眼于故障发生后保护资产	自动检测并应对故障,重预防,最小化对消费者的影响
抵御攻击及自然灾害的能力	容易受到恶意恐怖袭击以及自然灾害的破坏	适应攻击及自然灾害,具有快速恢复能力
拓扑结构	主要是辐射状的	复杂网络

8.1.4 智能电网涉及的领域

智能电网具有多层结构,包括:①基础设施。传统的发电、输电和配电设施以及新的附加功能,如可再生能源发电、插电式混合动力电动汽车、智能家电、分布式发电和储能系统等。②控制、通信及信息系统。实施系统的协调、运行,提高能源效率、市场营销及安全等。

因此,智能电网涉及的电力系统自动化领域包括如下内容:

(1) 地区、区域和国家协调机制。为保障电力系统的可靠及经济运行,应具备一系列相互联系的分层协调功能。这些功能包括平衡区域、独立系统运营商(independent system operator,ISO)、区域输电运营商(regional transmission operator,RTO)、电力市场运营以及政府应急行动中心。在这一领域的智能电网部件包括收集整个系统的测量数据,确定系统的状态和健康情况,协调行动以提高经济效益和可靠性,满足环保要求,或对干扰做出响应。

(2) 分布式能源技术。该领域包括为参与电力系统运行而对分布式发电、储能以及需求侧资源进行整合。与以太阳能和风能为来源的可再生发电装置一样,智能家用电器和电动汽车这样的消费产品将成为该领域的重要组成部分。同时还要考虑分布式能源资源的聚合机制。

(3) 输配电基础设施。输配电代表电力系统的输送部分。输电层面上的智能电网项目包括变电站自动化、动态限定、继电保护整定,以及与之相关的感应装置、通信及协调动作。配电层面上的项目包括配电自动化(例如馈线—负荷平衡,电容器开关以及恢复)以及先进的仪器仪表(例如抄表、远程服务启用及禁用以及需求响应网关)。

(4)集中式发电。由于生产效率/成本为投资提供了明确的信号,发电厂已经设有复杂的电厂自动化系统。尽管技术进步与智能电网相关,但预计变化将是渐进的,而并非根本性的变革。

(5)信息网络和金融。信息技术和无处不在的通信是智能电网的基础。尽管不同地区的信息网络要求(能力及性能)不尽相同,但其属性往往超越应用领域。这方面的例子包括互操作性和自动化元件集成方面的便利以及网络安全的考虑。信息技术的标准、方法以及工具也属于这一领域。此外,采购智能电网相关技术的经济和投资环境也是有关实施改进方面应该探讨的重要问题。

(6)控制和最优化。几乎一个电力系统的智能化和自动化的每个方面都可以归结到使用某种形式的控制理论。相关的例子包括建模、识别、估算、稳定性、控制优化和基于网络的决策。例如,小到居民的能源管理、智能测量和电力市场,大到大区域的监测和控制。可以说,可再生能源、分布式能源、储能以及需求侧资源与智能电网实现一体化,是智能电网发展最大的"前沿阵地"。控制和电力电子技术是实现这一目标的两种关键技术。电力电子技术是电网的一部分,而"智能"则来源于控制。它们与电力系统基础设施一起,构成了智能电网的骨干。

有关智能电网相关技术及最新进展的进一步讨论,可参见其他文献。

8.2　新能源接入智能电网的要求

从传统电网到智能电网的转变不是一朝一夕就可以完成的,需要经过电力工作者、科研人员几年甚至几十年的努力。如上所述,可再生能源、分布式能源、储能以及需求侧资源与智能电网实现一体化可以说是智能电网发展最大的"前沿阵地"。尤其是当这些资源通过逆变器与智能电网相连接时,为了实现智能电网的最大效益,必须解决若干具有挑战性的技术问题。

1. 同　步

可再生能源与智能电网接入存在的重要问题之一,是如何使逆变器与电网同步。这有两种不同的情况:一个是逆变器与电网连接之前,另一个是在运行的过程中。如果一个逆变器与电网或者即将互联的电源不同步,连接时就会出现很大的浪涌电流,造成设备损坏。在正常运行过程中,逆变器需要与相连的电源同步,系统才能正常工作。在这两种情况下,都需要准确、及时地得到电网的信息,使逆变器能够与电网电压同步。根据采用的控制策略的不同,所需的信息可以是电网的相位、频率以及电压幅值的任意组合。

2. 功率控制

将可再生能源、分布式能源及储能系统等接入电网的最根本目的就是向电网注入功率,这一目标应该在可控的方式下实现。大多数可再生能源都是不可控能源,在大量接入的情况下给电网功率平衡、电能质量、电压稳定水平都会带来不利的影响。

显然,可以选择直接控制注入电网的电流。另一个选择就是控制逆变器输出电压与电网电压之间的电压差。这样,就存在电流控制策略与电压控制策略。电流控制策略易于实现,但采用电流控制策略的逆变器不能参与电力系统频率和电压调节。因此,当馈入电网的电力份额足够大时,逆变器可能会对系统稳定造成影响。控制电压比控制电流难度大,但控制电压的逆变器容易参与系统频率和电压的调节。当可再生能源、分布式发电及储能系统的渗透率达到一定的程度时,这一点就变得十分重要。这些电源的表现越接近传统的同步发电机,则电网运行越稳定。

3. 电能质量控制

电能质量是一套可能影响电力系统正常功能的电气性能指标,它用来描述供给负载的电能的质量。电能质量差,电气设备(或负载)就可能发生故障、提前发生故障或根本无法运行。电能质量可用不同方式描述,如供电连续性、幅度和频率变化、瞬态变化、波形的谐波含量、低功率因数和相位失衡等。

通过逆变器接入智能电网的可再生能源、分布式发电和储能系统可能造成严重的电能质量问题。在这些应用当中,一个主要的电能质量问题就是逆变器提供的电压和注入电网的电流中由于脉冲宽度调制(PWM)开关引起的谐波问题以及负载电流中的谐波问题。

4. 中线的提供

可再生能源、分布式发电及智能电网的应用,常常需要设置与逆变器一起工作的中线,以便向不平衡负载提供一条电流通路。带有中线还利于三相电路的独立运行,使相间的耦合效应变得最小。

5. 故障穿越

当可再生能源、分布式发电及储能系统在电网中的渗透率达到一定程度时,就要求它们在发生短时故障,如电压跌落、电压暂降、相位跃变及频率变化等时具备故障穿越能力。只有当故障非常严重时,才可以与电网脱离连接。

6. 反孤岛

这里的孤岛是指电网因故障事故或停电维修而跳闸后,可再生能源、分布式能源和储能系统继续向电网输送电能的现象。对没有意识到电路依然带电的电力工作站来说,孤岛现象是十分危险的,孤岛还会妨碍装置的自动重合闸。因此,必须对孤岛现象进行检测,涉及的可再生能源、分布式发电以及储能系统必须与电网断开连接,这就是所谓的反孤岛。不过,孤岛经常还可以用作备用电源系统,当与电网断开连接后,可以向地方电网提供电源。

另外,信息化是智能电网众多功能得以实现的基础。传统电网面对的是一个相对独立的网络,所受到的干扰和攻击较少。而智能电网需要用户侧信息的大量接入,如仍采用传统方式,构建相对独立的电力专用网络投资过大,难以实现。智能电网不可避免地要面对来自于互联网的大量攻击和病毒侵袭。因此,智能电网的信息安全问题也是其实现过程中必须面对和解决的问题之一。

智能电网是不同于传统电网的新一代电网,在其研究和建设过程中,不可避免地会遇到各种问题和挑战。我们应借鉴国际同领域先进技术和经验,结合本国实际需求和技术状况,研究适合本国国情的智能电网建设方案,优先研究解决对本国智能电网建设影响最大的技术难题,为电力系统自动化水平的进一步提高添砖加瓦。

参考文献

[1]王葵,孙莹.电力系统自动化[M].3版.北京:中国电力出版社,2012.

[2]李先彬.电力系统自动化[M].6版.北京:中国电力出版社,2014.

[3]孙秋野,王占山,马大中.电力系统自动化[M].北京:人民邮电出版社,2014.

[4]姚春球.发电厂电气部分[M].2版.北京:中国电力出版社,2013.

[5]付周兴,王清亮,董张卓.电力系统自动化[M].北京:中国电力出版社,2006.

[6]四川大学柳永智,刘晓川.电力系统远动[M].2版.北京:中国电力出版社,2006.

[7]丁书文.变电站综合自动化原理及应用[M].2版.北京:中国电力出版社,2010.

[8]于永源,杨绮雯.电力系统分析[M].3版.北京:水利电力出版社,2007.

[9]王兆安,杨君,刘进军,等.谐波抑制和无功功率补偿[M].2版.北京:机械工业出版社,2005.

[10]吴文传,张伯明,孙宏斌.电力系统调度自动化[M].北京:清华大学出版社,2011.

[11]龚静.配电网综合自动化技术[M].北京:机械工业出版社,2008.

[12]杨冠城.电力系统自动装置原理[M].5版.北京:中国电力出版社,2012.

[13]邓慧琼.电网连锁故障预测分析方法及其应用研究[D].北京:华北电力大学,2007.

[14]商国才.电力系统自动化[M].天津:天津大学出版社,1999.

[15]韩富春.电力系统自动化技术[M].北京:中国水利水电出版社,2003.

[16]周杰娜.现代电力系统调度自动化[M].重庆:重庆大学出版社,2002.

[17]张明光.电力系统远动及调度自动化[M].北京:中国电力出版社,2010.

[18](美)钟庆昌(Qing-Chang Zhong),(英)托马斯·霍尔尼克(Tomas Hornik).新能源接入智能电网的逆变控制关键技术[M].钟庆昌,王晓林,曹鑫,等译.北京:机械工业出版社,2016.

[19](斯里)阇那迦·挨家纳雅克(Janaka Ekanayake),(斯里)凯斯赛锐·利亚纳杰(Kithsivi Liyanage),吴建中(Jianzhong Wu)等.智能电网技术与应用[M].师瑞峰,张丽,焦润海等译.北京:机械工业出版社,2016.

[20](美)阿里·凯哈尼(Ali Keyhani),(美)穆哈马特·马瓦里(Mauhammad Marwali).智能电网规划与控制的方法和应用[M].朱邦俊,译.上海:上海科学技术出版社,2013.

[21](印)Aranya Chakrabortty,(美)Marija D. llic 等.智能电网的控制和优化方法[M].朱永强,黄伟,译.北京:机械工业出版社,2014.